한국산업인력공단 출제 기준에 따른 최신판!!

2주완성
미용사 일반
필기시험문제

NCS 기반

 대한민국 국가대표 브랜드 | 국가자격 시험문제 전문출판 | 에듀크라운 국가자격시험문제 전문출판 최고의 책들!! 최고의 합격들!! 크라운출판사 국가자격시험문제 전문출판 http://www.crownbook.co.kr

저자 **김희주**

인천실용전문학교 NCS
미용사(일반) 자격증반 강사

들어가는 말

미(美)에 대한 욕망은 남녀노소를 불문하고 아마도 삶을 살아가는 동안 계속될 것입니다. 미용사란 그러한 욕망에 맞춰 인간의 용모를 아름답게 만들어 주는 직업입니다. 미용사는 누군가를 세상에서 제일 아름답고 눈부시게 빛나는 주인공이 될 수 있도록 해 주고, 그의 행복한 순간을 더욱 행복하게 만들어 주며, 그 순간의 마음까지도 아름답게 가꿔 줄 수 있는 사람이라고 생각합니다. 그래서 미용사라는 직업에 대해 미용인의 한 사람으로서 자부심과 긍지를 느끼고 있습니다.

그리고 미용인을 꿈꾸는 모든 분들이 대한민국에서, 더 나아가 세계적인 전문 미용인으로 거듭나기를 바라는 마음으로 미용사 자격증을 공부하는 모든 수험생들을 돕고자 이 책을 집필했습니다.

1. 꼭 공부해야 할 내용만 넣었습니다.

이 책은 한국산업인력공단의 미용사 국가자격증 시험 출제 기준에 따라 핵심 이론만을 정리하고 분석하여 집필했습니다. 늘 시간이 부족하기만 한 수험생들의 부담을 덜어주고, 짧은 시간 안에 공부할 수 있도록 꼭 필요한 내용만 구성했습니다.

2. 최신 출제 경향을 반영한 문제들로 모의고사를 구성했습니다.

이론을 공부하는 것 못지않게 시험 유형에 익숙해지는 연습을 하는 것도 중요합니다. 최신 출제 경향을 반영한 적중 예상 모의고사 5회분을 수록하고, 최종 모의고사까지 구성하여 시험 유형에 익숙해지고 예상 문제를 익힐 수 있도록 했습니다.

3. 핵심 이론 요약집을 수록했습니다.

바쁜 수험생들을 돕기 위해 가장 중요한 핵심 이론을 뽑아 자투리 시간을 이용하여 공부할 수 있도록 했습니다. 이론과 문제 공부를 마친 후 점검 시, 시험 직전에도 활용할 수 있습니다.

4. 온라인 모의고사로 확실하게 마무리할 수 있습니다.

시험 직전 실제 시험처럼 공부할 수 있는 온라인 실전 모의고사를 제공합니다. 크라운출판사 홈페이지(www.crownbook.co.kr)에 접속하고 자료실 〉 온라인모의고사로 들어오셔서 이용할 수 있습니다.

많은 수험생들이 이 책을 통해 아름답고 눈부시게 빛나는 주인공이 되기를 바라며, 지금 이 시간에도 삶의 행복을 추구할 수 있도록 아름다움을 창조하고자 노력하는 모든 미용인에게 깊은 경의를 표하면서 미용 분야의 큰 발전을 기원합니다.

끝으로 집필하는 동안 저자를 빛나는 주인공으로 만들어주신 크라운 출판사 이상원 회장님 이하 원고기획부 김태광 부장님을 비롯하여 직원 분들의 노고에 깊은 감사를 드리며 모든 분들께 감사한 마음을 전합니다.

저자 올림

2주 만에 합격하는 이 책의 구성

핵심 이론

시험에 나오는 핵심 이론만 선별했습니다. 또한, 중요한 내용에는 강조 표시를 해서 한눈에 파악할 수 있도록 구성했습니다.

적중 예상 모의고사

적중 예상 모의고사 5회분을 상세한 해설까지 함께 구성하여 한 문제씩 꼼꼼히 공부할 수 있도록 했습니다. 또한, 출제 빈도와 중요도가 높은 문제들에는 별도로 표시하여 수험생들이 놓치지 않도록 도왔습니다.

최종 모의고사

모든 학습을 마치고 난 뒤 실제 시험처럼 연습하고 점검해 볼 수 있는 최종 모의고사를 실었습니다. 시험 전 실전 감각을 높이는 데 도움이 될 것입니다.

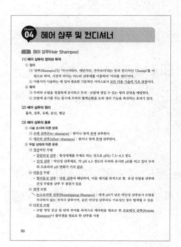

2주 완성 합격 플랜

1일	2일	3일	4일	5일	6일	7일
Part 1			Part 2		Part 3	
Chapter 1 Chapter 2 Chapter 3 Chapter 4	Chapter 5 Chapter 6 Chapter 7 Chapter 8	Chapter 9 Chapter 10 Chapter 11 Chapter 12	Chapter 1	Chapter 2	Chapter 1 Chapter 2 Chapter 3 Chapter 4	Chapter 5 Chapter 6 Chapter 7

8일	9일	10일	11일	12일	13일	14일
Part 4	Part 5	Part 6	Part 7			Part 8
Chapter 1 Chapter 2	Chapter 1 Chapter 2	Chapter 1 Chapter 2 Chapter 3 Chapter 4	모의고사 1회 모의고사 2회	모의고사 3회 모의고사 4회	모의고사 5회	최종 모의고사

미용사 일반 자격시험 안내

1. 개요

미용 업무는 공중위생 분야로서 국민의 건강과 직결되어 있는 중요한 분야로, 향후 국가의 산업 구조가 제조업에서 서비스업 중심으로 전환되는 차원에서 수요가 증대되고 있다. 분야별로 세분화 및 전문화되고 있는 세계적인 추세에 맞춰 미용의 업무 중 헤어 미용을 수행할 수 있는 미용 분야 전문 인력을 양성하여 국민의 보건과 건강을 보호하기 위하여 자격 제도를 제정했다.

2. 수행 직무

아름다운 헤어스타일 연출 등을 위하여 헤어 및 두피에 적절한 관리법과 기기 및 제품을 사용하여 일반 미용을 수행한다.

3. 진로 및 전망

- 미용실에 취업하거나 직접 자신의 미용실을 운영할 수 있다.
- 미용업계가 과학화, 기업화됨에 따라 미용사의 지위와 대우가 향상되고 작업 조건도 양호해질 전망이며, 남자가 미용실을 이용하는 경향이 두드러지고 많은 남자 미용사가 활동하는 미용업계의 경향으로 보아 남자에게도 취업의 기회가 확대될 전망이다.

4. 출제 경향

헤어 샴푸, 헤어 커트, 헤어 펌, 헤어 세팅, 헤어 컬러링 등 미용 작업의 숙련도, 정확성 평가

5. 취득 방법

- 시행처 : 한국산업인력공단
- 훈련기관 : 직업전문학교 미용 6개월 과정 및 여성발전센터 3개월 과정 등
- 시험과목
  - 필기 : 미용이론(피부학 포함), 공중위생관리학(공중보건학, 소독, 공중위생법규), 화장품 학 등에 관한 사항
  - 실기 : 미용실무
- 검정 방법
  - 필기 : 객관식 4지 택일형, 60문항(60분)
  - 실기 : 작업형(2시간 40분 정도, 100점)
- 합격 기준 : 100점 만점에 60점 이상
- 응시 자격 : 제한 없음

※ '16년도부터 과정평가형 자격으로 취득 가능(관련 홈페이지 : www.ncs.go.kr)

미용사 일반 출제 기준

출제기준(필기)

직무 분야	이용 · 숙박 · 여행 · 오락 · 스포츠	중직무 분야	이용 · 미용	자격 종목	미용사(일반)	적용 기간	2022. 1. 1.~ 2026. 12. 31.
직무 내용 : 고객의 미적요구와 정서적 만족을 위해 미용기기와 제품을 활용하여 샴푸, 두피 · 모발관리, 헤어커트, 헤어펌, 헤어컬러, 헤어스타일 연출 등의 서비스를 제공하는 직무							
필기검정방법		객관식		문제 수	60	시험시간	1시간

필기과목명	문제수	주요항목	세부항목	세세항목
헤어스타일 연출 및 두피 · 모발 관리	60	1. 미용업 안전위생 관리	1. 미용의 이해	1. 미용의 개요 2. 미용의 역사
			2. 피부의 이해	1. 피부와 피부 부속 기관 2. 피부유형분석 3. 피부와 영양 4. 피부와 광선 5. 피부면역 6. 피부노화 7. 피부장애와 질환
			3. 화장품 분류	1. 화장품 기초 2. 화장품 제조 3. 화장품의 종류와 기능
			4. 미용사 위생 관리	1. 개인 건강 및 위생관리
			5. 미용업소 위생 관리	1. 미용도구와 기기의 위생관리 2. 미용업소 환경위생
			6. 미용업 안전사고 예방	1. 미용업소 시설 · 설비의 안전관리 2. 미용업소 안전사고 예방 및 응급조치
		2. 고객응대 서비스	1. 고객 안내 업무	1. 고객 응대
		3. 헤어샴푸	1. 헤어샴푸	1. 샴푸제의 종류 2. 샴푸 방법
			2. 헤어트리트먼트	1. 헤어트리트먼트제의 종류 2. 헤어트리트먼트 방법
		4. 두피 · 모발관리	1. 두피 · 모발 관리 준비	1. 두피 · 모발의 이해

필기과목명	문제수	주요항목	세부항목	세세항목
			2. 두피 관리	1. 두피 분석 2. 두피 관리 방법
			3. 모발관리	1. 모발 분석 2. 모발 관리 방법
			4. 두피 · 모발 관리 마무리	1. 두피 · 모발 관리 후 홈케어
		5. 원랭스 헤어커트	1. 원랭스 커트	1. 헤어 커트의 도구와 재료 2. 원랭스 커트의 분류 3. 원랭스 커트의 방법
			2. 원랭스 커트 마무리	1. 원랭스 커트의 수정 · 보완
		6. 그래쥬에이션 헤어커트	1. 그래쥬에이션 커트	1. 그래쥬에이션 커트 방법
			2. 그래쥬에이션커트 마무리	1. 그래쥬에이션 커트의 수정 · 보완
		7. 레이어 헤어커트	1. 레이어 헤어커트	1. 레이어 커트 방법
			2. 레이어 헤어커트 마무리	1. 레이어 커트의 수정 · 보완
		8. 쇼트 헤어커트	1. 장가위 헤어커트	1. 쇼트 커트 방법
			2. 클리퍼 헤어커트	1. 클리퍼 커트 방법
			3. 쇼트 헤어커트 마무리	1. 쇼트 커트의 수정 · 보완
		9. 베이직 헤어펌	1. 베이직 헤어펌 준비	1. 헤어펌 도구와 재료
			2. 베이직 헤어펌	1. 헤어펌의 원리 2. 헤어펌 방법
			3. 베이직 헤어펌 마무리	1. 헤어펌 마무리 방법
		10. 매직스트레이트 헤어펌	1. 매직스트레이트 헤어펌	1. 매직스트레이트 헤어펌 방법
			2. 매직스트레이트 헤어펌 마무리	1. 매직스트레이트 헤어펌 마무리와 홈케어
		11. 기초 드라이	1. 스트레이트 드라이	1. 스트레이트 드라이 원리와 방법
			2. C컬 드라이	1. C컬 드라이 원리와 방법
		12. 베이직 헤어컬러	1. 베이직 헤어컬러	1. 헤어컬러의 원리 2. 헤어컬러제의 종류 3. 헤어컬러 방법

필기과목명	문제수	주요항목	세부항목	세세항목
			2. 베이직 헤어컬러 마무리	1. 헤어컬러 마무리 방법
		13. 헤어미용 전문 제품 사용	1. 제품 사용	1. 헤어전문제품의 종류 2. 헤어전문제품의 사용방법
		14. 베이직 업스타일	1. 베이직 업스타일 준비	1. 모발상태와 디자인에 따른 사전준비 2. 헤어세트롤러의 종류 3. 헤어세트롤러의 사용방법
			2. 베이직 업스타일 진행	1. 업스타일 도구의 종류와 사용법 2. 모발상태와 디자인에 따른 업스타일 방법
			3. 베이직 업스타일 마무리	1. 업스타일 디자인 확인과 보정
		15. 가발 헤어스타일 연출	1. 가발 헤어스타일	1. 가발의 종류와 특성 2. 가발의 손질과 사용법
			2. 헤어 익스텐션	1. 헤어 익스텐션 방법 및 관리
		16. 공중위생관리	1. 공중보건	1. 공중보건 기초 2. 질병관리 3. 가족 및 노인보건 4. 환경보건 5. 식품위생과 영양 6. 보건행정
			2. 소독	1. 소독의 정의 및 분류 2. 미생물 총론 3. 병원성 미생물 4. 소독방법 5. 분야별 위생 · 소독
			3. 공중위생관리법규 (법, 시행령, 시행규칙)	1. 목적 및 정의 2. 영업의 신고 및 폐업 3. 영업자 준수사항 4. 면허 5. 업무 6. 행정지도감독 7. 업소 위생등급 8. 위생교육 9. 벌칙 10. 시행령 및 시행규칙 관련 사항

부록
별첨 **핵심요약집**

PART 1

미용이론

Chapter 01 미용총론

1 미용의 개요

(1) 미용의 정의와 범위

① 정의 : 공중위생관리법(개정 2019. 12. 31.)상 '미용업이란 손님의 얼굴, 머리, 피부 및 손톱, 발톱 등을 손질하여 손님의 외모를 아름답게 꾸미는 영업'을 말한다.

② 범위 : 공중위생관리법에 따르면 미용 업무는 퍼머넌트, 머리카락 자르기, 머리카락 모양내기, 머리 피부 손질, 머리카락 염색, 머리 감기, 손톱 손질 및 화장, 피부미용, 얼굴 손질 및 화장으로 구분하고 있다.

※ 2019.12.31. 공중위생관리법 변경 제14조 미용 업무 범위

1983년 미용사(일반) 자격증	• 헤어, 네일, 눈썹, 스킨케어, 메이크업 등 모든 업무 가능
2008년 1월 1일부터 미용사(피부) 자격 분리	• 미용사(일반) 자격증 취득 시 : 헤어, 네일, 눈썹, 메이크업 업무 가능 • 미용사(피부) 자격증 취득 시 : 스킨케어, 제모, 속눈썹 업무 가능
2015년 4월 17일부터 미용사(네일) 자격 분리	• 미용사(일반) 자격증 취득 시 : 헤어, 눈썹, 메이크업 업무 가능 • 미용사(피부) 자격증 취득 시 : 스킨케어, 제모, 눈썹 업무 가능 • 미용사(네일) 자격증 취득 시 : 손톱, 발톱의 손질
2016년 9월 23일부터 미용사(메이크업) 자격 분리	• 미용사(일반) 자격증 취득 시 : 헤어 업무 가능 • 미용사(피부) 자격증 취득 시 : 스킨케어, 제모 업무 가능 • 미용사(네일) 자격증 취득 시 : 손톱, 발톱의 손질 • 미용사(메이크업) 자격증 취득 시 : 메이크업 눈썹 업무 가능

(2) 미용의 특수성

① 미용은 그림, 조각, 건축, 조경과 같은 조형 예술이자 정적 예술인 동시에 여러 가지 조건의 제한을 받는다.

② 의사 표현, 소재 선정, 시간, 소재 변화에 따른 미적 효과, 부용 예술로서의 제한을 받는다.

(3) 미용의 과정

소재(고객) → 구상(계획) → 제작(작업) → 보정(마무리)

(4) 미용의 통칙(미용 시술 시 지켜야 할 유의사항)

연령, 계절, 시간(T : Time), 장소(P : Place), 상황 · 목적(O : Occasion)에 맞게 연출한다.

2 미용사의 자세

(1) 미용사의 사명
미용사는 미적, 문화적, 위생적 측면에서 사회에 공헌한다는 사명감을 갖고 미용사로서의 직업적, 인간적 자질을 갖추는 데 힘써야 한다.

(2) 미용 업무 시 미용사의 자세
① 올바른 자세 : 체중이 양쪽 다리에 분산될 수 있도록 두 발을 어깨너비 정도로 벌리고 허리를 세워 몸 전체의 균형을 잡는다.
② 작업 대상의 위치 : 작업자의 심장 높이와 평행한 것이 바람직하다.
③ 힘의 안배 : 작업에 따라 자세를 변화시켜 적정한 힘을 배분해 작업한다.
④ 명시 거리 : 작업 대상과의 거리는 정상 시력의 경우 안구로부터 25~30cm 정도가 좋다.
⑤ 실내 조도 : 75Lux 이상을 유지해야 한다.

3 미용업 위생관리 및 안전사고 예방

(1) 미용사 위생관리
① 고객의 두피나 얼굴 등에 상해를 주지 않도록 손톱을 관리해야 한다.
② 고객에게 불쾌감을 주지 않도록 체취 및 구취 관리에 신경써야 한다.
③ 미용 업소 내에서는 복장을 항상 청결하게 착용한다.
④ 미용 시술 전과 후에 손을 깨끗이 씻거나 소독하여 청결을 유지한다.
⑤ 미용사는 법정 전염병으로부터 고객을 안전하게 보호해야 한다. 이를 위해 정기적인 건강검진을 해야 한다.

(2) 미용업소 위생 관리
① 청소점검표에 따라서 미용업소 내 외부의 청결 유지 및 청소해야 한다.
② 미용 시술에 필요한 수건과 가운 등을 위생적으로 준비해야 한다.
③ 미용업소 내에 설비시설과 사용기기 및 도구의 소재별 특성에 따라 소독해야 한다.
④ 미용업소에서 발생하는 쓰레기를 분리배출 한 후에는 주변을 청결하게 정리하여 위생상태를 유지해야 한다.

(3) 미용업 안전사고 예방하기
① 전기사고 예방을 위한 사용하는 전열기나 전기기기 등의 안전 상태를 점검해야 한다.
② 화재사고 예방을 위해 난방기나 가열기 등의 안전 상태를 점검해야 한다.
③ 고객의 안전과 낙상사고 예방을 위해 바닥의 이물질 등을 수시로 제거해야 한다.
④ 혹시 모를 사고에 대비하여 구급약을 비치하고 상황에 따른 응급조치를 하도록 해야 한다.
⑤ 긴급 상황이 발생하면 비상조치 요령에 따라서 신속하게 대처하도록 한다.

4 고객응대 서비스

① 전화고객 응대 방법
- 신속성: 벨이 3번 이상 울리기 전에 받기 (밝은 목소리로 인사를 하고 미용실 이름을 밝힌다)
- 정확성: 통화 내용 정확하게 메모하기 (고객의 말을 경청한 후 문의내용을 꼭 확인한다)
- 친절성: 직접 대면하지 않지만 밝은 표정 유지 (고객을 감동을 주기 위해 음성에도 겸손과 미소를 담는다)

② 방문고객 응대 방법
- 방문 접수 시 : 신규 고객인지, 재방문 고객인지, 미리 예약된 고객인지를 파악해야 한다. 예약된 고객인 경우 시술에 필요한 사항을 미리 확인하는 해 두는 것이 좋다.
- 개인 소지품 보관 : 고객 물품 접수 시 직원이 보관하는 경우도 있지만, 개인 보관함이 있는 경우 보관함의 위치까지 안내하여야 한다.
- 대기석으로 안내 : 곧바로 시술에 들어가지 않을 경우, 대기석으로 안내한 후 대기 시간을 알려 주고 대기 시간 중에 미용실에서 제공하는 서비스를 제공하면 좋다.

02 미용의 역사
Chapter

1 한국의 미용

(1) 삼한시대(마한, 진한, 변한)

① 신분에 따른 머리 형태

㉠ 타국의 포로나 노예 : 머리를 깎아 노예임을 표시했다.

㉡ 수장 급 : 관모(冠帽)를 착용했다.

> • 관모(冠帽) : 벼슬아치들이 머리에 쓴 모자. '관(冠)'은 영어의 크라운(Crown)에 해당

② 변한인들은 글씨를 새기는 문신(文身)을 했다.

③ 진한인(辰韓人)들은 인물상의 두발이 정돈되어 있고, 이마를 넓히기 위해 머리털을 뽑은 흔적이 뚜렷하며, 눈썹이 굵고 진하게 그려져 있다.

(2) 삼국시대

① 고구려

㉠ 여성의 머리 형태 : 얹은머리, 푼(풍)기명머리(채머리), 쪽진머리, 쌍계머리(쌍상투머리),

묶은중발머리, 고계머리(높이 올린 머리) 등 다양한 머리 형태가 있었으며, 머리 수건 형태의 건귁(巾幗)을 착용하기도 했다.

ⓒ 남성의 머리 형태 : 대개 상투를 틀었으며 직위에 따라 금, 비단, 천 등으로 만든 관, 건, 절풍 등을 착용했다.

ⓒ 4~5세기경까지는 장식적 고계머리였던 것이 6세기에 이르면서 형태가 낮아지고 간편해지며 변발(辮髮)로 틀어 얹거나 쪽머리를 하는 형식으로 바뀌었다.

• 변발 : 머리를 뒤로 길게 땋아 늘인 것. 옛 몽고의 풍습으로, 남자의 경우 앞머리와 옆머리를 깎아 내고 남은 머리를 뒤로 땋아 늘였음

② 백제 : 두발을 길고 아름답게 가꾼 마한인들의 전통을 계승했다.
ⓐ 여성의 머리 형태 : 혼인을 전 · 후로 구분할 수 있는데, 미혼은 양 갈래로 땋아 늘어뜨린 상태로 댕기를 드렸으며, 기혼은 양 갈래를 땋아 틀어 쪽머리를 했고 상류층은 가체(加髢)를 사용했다.
ⓒ 남성의 머리 형태 : 상투를 틀었다.

③ 신라
ⓐ 신분과 지위를 두발 모양으로 표현했다.
ⓒ 가체를 사용한 장발, 백분, 연지, 눈썹먹 등이 화장 제품으로 사용되었다.
ⓒ 남성의 화장이 행해졌으며, 향수와 향료의 제조 및 사용이 이루어졌다.

(3) 통일신라시대
① 화장품 제조 기술이 발달하여 화장품을 담는 화장합(化粧盒), 토기분합(土器粉盒), 향유병(香油瓶) 등이 제조되었다.
② 통일 이전보다 화려한 화장술이 등장했고, 신분에 따라 머리에 꽂고 다니는 장신구와 빗이 유행했다(슬슬전대모 빗, 자개장식 빗, 대모 빗, 소아 빗, 나무 빗 등).

(4) 고려시대
① 분대화장 : 분을 하얗게 많이 바르고, 눈썹을 가늘고 또렷하게 만들어 그리며, 머릿기름을 반질거릴 정도로 많이 바르는 것이 특징이다.
② 비분대화장 : 여염집 여인들의 옅은 화장이다.
③ 손과 얼굴을 부드럽고 희게 만들기 위한 면약(일종의 안면용 화장품)의 사용과 두발 염색이 행해졌으며, 고려의 관아에서는 거울 제조 기술자와 빗 제조 기술자를 따로 두었다.

(5) 조선시대
① 피부 손질 위주인 담장과 분 화장은 장분을 물에 개어 얼굴에 발랐으며, 밑 화장으로는 참기름을 바른 후 닦아 냈다.

② 양쪽 뺨에는 연지, 이마에는 곤지를 찍고, 눈썹은 혼례에 앞서 모시실로 제거하고 따로 그렸다.

③ 매분구(여자 방문판매상)의 등장으로 상류층과 기생들이 널리 사용했다.

④ 조선시대 두발 형태

귀밑머리(귓머리)	• 미혼 여성의 머리 모양으로 끝에 댕기를 드린 땋은 머리
새앙머리	• 머리카락을 두 갈래로 갈라서 틀고, 이것을 다시 틀어올려 머리 뒤에서 아래위로 두 덩어리를 잡아 맨 머리 • 조선시대 궁중의 아기 상궁이나 상류 계급의 처녀들이 예장할 때 함 • 새앙낭자 또는 생머리라고도 함
얹은머리	• 일명 트레머리라고도 하는 기혼녀의 기본적인 머리 형태 • 머리카락을 뒷머리에서부터 앞머리로 감아 돌려서 끝을 앞머리 가운데에서 감아 꽂은 머리
쪽머리	• 기혼 여성의 머리 모양으로 머리카락을 뒤통수에서 낮게 트는 머리 • 북계(北髻)라고도 하여 얹은머리와 함께 한국 기혼 여성 머리 모양의 기본형이 되었음
푼(풍)기명 머리	• 머리카락을 세 갈래로 갈라서 한 갈래의 머리채는 뒤로 모으고 두 갈래의 머리채는 좌우 볼 쪽에 각각 늘어뜨리는 머리 • 고구려 고분 벽화에서는 남자, 여자 모두 푼기명머리로 그려져 있음
큰머리	• 조선시대 궁중 의식에서 하던 머리 형태 • 어여머리 위에 '떠구지'라는 나무로 만든 큰머리를 얹어 놓은 것 • 큰머리는 '떠구지머리'라고도 하고, 한자로는 거두미(巨頭味/擧頭美)라고도 함
어여머리	• 조선시대에 예장할 때 머리에 얹은 다리로 된 커다란 머리 형태 • 머리에 어염 족두리(솜 족두리)를 쓰고 그 위에 다리로 된 커다란 머리를 얹어 옥판(玉板)과 화잠(花簪)으로 장식 • 한자로 어유미(於由味/於汝美)라고도 하고, 또야머리라고도 함 • 큰머리에 버금가는 예장용으로서, 궁중에서나 양반가의 부녀자들이 사용
대수(大首)	• 고계(高髻 ; 높게 틀어올린 머리)와 정발(正髮) 사이에 떨반자 · 비녀 · 화관 등으로 화려한 장식을 하고, 늘어진 머리의 양 끝은 비녀를 꽂아 팽팽하게 만든 머리 • 현존하는 유물은 없으나 대수를 한 의친왕비(義親王妃)와 영친왕비(英親王妃)의 사진이 전해지고 있음
조짐머리	• 조선시대에 외명부(外命婦)가 궁중을 출입할 때 하던 가체의 일종으로서 다리 즉, 낭자(娘子)를 소라껍데기와 비슷하게 크게 틀어 쪽머리에 함께 장식한 머리 • 정조의 발제개혁(髮制改革) 이후 얹은머리 대신 쪽머리를 함에 따라 쪽을 돋보이게 만들기 위해 생겨난 것이라고 할 수 있음

첩지머리	• 조선시대 예장용 머리 모양 • 첩지(疊地)라 함은 왕비는 도금(鍍金)으로 봉(鳳) 모양, 내명부(內命婦)·외명부(外命婦)는 도금·은(銀) 또는 흑각(黑角)으로 개구리 모양을 만들어 좌우에 긴 머리카락을 단 것으로, 이것을 가르마 가운데에 중심을 맞추어 대고 느슨하게 양쪽으로 땋아 뒤에서 머리와 한데 묶어 쪽을 진 머리 • 첩지의 장식은 화관이나 족두리 같은 것을 쓸 때 이를 고정시키는 구실을 하기도 하고, 신분의 구분을 위해서도 사용 • 궁중에서는 평상시에도 첩지머리를 하고 있었는데, 궁중 법도에 따라 언제 갑자기 족두리나 화관을 쓰게 될지도 모르기 때문임
화관머리	• 궁중에서 의식이나 경사가 있을 때, 양반집에서는 혼례나 경사가 있을 때 대례복(大禮服) 또는 소례복(小禮服)에 병용
낭자쌍계머리	• 쪽이 두 개라는 의미로 머리 뒤에서 좌우로 갈라 머리를 땋아 두 개의 쪽을 진 머리 • 미혼 여성의 머리 형태로 궁중에서는 쌍계에 댕기를 드리고, 민간에서는 비녀를 꽂아 낭자쌍계 또는 새앙낭자라고 함
황새머리 추	• 어린아이의 머리카락은 가늘면서 잔머리가 많아 한꺼번에 머리다발을 묶어 스타일을 연출하기 어렵기 때문에 남아(男兒)는 각(角)이라 하여 머리카락을 양분해 계를 만들었고, 여아(女兒)는 기(羈)라 하여 머리카락을 넷으로 나누어 계를 만들었음
종종머리	• 어린 여자(女子) 아이를 꾸밀 때 하는 머리 • 여자아이들은 3~4세가 되면 기(羈)를 그만두고 종종머리를 했음 • 앞가르마를 중앙에 타고 양쪽으로 땋을 수 있게 2등분 또는 3등분 하여 종종 땋아 배씨 2개를 가르마 중앙에 오게 하고, 귀밑에서 합하여 땋은 다음 뒤에서 다시 합하여 매고, 그 끝에 어린이용 도투락 댕기 또는 말뚝 댕기로 장식한 머리
바둑판머리	• 가르마를 바둑판 모양으로 나누어 여러 가닥으로 땋은 뒤 모두 뒤로 묶어 댕기를 한 머리 • 태어나 두 번째 머리(약 3~5세 정도)
굴계	• 말에서 떨어졌을 때의 머리 모양처럼 보이는 것으로, 조선시대에 굴씨 성의 궁녀가 제작 방법을 알려줬다 하여 붙인 명칭 • 머리를 좌우로 빗어 올려 틀어올린 머리 형태로, 주로 고려시대부터 조선 초·중기까지 행해졌음
코머리	• 신분이 낮은 기혼 여성들이 가체가 아닌 자신의 본래 머리로 꾸민 머리
벌생	• 양쪽으로 쪽을 져서 말아 올린 다음 비녀를 꽂아 장식한 머리
밑머리	• 주로 궁중의 여인들이나 양반가의 부녀자들이 했던 머리 형태 • 본머리를 이용하여 풍성하게 층층이 올리고, 맨 위에는 작은 관을 덮듯이 정리한 머리
개수머리	• 개화기에 유행한 반가 노부인들의 머리 형태 • 얼굴과의 조화를 쉽게 이뤄내 노부인의 품격을 돋우는 역할을 함

• 비녀로 장식한 머리 : 쪽진머리(쪽머리), 낭자머리
• 비녀로 장식하지 않은 머리 : 얹은머리, 푼기명머리, 쌍상투머리, 민머리

⑤ 비녀

    ㉠ 부녀자의 쪽을 진 머리가 풀어지지 않게 하기 위해 꽂거나, 관(冠)이나 가체를 머리에 고정시키기 위하여 꽂는 장식품을 말한다.

    ㉡ 장식 형태에 따른 종류

- 용잠 : 비녀 머리에 용의 형상을 만든 비녀
- 봉잠 : 윗부분에 봉의 형태를 새겨 입체감 있게 장식한 예장용 비녀
- 각잠 : 뿔로 만든 비녀로 후기에는 부녀자들이 쪽진 머리에 사용하기도 함
- 호두잠 : 잠두를 호두 모양과 같이 만든 비녀
- 국잠 : 머리를 국화 모양으로 꾸민 비녀
- 석류잠 : 비녀머리(簪頭)에 석류 모양을 조각하여 장식한 비녀

    ㉢ 재료에 따른 종류

- 금잠(金簪) : 금
- 은잠(銀簪) : 은
- 옥잠(玉簪) : 옥
- 비취잠(翡翠簪) : 비취
- 산호잠(珊瑚簪) : 산호

Tip

- 화관 : 궁중에서 혼례 때 머리에 장식하던 것
- 떨잠 : 머리 앞 중앙과 좌우 양옆에 꽂아 머리에 장식하던 것
- 뒤꽂이 : 쪽머리 뒤에 꽂아 머리에 장식하던 것
- 첩지 : 화관이나 족두리를 고정시키고 예장용으로 사용하던 것

(6) 근현대

신문명에 의해 미용에 관심을 갖게 된 것은 한일 합방 이후이며, 유학을 다녀온 신여성들에 의해서 헤어, 메이크업, 의상 등이 유행했다.

① 1895년 : 고종의 단발령 이후 남자들은 머리를 짧게 깎았다.

② 1910년 : 일제강점기 이후 다양한 헤어스타일과 화장이 유행했다.

③ 1920년 : 김활란의 '단발머리', 이숙종의 '다까머리(일명 높은머리)'가 여성들 사이에서 혁신적인 인기를 끌었다.

④ 1922년 : 우리나라 관허 제1호 국산화장품 '박가분'이 등장했다.

⑤ 1933년 : 우리나라 최초의 미용사였던 오엽주가 일본 야마노강습소에서 미용을 배우고 돌아와 1933년 3월에 화신백화점 내에 화신미용원을 개원했다.

⑥ 1940년 : 1948년 10월에 제1회 미용사 자격시험 합격자가 발표되었다.

⑦ 해방 이후 : 김상진이 현대미용학원을 설립했다.

⑧ 6·25 이후 : 권정희가 정화미용고등학교, 임형선이 예림미용고등기술학교를 설립했다.

2 외국의 미용

(1) 고대

① 중국
- ㉠ 당나라 현종(서기 713~755년) 때는 십미도(十眉圖)라고 하여 10가지 종류의 눈썹 모양을 소개할 정도로 눈썹 화장이 성행했다.
- ㉡ 기원전 2,200년경부터 하(夏)나라 시대에는 미백분을 사용하고, 기원전 1,150년 은(殷)나라 주왕 때는 연지 화장을 했으며, 진시황(始皇帝) 때는 연지, 백분을 사용하고 눈썹을 그리게 했다.
- ㉢ 수하미인도(樹下美人圖)를 보면 인물상은 액황(額黃)을 발라 입체감을 주었고, 홍장(紅粧)이라 하여 백분(白粉)을 바른 후 연지(臙脂)를 덧발랐다.

② 이집트
- ㉠ 고대 미용의 발상지 : 약 5,000년 전 서양 최초로 화장을 시작했다.
- ㉡ 가발의 기원 : 더운 기후로 인하여 두발을 짧게 민 다음 가발을 이용했다.
- ㉢ 퍼머넌트의 기원 : 나일강 유역의 알칼리성 진흙을 머리카락에 바른 뒤 둥근 막대기에 감고 태양열을 이용해 웨이브를 만든 것이 퍼머넌트의 기원이라 할 수 있다.
- ㉣ 염색의 기원 : 기원전 1,500년경에 염모제로 헤나(Henna)를 사용했다는 기록이 있다.
- ㉤ 메이크업의 기원(화장법)
  - 흑색과 녹색 두 가지 색으로 눈꺼풀 위쪽을 강조하고, 흑색으로 눈가에 선을 그렸음
  - 붉은 찰흙에 샤프란(꽃 이름)을 조금씩 섞은 것을 뺨에 붉게 칠하고 입술연지로도 사용
  - 태양과 곤충으로부터 눈을 보호하기 위해 코올(Kohl) 염료를 사용
- ㉥ 화장품과 향수 제조 기법이 뛰어났으며, 향료를 바르는 것을 좋아하여 머리 장식으로 향료 병을 사용하기도 했다.

③ 그리스
- ㉠ 고대 그리스의 가장 일반적인 머리 모양은 자연스럽게 묶거나 중앙에서 나누어 뒤로 틀어올린 고전적인 스타일이 많았다.
- ㉡ 링레트와 나선형(螺旋形)의 컬을 몇 겹으로 쌓아 겹친 것 같은 키프로스 풍의 머리 모양도 동시에 행해졌는데, 키프로스 풍의 머리 모양은 로마시대에 이르러서도 사용되었다.
- ㉢ 전문적인 결발사(結髮師)의 출현으로 결발 기술이 크게 융성했다.
- ㉣ 사상(史上) 처음으로 남자의 머리를 다듬는 이용원이 생겼고, 일종의 사교클럽 형태로 존재했다.

④ 로마
- ㉠ 로마 여성들은 노예로 잡혀 온 북방 이민족들의 자연적인 금발을 모방하여 두발 탈색(헤어 블리치)과 염색(헤어 다이)을 함께 행했다.
- ㉡ 화장 재료는 백연이나 백목을 사용하고, 입술연지는 식물성 염료를 사용했다.

ⓒ 고체 크림, 액체 크림, 분말 향료 등이 있었으며, 그것을 담기 위한 용기의 제작 기술도 우수했다.

ⓔ 서기 13세기경 후손인 멜그치 후란기파니가 향료에 알코올을 가해서 향수를 제조했다.

ⓜ 우유, 과일, 포도주 등으로 마사지하고, 몸을 치장하는 것이 성행했으며 원형 목욕탕과 공중목욕탕이 발달했다.

(2) 중세 · 근세 시대

① 에냉(Hennin)이라는 끝이 뾰족한 첨탑 모양의 모자를 써서 모발을 숨기기도 했다.

② 흰 피부를 선호하여 피부가 창백하게 보이도록 납, 밀가루 등을 바르거나 채혈했다.

③ 17세기 초반 최초의 남자 결발사인 샴페인(Champagne)이 등장했다.

④ 프랑스의 케더린 오프 메디시 여왕이 이탈리아 결발사, 가발사, 향장품 제조기사 등을 초빙하여 프랑스인들에게 기술을 전수하면서 프랑스 근대 미용의 기반을 다졌다.

⑤ 18세기에 화장수인 오 데 코롱(Eau de Cologne)이 발명되었다.

(3) 근대 · 현대

1830년	• 무슈 끄로샤트(프랑스 일류 미용사) • 여성스러움을 강조한 아폴로 노트 머리 모양이 유행
1867년	• 과산화수소를 블리치제로 사용
1875년	• 프랑스의 마셀 그라또우(Marcel Grateau) : 마셀 아이론 발명 • 프랑스의 마셀(Marcel)이 아이론(Iron)을 이용한 웨이브(Wave)를 창조 • 결점 : 일시적인 웨이브로 머리를 감거나 수증기를 만나면 웨이브가 없어짐
1883년	• 합성 유기 염료가 개발되면서 두발 염색의 신기원을 이룸
1900년	• 업스타일(깁슬걸, 퐁파두르 스타일, 원롤 스타일 등)이 유행
1905년	• 영국의 찰스 네슬러(Charles Nessler) : 스파이럴식 퍼머넌트 웨이브 시초 창안 • 영국 런던 사교계 미용사인 찰스 네슬러(Charles Nessler)가 알칼리와 열의 원리를 이용한 히트 웨이브(Heat Wave)를 개발 • 방법 : 클립(Clip)에 모발을 말고, 그 위에 붕사와 물을 페이스트(Paste) 상태로 섞어 모발에 바른 다음 은박지 등으로 감싸고 일일이 가열하여 웨이브를 만듦
1910년	• 보브 스타일 유행
1920년	• 남성의 머리 형태와 같은 쇼트 커트, 이튼크롭, 보이시 보브, 싱글 보브 등이 유행
1925년	• 독일의 조셉 메이어(Joseph Mayer) : 크로키놀식 히트 퍼머넌트 웨이브 창안 • 방법 : 모발 끝에서 두피로 말아 들어가는 크로키놀 와인딩(Croquignole Winding)이 고안되면서 짧은 머리에도 펌 시술 가능
1930년	• 부드러운 퍼머넌트 웨이브 유행

1936년	• 영국의 스피크먼(J. B. Speakman) : 화학 약품을 이용한 콜드 웨이브 창안 • 영국의 리드대학 교수인 스피크먼(J. B. Speakman)이 아황산수소나트륨을 이용하면 실온 40℃ 정도의 온도에서 펌이 형성되는 것을 발견 • 과거 웨이브를 얻기 위해 105~110℃ 정도의 높은 온도를 사용했던 것에 비해 '낮은 온도로도 펌을 얻을 수 있다'는 의미에서 'Cold'라는 명칭을 붙여 콜드 퍼머넌트 웨이브(Cold Permanent Wave)라고 명명
1940년	• 산성 중화 샴푸제 개발 • 1941년대 미국인 맥도우(McDonough) 등이 치오글리콜산을 주원료로 한 콜드 펌 약제를 제조 • 많은 연구자들이 실온에서 모발의 시스틴 결합을 절단할 수 있는 약품에 대해 연구 • 1947년 미국의 FDA 식품의약국이 치오글리콜산의 제조 방법이 비교적 간단하면서 보건 위생상 무해하고 냄새가 적으며, 효과적인 웨이브를 얻는 데 적합하다고 인증
1966년	• 산성 중화 컨디셔너제 개발
1975년	• 산성 중화 퍼머넌트제와 여러 가지 헤어 제품 개발

Chapter 03 미용용구와 기구 및 기기

1 미용용구

(1) 미용용구

실질적으로 미용사의 손을 구체적으로 보조하면서 돕는 역할을 한다. 그 종류에는 빗, 가위, 브러시, 로드, 핀, 레이저, 아이론 등이 있다.

(2) 빗

① 빗의 작용과 구조

　㉠ 빗 몸 : 빗 전체를 균형 있게 지탱해 주어야 하므로 안정성이 있고 일직선으로 단단해야 한다.

　㉡ 빗살 : 빗살 전체의 간격이 일정하고, 두께가 가늘고 균등하게 형성되어 있어야 한다.

　㉢ 빗살 뿌리 : 모발을 정돈하는 역할을 하며, 빗살 뿌리는 둥그스름한 것이 좋다.

　㉣ 빗살 끝 : 모발을 나누고 두피에 직접적으로 닿는 부위로, 너무 뾰족하거나 무디지 않은 것이 좋다.

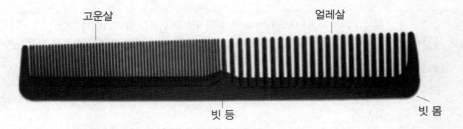

[빗의 구조]

② 빗의 재질 : 뿔, 나무, 금속, 나일론, 합성수지, 플라스틱, 상아, 에보나이트, 셀룰로이드, 동물의 뼈 등으로 재질이 다양하다.

③ 빗 손질법 : 석탄산수, 크레졸수, 포르말린수, 자외선, 역성비누액 등으로 소독한다.

(3) 브러시(Brush)

① 브러시의 종류

　㉠ 드라이 롤 브러시(Dry Roll Brush)

　　• 모발의 길이나 연출하고자 하는 스타일에 따라 선정해서 사용

　　• 종류 : 돈모 브러시, 플라스틱 브러시, 금속 브러시 등

　㉡ 스켈톤 브러시(Skeleton Brush)

　　• 빗살이 엉성하게 생겼으며, 몸통에 구멍이 있음

　　• 남성 스타일, 쇼트 스타일에 볼륨감을 형성할 때 사용

　㉢ 쿠션 브러시(Cushion Brush), 덴먼 브러시(Denmen Brush)

　　• 몸통에 고무판이 있고 반원형

　　• 모발에 볼륨을 줄 때 모발 손상이 적음

② 브러시 선택법 : 빳빳하고 탄력이 있는 것과 자연강모로 만들어진 것이 좋고, 동물 털(멧돼지, 돼지, 고래수염 등)로 만든 브러시는 정전기 방지에 좋다.

③ 브러시 손질법

　㉠ 비눗물에 담가 두었다가 깨끗이 헹군 후 모를 아래로 향하게 한 상태로 응달에 말린다.

　㉡ 석탄산수, 크레졸수, 역성비누액 등으로 소독한다.

(4) 가위(Scissors)

① 가위의 정의 : 가위는 시저스라고도 하는 모발을 자르는 도구로, 두 개의 날을 교차시켜 지렛대의 원리를 이용하여 헤어스타일을 연출하고 정리해 주는 도구이다.

② 가위의 명칭

　㉠ 엄지 환(동인) : 엄지를 끼우는 곳으로, 엄지에 의해 사용되는 부분이다.

　㉡ 약지 환(정인) : 약지를 끼우는 곳으로, 약지에 의해 사용되며 고정 날이다.

　㉢ 선회축(Pivot Point ; 피벗 포인트) : 정인과 동인을 하나로 고정시키는 피벗 나사 부분이다.

ⓔ 소지걸이 : 약지 환(정인)에 이어져 있는 새끼손가락(소지)을 올려놓기 위한 부분이며, 소지걸이가 따로 없는 가위도 있다.
ⓜ 날 끝 : 정인과 동인의 안쪽 면을 말한다.
ⓗ 가위 끝 : 정인과 동인의 날 앞쪽 면으로 모발이 잘리는 부위이다.
ⓢ 다리 : 선회축과 엄지 환 또는 약지 환의 사이 부분을 말한다.
ⓞ 엄지 환 : 동인에 연결된 고리에 엄지가 걸쳐지는 곳이다.
ⓩ 약지 환 : 정인에 연결된 고리에 약지가 걸쳐지는 곳이다.

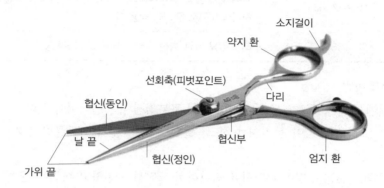

[가위의 구조]

③ 가위의 종류
ㄱ 재질에 따른 분류

전강(全鋼) 가위	• 전체가 특수강으로 만들어져 있음
착강(着鋼) 가위	• 협신부(연강)와 날 부분(특수강)이 서로 다른 재질의 강철로 만들어져 있음 • 부분 수정할 때 조정하기 쉬움

ㄴ 사용 목적에 따른 분류

커팅 가위 (셰이핑 가위)	• 모발을 자르고 셰이핑 시 사용되는 가장 일반적인 형태의 가위 • 약 4.5~5.5인치를 흔히 사용 • 장 가위는 6.5~7.0인치를 흔히 사용
틴닝 가위 (텍스처라이징 가위)	• 모발의 길이를 자르지 않고 두발 숱을 감소시키는 데 사용 • 발수의 차이에 따라 잘리는 머리카락 양에 차이가 있음 • 발수가 많고, 홈이 깊고, 발의 너비가 넓을수록 머리카락이 많이 잘림 • 20발 이하 : 질감 처리 시 테크닉용으로 주로 사용 • 27~33발 : 일반적인 기본형으로 사용 • 40발 이상 : 커팅 가위와 거의 유사하게 사용

R형 가위	• 약간 휘어져 있는 형태의 가위 • 시술 시 손목이 편안하고 곡선 처리에 유리 • 스트로크(Stroke) 커트에 사용 • 세밀한 부분을 수정하거나 두발 끝의 커트라인을 정돈할 때 사용
미니 가위	• 정밀한 블런트 커트와 직선 커트에 사용 • 4.5~5.5인치 정도의 크기
빗 겸용 가위	• 가위의 날 등에 빗이 부착되어 있어 빗 부분을 잡고 두발을 커트 • 하나의 도구로 두 가지 작용 가능
기타	• 레자 겸용 가위, 회전 가위, 인체공학적 가위 등

④ 가위 선정 방법
  ㉠ 협신에서 날 끝으로 갈수록 자연스럽게 구부러진 내곡선이어야 한다.
  ㉡ 양쪽 날의 견고함이 동일해야 하고, 날의 두께는 얇지만 튼튼하고 가벼우며 양 다리는 강한 것이 좋다.
  ㉢ 손가락을 넣는 구멍이 손가락에 적합하여 조작하기 편하고 쉬워야 한다.
  ㉣ 피벗 포인트의 잠금 나사가 느슨하지 않으며 도금된 것은 강철의 질이 좋지 않다.
⑤ 가위 손질법 : 자외선, 석탄산수, 크레졸수, 포르말린수, 에탄올 등을 사용한다.

(5) 레이저(Razor)
면도날을 이용하여 커트하는 방법이다.

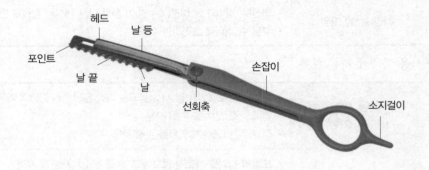

[레이저의 구조와 명칭]

① 레이저의 종류

오디너리 레이저 (Ordinary Razor)	• '오디너리'는 일상적, 보통이라는 뜻으로 오디너리 레이저는 보통의 일상용 레이저를 말함 • 잘리는 모발의 양이 많아 작업 속도가 빠르고 칼날 부위에 보호 장치가 없음 • 숙련자에게 적합

셰이핑 레이저 (Shaping Razor)	• 안전 커버가 있어서 안전하게 커트 가능 • 초보자에게 적합
칼날에 따른 종류	• 일직선상 레이저, 내곡선상 레이저, 외곡선상 레이저

② 레이저 선택법

㉠ 레이저의 칼등과 칼날이 서로 평행하고 비틀어지지 않은 형태의 것을 선택해야 한다.

㉡ 양면의 콘케이브가 평균적인 곡선을 이룬 것이 좋다.

㉢ 날의 형태가 날 등에서 날 끝까지 균등한 곡선상으로 되어 있으며, 날 어깨의 두께도 일정한 것이 좋다.

③ 레이저 손질법 : 석탄산수, 크레졸수, 에탄올 등으로 소독해서 소독장 안에 보관해 둔다.

(6) 헤어 핀(Hair Pin)

① 열린 핀(헤어 핀) : 오니 핀이나 U 핀처럼 벌어져 있는 핀이다.

② 닫힌 핀(보비 핀) : 세팅 핀이나 실 핀처럼 사용할 때마다 벌려서 사용하는 핀이다.

(7) 헤어 클립(Hair Clip)

① 컬 클립 : 핀셋이나 핀컬 핀처럼 주로 컬을 고정시킬 때 사용한다.

㉠ 싱글 프롱 클립 : 섹션 · 블로킹을 나누거나 모발을 고정시킬 때 사용한다.

㉡ 더블 프롱 클립 : 업스타일을 하거나 컬을 고정시킬 때 사용한다.

㉢ 웨이브 클립 : 주로 웨이브를 고정시킬 때 사용한다.

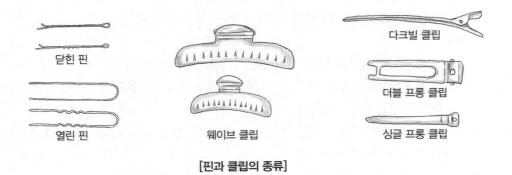

[핀과 클립의 종류]

(8) 컬링 로드(Curling Rod)

① 모발을 감는 위치에 따라 대, 중, 소로 구분하여 사용한다.

② 퍼머넌트 웨이브 기술에서 웨이브를 형성하기 위해서 두발을 감는 용구로 콜드 웨이브, 히트 웨이브에서 사용된다.

(9) 롤러(Roller)

① 롤러의 형태 및 사이즈에 따라 구분하여 사용된다.

② 롤 스트레이트, 헤어 세팅 등을 통해 모발에 볼륨을 주는 목적으로 사용된다.

2 미용기구 및 기기

(1) 미용기구

물건을 정리, 정돈하는 데 필요한 기구이다.

① **샴푸도기** : 각도가 잘 맞고, 냉ㆍ온수 조절과 샤워기의 수압 조절이 일정해야 한다.

② **두피 진단기** : 모발의 손상, 굵기, 다공성 정도, 밀도, 두피 질환 등을 측정할 수 있어야 한다.

③ **디지털 펌기** : 열이 필요한 히트 펌(Heat Perm)에 사용되며 세팅한 웨이브 연출이 가능하다.

④ **러브 윙과 소독기**

  ㉠ 러브 윙 : 퍼머넌트, 염색, 트리트먼트, 탈색, 스트레이트 등 모든 열처리 시 사용된다.

  ㉡ 소독기 : 빗, 가위, 레이저 등을 소독하는 기기이다.

(2) 미용기기

동력으로 움직이는 기계로 헤어 드라이어, 헤어 스티머, 히팅 캡 등이 있다.

① **헤어 드라이어(Hair Dryer)**

  ㉠ 구조 : 팬(Fan), 팬을 작동시키기 위한 모터, 발열기 역할을 하는 니크롬선으로 구성되어 있다. 팬의 회전으로 생기는 바람이 니크롬선에 의해 더워지고, 다시 팬이 회전하면서 더운 바람이 나오는 원리이다.

  ㉡ 기능 : 모발의 건조, 헤어 스타일링, 모근의 흐름을 조절할 때 사용한다.

  ㉢ 일반적인 블로우 드라이의 가열 온도는 60~80℃ 정도이다.

  ㉣ 종류

   • 핸드 드라이어(블로우 타입) : 바람을 이용한 일반적인 헤어 드라이어

   • 웨이빙 드라이어 : 노즐 앞쪽으로 아이론, 롤 브러시, 빗 등을 부착하여 스타일링이 가능하도록 만들어진 드라이어

   • 스탠드 드라이어(후드 타입) : 냉풍, 온풍, 순환, 열풍 등을 이용하여 세팅 스타일링과 모발 건조를 하는 드라이어

② **헤어 스티머(Hair Steamer)**

  ㉠ 180~190℃의 수증기가 분무되며, 모발ㆍ두피ㆍ피부 상태에 따라 10~15분 전ㆍ후로 사용한다.

  ㉡ 퍼머, 헤어 다이(두발 염색), 스캘프 트리트먼트, 헤어 트리트먼트, 미안술(美顔術) 등에 사용되며, 약액(藥液)의 침투와 흡수를 도와준다.

③ **히팅 캡(Heating Cap)**

  ㉠ 가해진 열이 고루 분산되도록 하는 역할을 하며, 열을 이용하여 약액의 침투를 돕는 모

자 형태이다.

ⓛ 주로 퍼머넌트, 스캘프 트리트먼트, 헤어 트리트먼트 시술 시 모발 및 두피에 영양을 공급하기 위해 사용된다.

④ 헤어 아이론(Hair Iron)

ㄱ 19세기 파리의 이발사 마셀 그라또우(Marcel Grateau, 1852~1936)가 개발하여 마셀 아이론(Marcel Iron)이라고도 하며, 이것을 사용한 부드러운 웨이브는 마셀 웨이브라고 일컬었다. 대표적인 것으로 펀치 펌이 있다.

ⓛ 120~140℃의 고열로 프롱(로드)은 위쪽으로 누르는 작용을 하고, 그루브는 아래쪽으로 고정하는 작용을 함으로써 모발 구조를 일시적으로 변화시켜 웨이브를 만든다.

ⓒ 회전 각도는 45°가 적당하다.

ⓔ 약지와 소지를 사용한다.

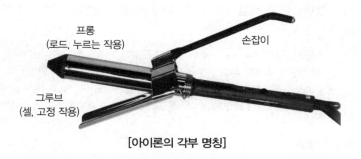

프롱
(로드, 누르는 작용)   손잡이

그루브
(셸, 고정 작용)

[아이론의 각부 명칭]

⑤ 클리퍼(Clipper) = 바리깡(Barykkang) = 트리머(Trimmer) : 클리퍼는 강모 커팅용, 연모 커팅용, 솜털 커팅용 등이 있으며 요즘은 전동식 클리퍼가 많이 사용된다.

(3) 미안용 기기

① 고주파 전류 미안기(高周波電流美顔機)

ㄱ 고주파란 라디오나 무선에서 사용되는 전파보다 매우 짧은 파장을 이용한 것으로, 고주파 전류 미안기는 피부 가까이에서 고주파를 방전시킬 때 발생하는 오존(O_3)에 의해 피부의 표백과 살균 작용을 하는 미안기계이다.

ⓛ 종류 : 전류에 따라 각각 발명자의 이름을 딴 기기들이 있다.

• 오딘(Paul Oudin, 1858~1923) : 프랑스의 의사
• 달손발(Arsene d'Arsonval) : 프랑스의 의사, 테슬러 전기의 최후 실험자
• 테슬러(Nikola Tesla, 1857~1943) : 미국의 전기기사

ⓒ 방법

• 직접법 : 고객의 피부에 댈 때 진공판 끝에 미용사의 손을 대고 사용하는 방법
• 간접법 : 고객의 피부에 댈 때 고객이 직접 금속 극을 쥐도록 하여 사용하는 방법

ⓔ 미용 시술에 주로 사용되는 것은 테슬러 전류이다.

ⓜ 강한 산화력이 있어 여드름에 유효할 뿐만 아니라 사마귀, 주근깨 등을 제거할 수 있다.

ⓑ 근육 조직 내에서 열을 발생시키기 때문에 화장을 한 상태로 시술 시 여드름을 악화시키는 원인이 되므로 화장을 하지 않고 시술받도록 해야 한다.

ⓐ 고주파는 미안술 또는 스캘프 트리트먼트 등에 이용된다.

② 갈바닉(Galvanic) 전류 미안기

㉠ 이탈리아의 해부학자인 갈바니(Galvani, 1737~1798)에 의해 발견되면서 그의 이름을 따서 부르게 되었다.

㉡ 직류 전류가 산성 용액 또는 염기성 용액 속을 통과할 때 일어나는 화학 변화 작용을 인체에 응용하여 피부 속 깊이 침투하기 어려운 이온 물질을 피부 속으로 침투시킨다.

㉢ 작용

• 양극 : 모공(毛孔)을 닫고, 피부를 수축시키며, 아스트린젠트 로션(Astringent Lotion)을 피부에 침투시킴

• 음극 : 혈액순환을 원활하게 하고, 피부의 영양 상태가 좋아지도록 자극

> **Tip**
> • 이온토프레시스(Iontophoresis) : 피부 흡수가 어려운 물질 즉, 비타민 C, 앰플, 세럼 등의 수용성 영양 농축액의 유효 성분을 피부 깊숙이 침투시키는 관리 방법
> • 디스인크러스테이션(Disincrustation) : 딥 클렌징의 단계로서 음극 봉에서 생성되는 알칼리로 피지를 유화시켜 용해하고, 각질세포와 모공 속 노폐물을 제거하는 관리 방법

③ 적외선 등(赤外線燈)

㉠ 열선(熱線)이라고도 하는 전자파의 일종이다.

㉡ 적외선 등은 적외선이 피부에 침투해서 발생하는 온열자극(溫熱刺戟)을 미용 기술에 이용한 것이다.

④ 자외선 등(紫外線燈)

㉠ 피부의 노폐물 배출을 촉진시키고 비타민 D를 생성하는 작용을 미용 시술에 이용한 것이다.

㉡ 미용사는 보호안경을, 고객은 아이패드를 착용하여 작업 시 눈을 보호할 수 있도록 한다.

⑤ 바이브레이터(Vibrator) = 전기 진동기(電氣振動器)

㉠ 근육과 피부, 미안술에 기계적 진동을 응용하여 손 마시지의 자극 효과를 높인다.

㉡ 혈액순환을 원활하게 하여 신진대사를 증진시키며, 지각신경을 자극하여 쾌감을 준다.

⑥ 파라핀 왁스(Paraffin Wax)

㉠ 가열한 왁스(45℃)에 손이나 발을 담그거나 가열한 왁스를 전신에 도포하는 방법이다.

㉡ 노폐물 배출 및 각질세포 정리 효과가 있다.

⑦ 프리마톨(Frimator ; 진동 브러시)

㉠ 브러시를 이용하여 피부 노폐물 및 모공을 세정하는 딥 클렌징 기기이다.

㉡ 모세혈관 확장 피부, 화농성 여드름성 피부는 사용을 주의한다.

⑧ 스킨 스캐너(피부·두피 진단기) : 피부 및 두피를 20~800배 내외로 확대하여 피부 상태를 관찰한다.

⑨ 확대경(Magnifying Lamp) : 피부 상태를 판별하는 일반적인 확대 비율은 3~5배이다.

Chapter 04 헤어 샴푸 및 컨디셔너

1 헤어 샴푸(Hair Shampoo)

(1) 헤어 샴푸의 정의와 목적

① 정의

 ㉠ '샴푸(Shampoo)'는 '마사지하다, 매만지다, 주무르다'라는 뜻의 힌디어인 'Champi'를 어원으로 하며, 사전적 의미는 비누와 샴푸제를 이용하여 '머리를 씻다'이다.

 ㉡ 미용사가 시술하는 데 있어 중요한 기본적인 서비스로서 모든 미용 기술의 기초 과정이다.

② 목적

 ㉠ 두피와 모발을 청결하게 유지하고 두피·모발에 생길 수 있는 병의 감염을 예방한다.

 ㉡ 모발에 윤기를 주는 동시에 두피의 혈액순환을 도와 생리 기능을 촉진하는 효과가 있다.

(2) 헤어 샴푸의 원리

흡착, 침투, 유화, 분산, 헹굼

(3) 헤어 샴푸의 종류

① 시술 순서에 따른 분류

 ㉠ 프레 샴푸(Pre-shampoo) : 펌이나 염색 전에 샴푸한다.

 ㉡ 애프터 샴푸(After-shampoo) : 펌이나 염색 후에 샴푸한다.

② 두발 상태에 따른 분류

 ㉠ 정상적인 두발

  • 알칼리성 샴푸 : 합성세제를 주제로 하는 것으로 pH는 7.5~8.5 정도

  • 산성 샴푸 : 약산성 샴푸제로, 약 pH 4.5 정도의 두피와 유사한 pH를 띠고 있어 두피와 모표피의 pH 변화가 거의 없음

 ㉡ 비듬성 두발

  • 항비듬성 샴푸 : 약용 샴푸에 해당하며, 비듬 제거를 목적으로 함. 유성 두발용 샴푸와 건성 두발용 샴푸 두 종류가 있음

ⓒ 염색 모발
  - 논스트리핑 샴푸(Nonstripping Shampoo) : 대개 pH가 낮은 약산성 샴푸로서 모발을 자극하지 않는 저자극 샴푸이며, 같은 약산성 샴푸라도 기포성인 경우 탈색될 수 있음
ⓔ 다공성 모발
  - 모발 영양 공급 및 탄력 부여를 목적으로 케라틴을 원료로 한 프로테인 샴푸(Protein Shampoo)나 콜라겐을 원료로 한 샴푸를 사용
  - 누에고치에서 추출한 성분과 난황 성분을 함유한 샴푸
ⓜ 지방성 두발
  - 중성세제나 합성세제 샴푸 선택 : 비누를 주재료로 한 샴푸에 비해 세정력과 탈지 효과가 큼
③ 물 사용 여부에 따른 분류
  ㉠ 웨트 샴푸(물을 사용하는 샴푸)
    - 플레인 샴푸(Plain Shampoo ; 정상 샴푸) : 일반적인 샴푸로 중성세제, 비누 등을 사용하여 물로 씻는 것
    - 핫 오일 샴푸(Hot Oil Shampoo) : 염색, 블리치, 펌 등의 시술로 두피나 두발이 건조해졌을 때 고급 식물성 오일(올리브유, 아몬드유, 춘유 등)을 따뜻하게 데워서 바르고 마사지하는 방법으로 플레인 샴푸를 적용하기 전에 실시
    - 에그 샴푸(Egg Shampoo) : 날달걀을 사용하는 방법으로 지나치게 건조한 모발, 탈색된 모발 또는 민감성 피부나 염색에 실패했을 때 사용하며, 흰자는 세정, 노른자는 영양 공급과 광택 부여를 원할 때 사용
  ㉡ 드라이 샴푸(물을 사용하지 않는 샴푸)
    - 파우더 드라이 샴푸(Powder Dry Shampoo) : 젖은 샴푸를 할 수 없는 고객에게 사용
      - 주성분은 식물성이며, 오리스 뿌리의 가루
      - 주로 산성 백토에 카올린, 탄산마그네슘, 붕사 등을 섞어서 사용하며, 지방성 물질 흡수 작용과 기계적 세정 작용을 함
      - 빗으로 모발을 나누면서 분말을 도포하여 두부 전체에 작용할 수 있도록 마사지하고, 약 20~30분 후 브러싱하여 분말을 제거한 다음 헤어 토닉을 묻힌 탈지면 등으로 남아 있는 분말을 닦아내는 방법으로 사용
      - 주의사항 : 펌을 하기 전, 모발 염색 전에는 파우더 드라이를 하지 않음
    - 에그 파우더 드라이 샴푸(Egg Powder Dry Shampoo) : 달걀의 흰자만으로 거품을 내서 모발에 고르게 바르고 건조한 다음 브러싱하여 털어냄
    - 리퀴드 드라이 샴푸(Liquid Dry Shampoo) : 벤젠이나 알코올 등의 휘발성 용제에 24시간 담가 두었다가 응달에서 건조하는 방법으로 사용하며, 현재는 주로 가발(위그) 세정이나 헤어피스 세정에 사용

(4) 헤어 샴푸의 역할 및 작용

종류	역할 및 작용
양이온성 계면활성제	• 살균, 소독 작용이 크며, 정전기의 발생을 억제 • 린스, 트리트먼트 성분으로 사용
음이온성 계면활성제	• 세정 효과와 기포 형성 효과가 우수 • 비누, 샴푸, 클렌징 폼 등에 사용
비이온성 계면활성제	• 피부 자극이 적음 • 화장수의 가용화제, 크림이나 로션상의 유화제, 클렌징 크림의 세정제로 사용
양쪽이온성 계면활성제	• 세정 작용이 있으며, 피부 자극이 적음 • 저자극 샴푸나 베이비 샴푸 등에 사용

Tip
• 피부자극의 크기 : 양이온성 〉음이온성 〉양쪽이온성 〉비이온성

(5) 샴푸 온도와 횟수
① 샴푸 시 물은 38℃ 전후의 미온수를 사용한다.
② 오전보다는 오후(저녁)에, 주 1~2회(피지 과다 분비 시 2회 이상) 샴푸한다.

(6) 샴푸 방법
① 모발에 충분히 브러싱하여 고객을 샴푸대에 편안하게 앉게 한다.
② 의자 등받이에 샴푸 클로스를 걸치고 세발대와 손님의 목 사이에 타월을 놓는다.
③ 한 손을 정수리 부분에 놓고 머리를 고정시켜 다른 한 손의 손가락을 이용하여 페이스 라인 주변(머리)을 지그재그로 이동하며 문질러 준다.
④ 이동 방향은 전두부, 측두부, 두정부, 후두부 순서로 진행한다.
⑤ 양 손가락을 이용하여 뒷머리 부분의 끝에서부터 위쪽으로 리드미컬하게 올려준다.
⑥ 양쪽 엄지손가락을 사용하여 페이스 라인의 중앙 부분에서 시작하여 관자놀이 부분까지 부드럽게 마사지하듯 내려온다.
⑦ 모발에 물기를 살짝 제거해 주고 타월로 머리 전체를 감싸준다.

2 헤어 린스(Hair Rinse)

(1) 헤어 린스의 정의
① 머리를 헹굴 때 세발한 모발을 산성으로 만들어 유연성을 부여하고, 탈지(脫脂)된 모발에 적당한 기름기를 더해 부드러운 광택이 있는 모발로 만들기 위하여 사용하는 세제이다.
② 건조해진 두발에 지방 공급과 정전기 방지를 위한 제품을 사용한 후 헹구는 것이다.

(2) 헤어 린스의 목적

① 샴푸 후 남아 있는 금속성 피막을 두발에서 제거한다.

② 두발에 윤기를 부여하고 엉킴을 방지한다.

③ 정전기 발생을 방지하기 위해 두발에 지방을 공급한다.

(3) 헤어 린스의 종류

① 플레인 린스(Plain Rinse)

　㉠ 가장 보편적으로 사용되는 린스로, 미지근한 물로 헹구는 방법으로 사용한다.

　㉡ 펌 시술 중 제1제를 씻어내기 위한 중간 린스로 사용된다.

　㉢ 38~40℃의 연수를 이용한다.

② 유성 린스(Voiced Rinse)

　㉠ 크림 또는 로션 형태로 샴푸 후에 지방분을 공급하기 위해 사용한다.

　㉡ 올리브유, 라놀린유 등을 따뜻한 물에 섞어 모발을 헹구는 방법이다.

　㉢ 펌, 염색, 탈색 등으로 건조해진 두발에 유분을 공급한다.

　㉣ 오일 린스(Oil Rinse), 크림 린스(Cream Rinse) 등이 있다.

③ 산성 린스(Acid Rinse)

　㉠ pH 3~4 정도의 린스로 알칼리 성분을 중화시킨다.

　㉡ 샴푸 후 남아 있는 비누 혹은 샴푸제의 불용성 성분을 중화시키고 금속성 피막을 제거한다.

　㉢ 펌 시술 전에는 사용을 피해야 한다.

　㉣ 산성 린스의 종류

　　• 레몬 린스(Lemon Rinse) : 레몬 한 개를 미지근한 물에 풀어서 모발을 헹구는 방법

　　• 구연산 린스(Citric Acid Rinse) : 레몬 린스의 대용으로 구연산을 녹인 물(구연산 결정 1.5g을 따뜻한 물 0.5L에 섞어 사용)에 모발을 헹굼

　　• 비니거 린스(Vinegar Rinse) : 식초, 초산을 10배 정도로 희석시켜서 사용하는 방법으로 지방성 두발에 효과적임. 린스 후에는 가능한 한 빨리 물로 헹구어 식초 냄새를 제거

④ 약용 린스(Medicinal Rinse)

　㉠ 살균 · 소독 작용이 있는 물질을 배합한 약용 린스제(염화벤젤코늄, 살리실릭산, 이소퀴놀리늄 등)를 사용한다.

　㉡ 탈지면에 묻혀 바르거나 직접 두피에 바른 후 스캘프 머니플레이션(약 15분 정도)을 한다.

　㉢ 가려운 두피, 비듬, 두피 질환에 효과적이다.

⑤ 컬러 린스(Color Rinse) : 컬러 샴푸와 유사한 성격이며, 다음 샴푸 전까지 일시적인 착색 효과가 있다.

3 헤어 컨디셔너(Hair Conditioner)

(1) 헤어 컨디셔너의 정의

① 린스를 한 차원 높인 제품으로 비타민, 단백질, 수분, 유분 등을 제공한다.

② 컨디셔너는 라놀린, 콜레스테롤, 모이스처, 술폰산 오일, 식물성 오일, 단백질 등과 여러 화합 물질로 이루어져 손상된 모발에 윤기를 주고, 모발을 코팅하도록 만들어졌으며 크림 타입과 액상 타입이 있다.

(2) 헤어 컨디셔너의 종류

① 타이밍 컨디셔너(Timing Conditioners) : 사용 시간이 정해진 컨디셔너로 주로 산성을 띠며, 모발의 모 피질까지 침투하지는 않지만 모발에 천연 오일과 수분을 보충해 준다. 모발에 도포한 다음 1~5분 후에 헹구어 낸다.

② 스타일링 로션과 혼합된 컨디셔너(Conditioners Combined with Styling Lotions) : 단백질과 송진이 들어간 컨디셔너로서 세팅 로션도 혼합되어 있다.

③ 단백질 침투 컨디셔너(Protein Penetration Conditioners) : 단백질 투과성 컨디셔너로, 가수분해된 아주 작은 단백질 조각이 모발의 표피와 피질을 통과하여 상실된 케라틴 성분을 보충해 준다.

④ 중화 컨디셔너(Neutralizing Conditioners) : 알칼리성이 강한 모발 제품의 사용으로 인해 증가한 알칼리 성분을 중화시키는 산성 컨디셔너로, 모발 손상을 방지하며 자극받은 두피를 진정시킨다.

Chapter 05 헤어 커트

1 헤어 커트 기초 이론

(1) 헤어 커트의 개요

① 헤어스타일을 만들기 위한 기초 기술이며 '머리 형태를 만들다'라는 의미로 '헤어 셰이핑(Hair Shaping)'이라고도 한다.

② 커트의 3대 요소 : 조화(하모니, Maching), 유행(창조성), 기술(숙련, Technic)

2 헤어 커트 종류와 시술

(1) 헤어 커트의 종류

① 물의 사용 여부에 따른 분류

㉠ 웨트 커트(Wet Cut) : 모발이 물에 젖은 상태에서 커트하는 방법이다. 모발 손상이 적고 정확한 것이 장점이나 시술 과정이 복잡한 단점이 있다.

㉡ 드라이 커트(Dry Cut) : 모발에 물을 뿌리지 않고 건조한 상태에서 커트하는 방법이다. 길이를 변화시키지 않고 수정하는 경우나 손상모를 제거할 때 사용한다.

② 시술 전후에 따른 분류

㉠ 프레 커트(Pre Cut) : 퍼머넌트 웨이빙 시술 전에 와인딩하기 좋은 상태로 만드는 커트이다. 웨이빙 후 길이가 짧아질 것을 예상하고 와인딩하기 쉽게 많은 층을 주지 않는다.

㉡ 애프터 커트(After Cut) : 시술 후에 디자인에 맞춰서 수정하는 커트이다.

③ 커트 방법에 따른 분류

㉠ 스크로크 커트(Stroke Cut) : 가위에 의한 테이퍼링을 말하며, 가위와 두발의 각도에 따라 세 가지로 나뉜다.

쇼트 스트로크 (Short Stroke)	• 모발에 대한 가위 각도는 0∼10° 정도 • 쳐내는 스트랜드의 길이가 짧고 두발의 양도 적음
미디움 스트로크 (Medium Stroke)	• 모발에 대한 가위의 각도는 10∼45° 정도 • 쳐내는 스트랜드의 길이와 양이 보통
롱 스트로크 (Long Stroke)	• 모발에 대한 가위의 각도는 45∼90° 정도 • 쳐내는 모발의 양이 많아 모발이 가벼운 느낌을 줌

㉡ 테이퍼링(Tapering ; 페더링) : 레이저를 이용하여 두발 끝을 점차적으로 가늘게 커트하는 방법이다.

엔드 테이퍼링 (End Tapering)	• 스트랜드의 1/3 이내의 모발 끝을 레이저로 45° 눕혀서 테이퍼하는 방법 • 모발의 양이 적을 때나 모발 끝을 테이퍼해서 표면을 정돈할 때 사용
노멀 테이퍼링 (Normal Tapering)	• 스트랜드의 1/2 이내의 모발을 레이저로 30° 눕혀서 테이퍼하는 방법 • 모발의 양이 보통인 경우 모발 끝의 움직임이 자연스럽게 가벼워짐
딥 테이퍼링 (Deep Tapering)	• 스트랜드의 2/3 이내의 모발을 레이저로 15° 눕혀서 테이퍼하는 방법 • 모발의 양이 유난히 많아 숱이 적어 보이도록 하려는 경우 사용

• 보스 사이드 테이퍼링(Both Side Tapering) : 스트랜드의 안쪽과 바깥쪽을 번갈아가면서 테이퍼하는 기법

㉢ 틴닝(Tinning ; 숱 치기) : 모발의 길이는 줄이지 않으면서 틴닝 가위로 전체적인 숱만 감소시키는 방법이다.

㉣ 슬리더링(Slithering) : 모발의 길이는 줄이지 않으면서 가위(시저스)로 숱을 감소시키는 방법이다.

ⓜ 트리밍(Trimming) : 최종적으로 정돈하기 위하여 가볍게 커트하는 방법이며, 손상모 등의 불필요한 모발 끝이나 튀어나온 모발을 제거하는 방법이다.

ⓗ 클리핑(Clipping) : 클리퍼나 가위를 사용하여 불필요한 모발 끝을 제거하는 방법이다.

ⓢ 싱글링(Shingling) : 주로 남성 커트에 이용되며, 빗살을 위쪽으로 놓고 가위의 개폐 속도를 빠르게 하여 위쪽으로 이동시키면서 쳐올리는 기법으로 주로 네이프(Nape)에 행한다.

ⓞ 나칭(Naching ; 포인트 커트) : 모발 끝에 시술되는 작은 폭의 지그재그(Zigzag) 기법이다. 곱슬머리(Curly Hair)나 웨이브머리(Wave Hair)에 효과적이며, 뭉툭한 질감을 없애 운동감을 더해 주고 디자인에 질감적인 느낌을 더해 준다.

ⓩ 크로스 체크 커트(Cross Check Cut) : 커트를 끝낸 다음 체크 커트를 할 때 지금까지의 슬라이스(Slice) 선과 교차되도록 모발을 잡아 길이를 체크하는 방법이다.

ⓩ 신징 커트(Singeing Cut) : 기모, 불필요한 머리카락을 불꽃으로 태워 제거하는 방법이다.

ⓚ 메저드 커트(Measured Cut) : 미디엄 커트(Medium Cut)보다 후두부를 높게 깎아 올리고 모자를 눌러썼을 때에 접합선이 나오지 않도록 하는 방법이다.

ⓣ 지그재그 커트(Zigzag Cut) : 잡아낸 모발의 머리카락 끝에서 가위를 비스듬히 넣어서 지그재그로 커트하는 방법을 말한다.

ⓟ 캐스케이드 커트(Cascade Cut) : 작은 폭포와 같은 느낌을 나타낸 머리형으로 커트하는 방법이다.

ⓗ 기타 방법에 따른 커트

- 파팅 더블 커트(Parting Double Cut) : 앞머리를 갈라서 만든 헤어스타일
- 프렌치 신닝(French Thinning) : 프랑스식 신닝 커트이며, 면도날을 사용하여 모발의 양을 감소시키는 것(숱 치기)
- 패턴 커팅(Pattern Cutting) : 부인의 헤어스타일에 쓰이는 기법으로 하나의 형을 만든 종이에 따라서 스타일을 만드는 방법
- 프론트 업 스퀘어 커트(Front Up Square Cut) : 앞을 세워 각진 모양으로 커트하는 방법
- 프론트 파팅 스퀘어 커트(Front Parting Square Cut) : 앞에서 갈라 각진 모양으로 커트하는 방법

④ 형태에 따른 분류

ㄱ 블런트 커트(Blunt Cut) : 직선으로 커트하는 방법으로 클럽 커팅(Club Cutting)이라고도 한다.

원랭스 커트 **(One-length Cut)**	• 모발을 일직선상으로 커트하는 기법 • 전형적인 보브 커트의 기본 기법 • 패러렐 보브(평행 보브 커트) : 전체적으로 수평(평행)인 스타일 • 스파니엘(콘 케이브형 ∧, 전대각 커트) : 앞머리가 길어지는 스타일 • 이사도라(컨벡스형 ∨, 후대각 커트) : 앞머리가 짧아지는 스타일 • 머쉬룸 : 바가지 또는 버섯 모양 스타일
그라데이션 커트 **(Gradation Cut)**	• 상부에서 하부로 갈수록 짧게 커트하여 작은 단차가 생기도록 하는 커트 기법 • 일반적인 그라데이션 각도는 15~45°로 들어서 자르며, 입체적인 헤어스타일 연출에 효과적 • 로우(Low) 그라데이션(20~30° 정도), 미디움(Medium) 그라데이션(45° 정도), 하이(High) 그라데이션(60° 정도)
레이어 **(Layer)**	• 레이어는 '쌓다, 겹치다, 층이 지다'라는 뜻 • 두피로부터 각도 90° 이상의 커트 • 네이프에서 톱 부분으로 올라갈수록 모발의 길이가 점차 짧아지는 커트로 각 단이 서로 연결되도록 해야 함 • 인크리스(Increase) 레이어, 유니폼(Uniform) 레이어
스퀘어 커트 **(Square Cut)**	• 두부의 외곽선을 커버하기 위하여 미리 정해 놓은 정방형으로 커트하는 방법 • 자연스럽게 모발의 길이가 연결되도록 할 때에 이용

(2) 커트 베이스(Base)의 종류

① 호리존탈(Horizontal) 섹션에 의한 분류

　㉠ 업 베이스(Up Base) : 모발이 떨어지는 반대 방향으로 올려서 섹션 중심의 모발이 90°를 초과하는 방법으로, 커트라인에서는 아웃라인에 해당한다.

　㉡ 다운 베이스(Down Base) : 모발이 떨어지는 방향으로 올려서 섹션 중심의 모발이 90° 미만인 방법으로, 커트라인에서는 인라인에 해당한다.

　㉢ 온 더 베이스(On The Base) : 두상의 각도를 기준으로 하여 섹션 중심 모발이 두피에 90°인 경우로, 상·하 동일한 길이의 모발에 사용된다.

② 버티컬(Vertical) 섹션에 의한 분류

　㉠ 온 더 베이스(On The Base) : 섹션 중심 모발이 두피에 90°인 경우로, 좌·우 동일한 길이의 모발에 사용되며 폭을 너무 크게 하면 안 된다.

　㉡ 사이드 베이스(Side Base) : 섹션의 좌·우 측면을 90°로 기준을 잡고 한쪽으로 모아주는 경우로, 좌·우 일정한 길이의 모발에 사용되며 폭을 너무 크게 하면 안 된다.

　㉢ 오프 더 베이스(Off The Base) : 사이드 베이스를 벗어난 베이스를 말한다. 급격한 길이 변화를 줄 때 사용한다.

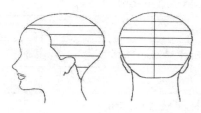
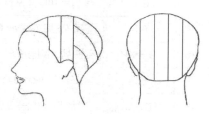

[호리존탈(Horizontal) 섹션(수평)]   [버티컬(Vertical) 수직 섹션]

[다이애거널(Diagonal) 대각선 섹션]   [레디얼(Radial) 방사선 섹션]

(3) 커트 방법과 시술 순서

위그(고객) – 수분 – 빗질 – 블로킹 – 슬라이스 – 스트랜드

(4) 두부의 포인트 명칭과 라인 명칭

① 포인트 명칭

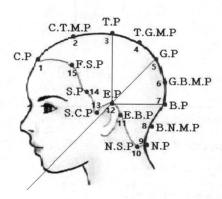

[포인트 명칭]

1	C.P	센터 포인트(Center Point)
2	C.T.M.P	센터 톱 미디움 포인드(Center Top Medium Point)
3	T.P	톱 포인트(Top Point)

4	T.G.M.P	톱 골든 미디움 포인트(Top Golden Medium Point)
5	G.P	골든 포인트(Golden Point)
6	G.B.M.P	골든 백 미디움 포인트(Golden Back Medium Point)
7	B.P	백 포인트(Back Point)
8	B.N.M.P	백 네이프 미디움 포인트(Back Nape Medium Point)
9	N.P	네이프 포인트(Nape Point)
10	N.S.P	네이프 사이드 포인트(Nape Side Point)
11	E.B.P	이어 백 포인트(Ear Back Point)
12	E.P	이어 포인트(Ear Point)
13	S.C.P	사이드 코너 포인트(Side Corner Point)
14	S.P	사이드 포인트(Side Point)
15	F.S.P	프론트 사이드 포인드, 템플 포인트(Front Side Point, Temple Point)

② 라인 명칭

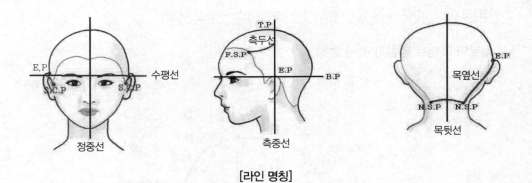

[라인 명칭]

정중선	코를 중심으로 머리 전체를 수직으로 가른 선
측중선	T.P를 기준으로 수직으로 머리를 나누는 선
수평선	E.P 높이에서 수평으로 나누는 선
측두선	F.S.P에서 측중선까지 연결한 선
얼굴선	양쪽 S.C.P를 연결하여 전면부에 생기는 선
목 뒤선	양쪽 N.S.P를 연결한 선
목 옆선	E.P에서 N.S.P를 연결한 선

Chapter 06 헤어 펌

1 퍼머넌트 웨이브의 정의와 역사

(1) 퍼머넌트 웨이브의 정의

퍼머넌트는 '영구적, 연속적'이라는 뜻을 갖고 있으며, 퍼머넌트 웨이브는 자연 그대로의 모발 구조와 상태를 인공적인 방법(물리적 및 화학적 방법)을 이용하여 미적으로 바꾸어 오래 유지되는 웨이브를 만든 것을 의미한다.

(2) 퍼머넌트 웨이브의 역사

① 로마시대에는 불에 데운 철 막대기로 모발에 웨이브를 만들었으며, 이러한 기법이 오랜 기간 지속되다가 19세기 경 석유램프로 열을 주어 모발에 웨이브를 만드는 방법이 등장했다.

② 오늘날과 같은 퍼머넌트 웨이브가 실용화된 것은 20세기부터이다.

    ㉠ 기원전 3000년 고대 이집트시대 : 나일강 유역의 알칼리 성분을 가진 진흙을 모발에 바른 후 나무 봉에 감아 일광에 건조했다(퍼머넌트 웨이브의 시초).

    ㉡ 1875년 프랑스의 마셀 그라또우 : 아이론으로 일시적인 퍼머넌트 웨이브를 만들었다.

    ㉢ 1905년 영국의 찰스 네슬러(사교계의 유명한 미용사) : 영구적으로 지속시킬 수 있는 웨이브를 만들었다.

    ㉣ 1925년 조셉 메이어 : 크로키놀식 웨이브의 시초이다.

    ㉤ 1936년 영국의 스피크만 : 콜드 퍼머넌트 웨이브의 시초이며, 아유산수소나트륨의 환원작용을 이용하여 실온으로 펌을 할 수 있게 되었다.

    ㉥ 1941년 미국의 맥도너 : 티오글리콜산을 주원료로 한 열을 가하지 않아도 되는 콜드 웨이브 용액을 개발했다.

    ㉦ 1974년 티오글리콜산은 FDA(미국 식품의약국)의 인증을 받았다.

(3) 우리나라 퍼머넌트 웨이브의 역사

① **최초의 미용실** : 1933년 오엽주가 화신미용실을 개업했다.

② **최초의 펌** : 1937년 영화배우 이월화가 최초로 펌을 시도했다.

③ **최초의 펌 가격** : 5~6원으로 지금으로 환산하면 쌀 두 가마니 정도의 비싼 가격이었다.

④ **최초의 펌 스타일** : 아이론을 사용하여 살짝 곱슬머리 느낌을 주는 정도였다.

⑤ **1940년대 초** : 서양의 퇴폐풍조라며 사치품 금지령에 의해 펌이 금지되었다.

⑥ **1950년대** : 숯 펌이 등장했다. 숯을 얹어 머리에 열을 가하는 방식으로, 숯으로 펌 집게를 데워서 은박지를 대고 머리에 꽂는 방식을 사용했다.

⑦ 1970년대 : 1970년대는 커트의 전성기였지만, 중반 이후 소위 '바람머리(바깥으로 뻗치는 파마머리)'가 선풍적으로 인기를 끌었다.

⑧ 1980년대 : 우리나라 펌의 전성기였으며, 사람들은 머리카락 길이가 길든 짧든 웨이브(Wave)를 넣었다.

⑨ 1990년대 : 스트레이트 펌이 등장했으며, 이때쯤부터는 특별히 오랜 기간 유행하는 스타일이 딱히 없고 대중매체의 발전으로 인해 여러 가지 스타일이 돌아가며 유행했다.

⑩ 1999년 : 매직 스트레이트 펌이 등장했다.

2 퍼머넌트 웨이브의 원리와 종류

(1) 퍼머넌트 웨이브의 원리

① 모발의 화학적 구조와 퍼머넌트 웨이브

㉠ 모발은 여러 가지 화학 결합으로 연결되어 있다. 모발의 주성분인 케라틴을 구성하고 있는 폴리펩티드는 주쇄 결합을 통해 모발의 세로 방향으로 나열되어 있으며, 이 주쇄 결합에 가로 방향 결합인 수소 결합, 염 결합, 시스틴 결합 등이 연결된 그물과 같은 구조이다. 또한, 케라틴은 각종 아미노산들이 펩티드 결합(쇠사슬 구조)을 하고 있는데, 케라틴의 폴리펩티드 구조는 두발을 잡아당기면 늘어나고 힘을 제거하면 원상태로 돌아가는 탄성을 가지고 있다.

㉡ 퍼머넌트 웨이브는 황(S)을 함유한 시스틴(모발을 구성하는 단백질)을 이용하여 모발의 모양을 변화시키는 것으로, 물리적 작용과 화학적 작용의 2단계를 거쳐 형성된다. 로드에 물리적인 힘을 가해 모발을 와인딩하고, 모발의 탄성에 의해 로드의 바깥쪽과 안쪽의 길이 차이가 생긴 상태에서 티오글리콜산과 시스테인을 주성분으로 하는 제1제(환원제)가 모발 내부의 시스틴 결합을 절단한다. 그 후 브롬산염, 과산화수소 등을 주성분으로 하는 제2제(산화제)의 작용에 의해 절단된 시스틴을 재결합하고 고정시켜서 영구적 웨이브가 형성된다.

② 제1제(환원제)

㉠ 프로세싱 솔루션(Processing Solution)이라고도 하는 제1제는 자연 상태의 모발을 팽윤·연화시키고, 시스틴 결합을 환원시켜 구조를 변화시키는 환원 작용을 하는 알칼리성 환원제이다.

㉡ 가장 많이 사용되는 티오글리콜산은 2~7% 농도이며, pH 4.5~9.6 범위로 다양하게 사용할 수 있으나 pH 9.0~9.6 정도의 용액으로 가장 많이 사용된다.

③ 제2제(산화제)

㉠ 정화제, 고정제, 정착제, 뉴트럴라이저(Neutralizer)라고 한다.

㉡ 산화제로는 과산화수소, 취소산나트륨(브롬산나트륨), 취소산칼륨(브롬산칼륨) 등이 사용되며, 과산화수소는 두발을 표백시키는 작용을 하기 때문에 주로 취소산염류(취소산나

트륨, 취소산칼륨)가 많이 사용된다. 취소산나트륨은 액체, 취소산칼륨은 분말 형태로 시판되며, pH 4~9, 농도 3~5%의 수용액으로 만들어 사용하는데, 이는 농도가 3% 이하이면 산화력이 불충분하고, 5% 이상이면 멜라닌 색소를 탈색시킬 우려가 있기 때문이다.

(2) 퍼머넌트 웨이브의 종류

① 히트 퍼머넌트 웨이브(Heat Permanent Wave) : 열(105~110℃)을 가하는 방법으로 콜드 퍼머넌트 웨이브가 개발되기 전에 행해졌으며 지금은 거의 사용되지 않고 있다.

    ㉠ 머신 웨이브(Machine Permanent Wave)
- 전기나 증기 등의 열을 사용하여 웨이브를 형성하는 방법
- 환원 작용을 갖고 있는 수용액을 만들어서 사용

    ㉡ 프리 히트 웨이브(Free Heat Permanent Wave)
- 머신 웨이브의 원리와 같으나 전기를 사용하지 않고 특수 금속으로 된 히팅 클립(Heating Clip)을 이용하는 방법
- 우리나라에서 '불 펌'이라고 불린 웨이브
- 약간의 티오글리콜산이 있어 열에 의한 환원 반응을 촉진

    ㉢ 머신리스 웨이브(Machine less Permanent Wave)
- 현재도 가끔 사용하는 방법으로, 특수 약품의 화학 작용에 의해 발열되는 것을 이용하는 방법
- 머신 웨이브에 사용하는 웨이브제 도포 후 재도포하는 방법

② 콜드 퍼머넌트 웨이브(Cold Permanent Wave) : 현재 일반적으로 가장 많이 사용되는 방법으로, 환원제를 사용한 상태에서 모발을 로드에 감아 웨이브를 형성시킨 다음 산화제를 사용하여 절단된 시스틴 결합에 작용시키면 웨이브 상태 그대로 자연 두발일 때와 같은 시스틴 결합이 형성되어 웨이브를 오래 지속하는 것이 가능하다.

    ㉠ 1욕법
- 티오글리콜산을 주원료로 한 제1제(환원제)만으로 웨이브를 형성시키는 방법
- 공기 중의 산소에 의한 자연 산화를 이용하는 방법으로, 미국에서는 홈 웨이브(Home Wave)로 사용

    ㉡ 2욕법
- 현재 가장 많이 사용하는 방법
- 제1제(환원제)와 제2제(산화제) 두 용액을 이용해서 상온과 가온 처리하여 환원 작용과 산화 작용을 이용하는 방법
- 종류 : 가온 2욕법, 무가온 2욕법, 시스테인 퍼머넌트 웨이브, 산성 퍼머넌트웨이브, 거품 퍼머넌트 웨이브 등
  - 시스테인 퍼머넌트 웨이브 : 시스테인이라고 하는 아미노산을 사용하여 모발에 환원시키는 방법으로 모발에 약 성분이 남아 있어도 모발 손상을 주지 않고 시간이 경

과할수록 웨이브를 안정시킬 수 있으나, 화학 약품의 구조가 불안정하고 산화되어 시스틴이 되기 쉬우며 웨이브 형성력이 약한 단점이 있음. 트리트먼트, 연모, 손상 모발에 적합
- 산성 퍼머넌트 웨이브 : 제1제의 티오글리콜산을 주제로 사용하고, 암모니아수 등의 알칼리제는 전혀 사용하지 않고 특수한 계면활성제를 대신해 사용하며 두발 본래와 유사한 pH 4~6에서 행하므로 두발 손상이 없음. 염색 모발, 탈색 모발, 다공성 모발에 적당
- 거품 퍼머넌트 웨이브 : 제1제와 제2제 속에 다량의 계면활성제를 넣은 다음 거품기로 거품을 일으켜 사용하는 방법으로 약액이 흘러내려 피부 등에 묻는 경우가 거의 없으며, 거품 자체가 가진 보온성이 있어서 히팅 캡이나 스티머 등을 사용하지 않아도 됨
ⓒ 3욕법
- 제1제는 모발의 팽윤·연화 작용, 제2제는 환원 작용
- 제2제는 와인딩 후에 바르며, 히팅 캡이나 스티머 등을 사용하지 않음
- 제3제는 산화 작용을 발생시키는 산화제로 2욕법의 제2제와 동일한 것
- 굵은 모발, 발수성 모발, 심하게 손상된 다공성 모발 등 웨이브 형성이 어려운 모발에 시술하는 방법

3 퍼머넌트 웨이브 시술

(1) 전처리 과정

① 두피 및 모발 진단
  ㉠ 두피 및 모발에 질환이 있는지 확인한 후 이상이 있을 때는 완전히 회복될 때까지 시술하지 않는다. 또한, 출산 전후나 질병 후, 두피 관리 직후에는 시술하지 않는다.
  ㉡ 모발 진단은 사진, 문진, 촉진, 모발 진단기를 통해 모발의 굵기, 손상 여부, 모질 등을 파악하는 것이다.
  ㉢ 모발의 다공성 정도가 클수록 프로세싱 타임을 짧게 하고, 부드러운 웨이브 용액을 사용해야 한다.
  ㉣ 모발의 모표피(큐티클층)가 밀착되어 공동(빈 구멍)이 거의 없는 상태의 두발을 저항성 모발이라 하는데, 샴푸 후 모발에서 물이 매끄럽게 떨어지면 저항성 모발이라고 할 수 있다. 저항성 모발은 솔루션의 흡수력이 적으므로 프로세싱 타임을 길게 한다.
② 상담 : 상담을 통해 고객의 모발 특성 및 나이, 직업, 얼굴형, 희망사항 등을 충분히 고려하여 스타일을 결정한다.
③ 프레 샴푸(Pre Shampoo)
  ㉠ 시술 전 약제의 흡수를 방해하는 모발에 묻은 때를 제거하기 위해 샴푸하는 단계이다.

ⓛ 중성 샴푸제로 두피 자극을 최소화하기 위해서 긁거나 브러싱하는 것을 피해 샴푸한다.
④ 타월 드라이(Towel Dry) : 프레 샴푸 후에 물기를 제거하는 단계이다.
⑤ 셰이핑(Shaping ; 프레 커트)
  ㉠ 펌 전에 미리 커트하여 와인딩하기 좋은 상태로 만드는 커트 단계이며, 필요에 따라 이루어진다.
  ㉡ 웨이빙 후에 길이가 짧아질 것을 예상하고, 와인딩하기 쉽도록 많은 층을 주지 않는다.
  ㉢ 모발 끝을 심하게 테이퍼링할 경우 모발 끝이 자지러지기 쉬우므로 주의해야 한다.
⑥ 사전처리(Pre Treatment)
  ㉠ 펌 전에 모발에 따라 전처리제(LPP, PPT) 또는 특수 활성제를 처리하는 단계이다.
  ㉡ 손상 모발, 극손상 모발, 저항성 모발, 발수성 모발에서 웨이브가 잘 나오도록 하기 위한 방법이다.

(2) 본처리 과정

① 블로킹(Blocking) : 모발에 로드를 쉽게 말 수 있도록 모발을 일정하게 나누는 것을 말한다.
② 제1제 바르기(환원제) : 약액이 흘러내리지 않도록 주의하면서 모발 속으로 잘 침투하도록 약액을 꼼꼼하게 바른다.
③ 와인딩(Winding)
  ㉠ 두발에 컬링 로드를 감는 방법으로, 적절한 텐션을 일정하게 유지하여 선정된 로드에 모발을 균일하게 말아 준다.
  ㉡ 모발을 너무 팽팽하게 말면 모발이 상하거나 솔루션이 모발에 골고루 스며들지 않아 웨이브 형성에 방해가 될 수 있다.
  ㉢ 로드 선정
    • 굵은 모발 : 베이스 섹션을 작게 하고 로드의 직경도 작은 것을 사용
    • 가는 모발 : 베이스 섹션을 크게 하고 로드의 직경도 큰 것을 사용
    • 경모 · 장모 · 숱이 많은 모발 : 베이스 섹션은 작게 하고 로드의 직경은 큰 것을 사용
    • 건강한 모발 : 원하는 컬보다 1~2단계 작은 로드를 사용
    • 두상 부위별 : 네이프 – 소형 로드, 크라운 하부 및 양 사이드 – 중형 로드, 크라운 앞부분 및 톱 – 대형 로드
    • 웨이브의 굵기는 로드의 굵기에 비례
  ㉣ 슬라이싱 : 로드의 직경과 길이, 웨이브의 굵기 등을 고려하여 슬라이스 폭을 정한다.
  ㉤ 와인딩 각도
    • 모근에서 120°가 기본 각도이며 큰 볼륨을 내고자 하는 경우 120° 이상으로 말아 줌
    • 뿌리를 살리고자 할 때는 모근에서 90° 정도로 말아 줌
    • 뿌리를 죽이고자 할 때는 모근에서 60° 정도로 말아 줌

ⓑ 와인딩 방법
- 수직 말기 : 가장 기본적인 와인딩 방법으로, 두피에 로드를 평행하게 하고 두발은 로드에 직각으로 마는 방법
- 빗겨 말기 : 좌·우 어느 한쪽 방향으로 웨이브나 컬의 흐름을 형성하기 위해 스트랜드를 로드의 한쪽으로 모아서 마는 방법으로 두발이 모인 쪽으로 흐름이 형성됨
- 포워드(Forward) : 안 말음. 귓바퀴 방향으로 와인딩하는 방법
- 리버스(Reverse) : 겉 말음. 귓바퀴 반대 방향으로 와인딩하는 방법
ⓢ 와인딩 종류
- 직사각형 와인딩 : 가장 일반적인 방법으로, 베이스를 직사각형으로 정확하고 빠르게 와인딩할 수 있음. 로드의 배열은 수평, 후대각, 전대각으로 와인딩 가능
- 윤곽 와인딩 : 두상의 둥근 타원을 따라 직사각형으로 적절히 나누어 와인딩하는 방법으로, 윤곽을 형성함으로써 점차적으로 수평이 됨
- 벽돌 쌓기 와인딩 : 베이스를 자연스럽게 연결하여 틈을 주지 않는 기법으로, 벽돌을 쌓듯이 정교하게 와인딩함. 모발 숱이 없는 사람의 경우 탑에 이용하면 갈라짐을 방지
- 오블롱 와인딩 : 직사각형이라는 뜻의 오블롱은 베이스가 45° 섹션으로 사선 파트의 윗단과 아랫단이 교차하는 방식이며, 전체적으로 S형 물결의 흐름을 나타냄
ⓞ 앤드 페이퍼(End Paper) : 모발 끝의 꺾임이나 흐트러짐을 방지하고, 환원제가 지나치게 흡수되는 것을 방지하기 위해 모발 끝 2cm 정도에 감싸 준다.
- 싱글 앤드 페이퍼(Single End Paper) : 보편적으로 이용하는 방법으로, 한 개의 앤드 페이퍼를 스트랜드 위에 올려놓고 와인딩함
- 북 앤드 페이퍼(Book End Paper) : 앤드 페이퍼를 반으로 접어 와인딩하는 방법으로, 모발 끝이 테이퍼링되어 있거나 빗겨 말기 시 모발 끝을 완전히 감싸서 와인딩할 때 이용
- 더블 앤드 페이퍼(Double End Paper) : 스트랜드 앞, 뒷면에 각각 하나씩 페이퍼를 대고 와인딩하는 방법으로, 모발이 매우 약하거나 모발 끝의 손상도가 클 경우 모발을 보호하기 위해 이용
- 쿠션 앤드 페이퍼(Cushion End Paper) : 스트랜드 끝과 그 위쪽에 각각 앤드 페이퍼를 대고 말아 올라가는 방법
ⓩ 밴딩 처리 방법
- 고정시켜 주는 고무줄을 리플레이스먼트 러버(Replacement Rubber)라고도 함
- 로드의 양쪽 밴딩 위치가 다를 때 좌우 어느 한쪽에 텐션이 너무 강하게 작용될 경우 모발 손상의 원인이 되므로 좌우 같은 지점에 밴드 처리
- 고무줄에 펌제가 고이면 고무줄 자국이 남거나 단모의 원인이 되므로 주의
ⓩ 제1제 재도포 : 약액이 모발 속으로 잘 침투하도록 두발 전체에 골고루 꼼꼼하게 재도포한다.

④ 프로세싱 타임(Processing Time ; 방치 시간)

　㉠ 제1제 도포 후 비닐 캡을 씌운 뒤 제2제를 도포하기 전까지의 방치 시간을 말한다.

　㉡ 일반적인 프로세싱 대기 시간은 10~15분 정도가 적당하다.

　㉢ 오버 프로세싱(Over Processing) : 일반적인 프로세싱 타임보다 길게 방치한 것을 말한다. 다공성 모발의 경우 모발 끝 자지러짐의 원인이 되고, 모발이 젖었을 때 지나치게 꼬불거리거나 건조 후 웨이브가 부스러지는 형태가 된다.

　㉣ 언더 프로세싱(Under Processing) : 일반적인 프로세싱 타임보다 짧게 방치한 것을 말한다. 웨이브가 거의 나오지 않거나 전혀 형성되지 않은 형태가 된다. 모발 끝을 너무 당겨서 와인딩했을 경우에도 언더 프로세싱을 한 것처럼 웨이브가 거의 나오지 않는 형태가 된다.

　㉤ 제1제의 작용 정도를 판단하여 모발에 대한 정확한 프로세싱 타임을 결정해야 한다.

⑤ 테스트 컬(Test Curl)

　㉠ 처음 와인딩했던 로드와 마지막에 와인딩했던 로드를 풀어 모발에 도포했던 제1제의 작용이 어느 정도 이루어졌는지 확인하는 단계이다.

　㉡ 일반적으로 프로세싱 타임 시작 10~15분 후에 실시하는 것이 적당하다.

⑥ 중간 린스(Plain Rinse ; 중간 세척)

　㉠ 플레인 린스라고도 하며, 제1제를 미온수로 헹구어 내는 방법이다.

　㉡ 제1제를 제거함으로써 제2제의 산화제 작용을 원활하게 하여 탄력 있는 웨이브를 형성할 수 있고, 모발 손상을 줄일 수 있다.

　㉢ 농도 1% 이하의 산성 린스를 사용하여 pH를 조절하는 방법, 솜이나 강한 티슈로 제1제를 제거하는 블로팅 방법이 있다.

⑦ 제2제(산화제) 도포

　㉠ 제2제는 제1제의 환원 작용을 중지시키고 웨이브 형태를 고정시킨다.

　㉡ 제2제 도포 후 모발에 따라 5~10분 정도 방치하고, 2~3회 나누어 도포한다.

　㉢ 너무 오래 방치하면 모발 손상과 함께 탈색 우려가 있다.

⑧ 로드 제거 및 린스

　㉠ 로드 제거 시 두발을 당기거나 웨이브가 변형되지 않도록 한다.

　㉡ 모발에 약물 성분이 남지 않도록 따뜻한 물로 충분히 헹구어 준다.

　㉢ 시술 후 샴푸를 사용하면 퍼머넌트 웨이브의 탄력을 약하게 한다.

　㉣ 타월 드라이 후 모발을 찬바람으로 말리고 스타일링제를 사용하여 마무리한 뒤 고객에게 컬의 상태와 홈 케어 방법에 대해서 알려 준다.

(3) 후처리 과정

① 오리지널 세트(Original Set) : 모든 과정의 기초가 되는 시술 세트를 말한다. 로드 제거 후 퍼머넌트 약제를 완전히 헹구어 내고 산성 린스를 사용하여 모발이 정상 pH(4.5~5.5)로 회복

되도록 한다.

② 트리트먼트(Treatment) : 트리트먼트 제품을 사용하여 건조해진 모발에 영양을 공급해 화학적 자극이 가해졌던 모발의 손상을 방지한다.

③ 타월 드라잉(Towel Drying) : 수건(타월)으로 모발의 물기를 제거하는 방법이다.

④ 콤 아웃(Comb Out) : 펌의 마지막 최종 단계로, 드라이나 아이론을 이용하여 세팅 및 저온 스타일링을 해 주는 방법이다. 이때, 와인딩했던 각도와 방향을 고려하여 빗질과 스타일링을 한다.

(4) 시술 후 웨이브 형태에 따른 문제점과 원인

① 웨이브가 잘 형성되지 않아 컬이 안 나온 경우

　㉠ 약제가 약하거나 부족

　㉡ 프로세싱 타임이 짧고(언더 프로세싱), 굵은 로드 사용

　㉢ 발수성 모발이거나 저항성 모발 및 모발에 금속염이 형성

　㉣ 다공성 모발이거나 탄력이 없고 약한 모발

　㉤ 비누나 칼슘이 많은 경수로 샴푸

　㉥ 산화된 제1제를 사용

② 두발 끝이 자지러지는 경우

　㉠ 사전 커트 시 모발 끝을 심하게 테이퍼링

　㉡ 너무 가는 로드를 선정하거나 너무 강한 약제 사용

　㉢ 와인딩 시술 시 텐션을 주지 않고 너무 느슨하게 와인딩

　㉣ 제1제를 도포한 후 프로세싱 타임이 길었을 때(오버 프로세싱)

③ 두피에 비듬이 생긴 경우 : 제1제 환원제가 두피에 묻어 두피의 각질층이 알칼리에 의해 연화·팽윤되면서 부풀고, 건조되면 비듬이 되기 때문에 두피를 깨끗하게 헹궈야 한다.

④ 모발 색의 변화 : 환원제인 티오글리콜산과 산화제인 과산화수소 등은 모 피질 내의 멜라닌 색소를 탈색시킬 수 있으며, 열에 의해서도 멜라닌 색소를 탈색시킬 수 있으니 주의해야 한다.

4 매직스트레이트 헤어펌

(1) 매직스트레이트 헤어펌 개요

머리카락을 곧게 펴주는 파마를 말한다. 일명 축모교정펌이라고도 한다. 머리부피를 줄여 곱슬머리를 생머리로 만들어낸다는 뜻이다. 머리숱이 지나치게 많거나 악성 곱슬머리의 경우 매직스트레이트 헤어펌을 권한다.

(2) 매직스트레이트 헤어펌 방법

매직스트레이트는 환원 산화작용을 활용한 파마로 머리카락의 조직을 연화시킨 상태에서 매직스트레이트용 기계를 이용하여 곧게 펴주는 과정을 거친다. 이때 롯드 대신 180도의 고온

플랫 아이롱을 사용하여 곱슬형 머리를 스트레이트 모발로 바꿔주는 시술이다.

(3) 매직스트레이트 이후 홈케어

매직스트레이트 헤어펌은 사후관리가 매우 중요하다. 헤어펌 이후에는 2~3일 동안 샴푸로 머리를 감지 않는 것이 좋다. 머리를 감은 후에는 트리트먼트를 사용하여 매직스트레이트로 인해 손상된 머리카락을 보호해야 한다. 매직스트레이트의 스타일 유지기간을 보통 2~3개월이다.

헤어 세팅

1 헤어 세팅

'세트'라고 하는 언어의 근본적인 어의는 '특정한 위치, 특정한 상태로 둔다'는 것을 의미하는 것으로, 헤어 세팅은 모발을 일정한 형태로 만들기 위한 기술이다.

2 오리지널 세트(Original Set)

기초 또는 최초가 되는 세트의 의미로 여러 가지 형태로 연출되는 테크닉으로 헤어 파팅, 헤어 셰이핑, 헤어 컬링, 컬 피닝, 헤어 롤링, 헤어 웨이빙 등이 있다.

(1) 헤어 파팅

'모발을 가르다, 나누다'라는 의미로, 머리의 형태, 모발의 흐름, 헤어스타일, 얼굴형 및 자연적인 가르마에 따라 개인에게 어울리는 적절한 헤어 파팅은 개성을 살리는 데 도움이 된다.

카우릭 파트	두정부 톱 부분의 가마로부터 방사선 형태로 나눈 것으로 가장 자연스러운 파팅 방법
센터 파트	전두부의 헤어 라인 중앙에서부터 톱 포인트까지 직선으로 나눈 것
사이드 파트	눈썹의 1/3 지점에서 뒤쪽을 향해 수평하게 직선으로 나눈 파트(옆가르마로 함)
라운드 사이드 파트	사이드 파트를 곡선으로 나눈 것으로, 전두부와 측두부가 둥그스름하게 나뉜 형태
업 다이애거널 파트	사이드 파트의 분할선이 뒤쪽을 향해서 위로 경사지게 올라가는 것
다운 다이애거널 파트	사이트 파트의 응용으로 가르마의 위치를 대각선으로 분할하여 나눈 것
V 파트	삼각형 모양 또는 V형 모양으로 나누며, 이마의 양각과 두정부의 중심을 연결시킨 파트로서 머리의 결이 갈라지는 것을 방지하기 위한 방법으로 디자인 파팅 때 주로 사용

센터 백 파트	후두부를 정중선으로 나눈 것
렉탱귤러 파트	이마의 양각에서 사이드 파트 후 두정부에서 수평으로 나눈 것
이어 투 이어 파트	이어 포인트에서 톱 포인트를 지나 반대편 이어 포인트로 나눈 것
크라운 투 이어 파트	사이드 파트의 파트 뒷부분으로부터 귓바퀴 상부를 향해 수직으로 나눈 것
지그재그 파트	지그재그 모양(∧∨∧∨∧)으로 주로 모발의 갈라짐을 막기 위해 사용
노 파트	가르마가 없는 상태
스퀘어 파트	이마의 양각에서 사이드 파트 후 두정부 근처에서 이마의 헤어 라인에 수평하게 나눈 파트

(2) 헤어 셰이핑(Hair Shaping)

'두발의 결(흐름)을 갖추다 혹은 모양을 만들다'라는 의미로 헤어 스타일링에서는 모발의 흐름을 정리하여 컬(Curl) 및 웨이브(Wave)를 만들기 위한 기초 기술이며, 각도에 따라 업 셰이핑(30° 이상 올려 빗기), 다운 셰이핑(30° 이하로 내려 빗기)으로 구분한다.

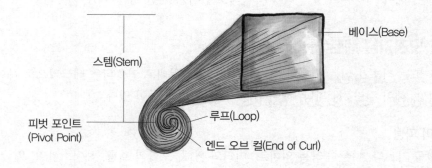

[컬의 각부 명칭]

(3) 헤어 컬링(Hair Curling)

컬이란 한 묶음의 모발이 원통형의 돌기 모양으로 말린 것이다.

① 컬의 목적 : 웨이브(Wave), 볼륨(Volume), 플러프(Fluff ; 일정한 모양이 갖춰지지 않은, 부풀린 느낌의 두발 끝 모양)

② 컬의 3요소 : 베이스(Base), 스템(Stem), 루프(Loop)

베이스 (Base ; 뿌리)	• 컬 스트랜드의 근원 • 스퀘어 베이스(Square Base) : 정방형의 베이스로 평균적인 컬이나 웨이브를 만들 때 하나씩 독립된 컬에 사용 • 오블롱 베이스(Obeullong Base) : 장방형의 베이스로 베이스가 길어서 헤어 라인으로부터 떨어진 웨이브를 만들 때 주로 측두부에서 많이 사용 • 아크 베이스(Arc Base) : 삼각 베이스 중 한쪽이 원형인 베이스로 오른쪽 말기와 왼쪽 말기가 있으며, 후두부에 웨이브를 만들 때 사용 • 트라이앵귤러 베이스(Triangular Base) : 삼각형 베이스로 콤 아웃 시 두발이 갈라지는 것을 방지하기 위해 이마의 헤어 라인 등에 사용 • 패러렐 그램 베이스(Paereorel Geuraem Base) : 평행사변형 베이스로 메일폴 컬, 리프트 컬을 웨이브 상태로 마는 경우에 사용
스템 (Stem ; 줄기)	• 스템의 방향은 웨이브의 움직임을 좌우하고, 스템의 각도는 웨이브의 볼륨을 좌우함 • 논 스템(Non Stem) : 컬이 오래 지속되며, 움직임이 가장 작음 • 하프 스템(Half Stem) : 어느 정도의 움직임을 유지하고 있으며, 루프가 베이스에서 반쯤 걸쳐진 상태 • 풀 스템(Full Stem) : 컬의 움직임이 가장 크고, 컬의 방향을 제시하며 루프가 베이스에서 벗어난 상태 • 업 스템(Up Stem) : 위로 향한 스템 • 다운 스템(Down Stem) : 아래로 향한 스템
루프 (Loop ; 뿌리)	• 루프의 크기는 웨이브의 굵기나 탄력에 관계 • 루프의 직경이 작을수록 웨이브의 파장이 명확하고 탄력적이고, 루프의 직경이 클수록 웨이브의 파장이 늘어지면서 여유로움

Tip

• 피벗 포인트(Pivot Point) : 컬이 말리기 시작하는 지점으로 회전점이라고도 함
• 엔드 오브 컬(End of Curl) : 모발 끝

③ 상태에 따른 컬의 분류

스탠드업 컬 (90°, Stand up Curl)	• 루프가 두피에서 90° 각도로 세워진 것으로 볼륨을 살리기 위해 이용되며 탄력도가 가장 큼 • 포워드 스탠드 업 컬(Forward Stand up Curl) : 컬의 루프가 얼굴 앞쪽으로 말린 컬 • 리버스 스탠드 업 컬(Reverse Stand up Curl) : 컬의 루프가 얼굴 뒤쪽으로 말린 컬
리프트 컬 (45°, Lift Curl)	• 루프가 두피에서 45° 각도로 세워져 있는 것으로 스탠드업 컬과 플랫 컬을 연결하고자 할 때 사용

플랫 컬 (0°, Flat Curl)	• 루프가 두피에서 0° 각도로 납작하게 형성된 것 • 스컬프처 컬(Sculpture Curl) : 모발 끝이 중심이 되는 컬로 리지가 높고 트로프가 낮은 웨이브로, 모발 끝에서 모근 쪽으로 향하는 셰이핑 컬이며, 스킵 웨이브나 플로프 등에 사용 • 핀 컬(Pin Curl) : 메이폴 컬(Meypole Curl)이라고도 하며, 모근 쪽에서부터 시작하여 모발 끝을 향해 말아가는 경우로, 전체적인 웨이브 흐름보다 부분적인 나선형 컬이 필요할 때 사용

④ 말린 방향에 따른 분류

클록 와이즈 와인드 컬 (Clock Wise Wind Curl)	• C컬을 말하는 것으로 시계 방향으로 말려 있는 컬 • 두발이 오른쪽 말기로 말려 있는 컬
카운터 클록 와이즈 와인드 컬 (Counter Clock Wise Wind)	• CC컬을 말하는 것으로 시계 반대 방향으로 말려 있는 컬 • 두발이 왼쪽 말기로 말려 있는 컬
포워드 컬(Forward Curl)	• 컬이 얼굴 쪽을 향하게 하는 컬(귀 방향)
리버스 컬(Reverse Curl)	• 컬이 얼굴 뒤쪽을 향하게 하는 컬(귀 반대 방향)

(4) 컬 피닝(Curl Pining)

완성된 컬을 핀이나 클립을 사용하여 고정시키는 것으로, 일정 부분 또는 전체적으로 여러 가지 컬의 형태를 고정시키는 것이다.

① 핀 고정 방법 : 사선 고정(실 핀, 싱글 핀, W 핀), 수평 고정(실 핀, 싱글 핀, W 핀), 교차 고정(U 핀)

② 컬의 종류에 따른 분류

스탠드 업 컬(Stand up Curl)의 피닝	90° 각도의 스탠드 업 컬은 베이스의 중심에 고정시키고 루프에 대해 직각으로 고정
핀 컬(Pin Curl)의 피닝	U 핀을 루프의 내부에 양면 꽂기로 꽂고, 다시 이것과 X형으로 교차시켜서 U 핀을 꽂아 루프의 외부를 고정
스컬프처 컬(Sculpture Curl)의 피닝	• 셰이핑 컬의 경우 : 루프의 중심으로부터 핀을 넣고 피벗 포인트에서 고정시켜 스템과 루프를 함께 고정 • 패널 컬의 경우 : 스템 쪽에서 핀을 넣어 루프를 양면 꽂기로 집거나 그 반대쪽에서 핀을 넣어 루프를 양면 꽂기로 고정

(5) 롤러 컬(Roller Curl)

① 세트 롤(Set Roll), 헤어 롤링(Hair Rolling)이라고도 한다.

② 원통상의 롤러(Roller)를 사용하여 만든 컬로 크기, 길이에 따라 종류가 다양하다. 자연스럽고 부드러운 웨이브를 형성하여 볼륨을 줄 때 사용한다.

③ 세팅 롤은 스트레이트 퍼머넌트에서 두발에 볼륨을 주거나 웨이브 없는 두발에 업스타일을 할 때 사용한다.

④ 종류

    ㉠ 논 스템 롤러 컬(Non Stem Roller Curl) : 크라운 부분에 많이 사용하고, 전방 45°, 후방 135°의 각도로 셰이프하여 두발 끝에서부터 말아 롤러를 베이스 중앙에 위치시키며, 볼륨감이 크다.

    ㉡ 하프 스템 롤러 컬(Half Stem Roller Curl) : 약 90° 각도로 잡아 올려서 셰이프하고 크라운 부분에 많이 사용하며, 논 스템 롤러 컬에 비해 볼륨감이 작다.

    ㉢ 롱 스템 롤러 컬(Long Stem Roller Curl) : 네이프 부분에서 많이 사용되며, 후방 약 45° 각도로 셰이프하고 말아 감는 것으로 스템이 베이스에서 길게 형성되므로 롱 스템이라고 한다.

    ㉣ 롤러 컬의 와인딩 : 콤 아웃 시 두발 끝이 갈라지는 것을 방지하기 위해 롤러에 말 때는 두발 끝을 롤러의 폭으로 넓혀서 말아 주지만, 볼륨을 내거나 방향을 정할 때는 간혹 모발 끝을 모아서 롤러의 중앙에 대고 마는 특수한 경우도 있다.

(6) 헤어 웨이빙(Hair Waving)

헤어 스타일링에서 물결 모양을 이루는 연속적인 S형의 웨이브를 말한다. 종류로는 컬 웨이브(Curl Wave), 아이론 웨이브(Iron Wave), 핑거 웨이브(Finger Wave) 등이 있다.

① 웨이브(Wave)의 명칭

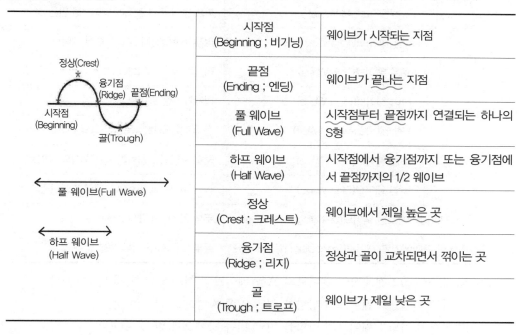

시작점 (Beginning ; 비기닝)	웨이브가 시작되는 지점
끝점 (Ending ; 엔딩)	웨이브가 끝나는 지점
풀 웨이브 (Full Wave)	시작점부터 끝점까지 연결되는 하나의 S형
하프 웨이브 (Half Wave)	시작점에서 융기점까지 또는 융기점에서 끝점까지의 1/2 웨이브
정상 (Crest ; 크레스트)	웨이브에서 제일 높은 곳
융기점 (Ridge ; 리지)	정상과 골이 교차되면서 꺾이는 곳
골 (Trough ; 트로프)	웨이브가 제일 낮은 곳

② 웨이브(Wave)의 분류

만드는 방법에 의한 분류	• 마셀 웨이브(Marcel Wave) : 아이론의 열에 의해서 형성된 웨이브(아이론 웨이브) • 핑거 웨이브(Finger Wave) : 세팅 로션 또는 물을 사용해서 모발을 적신 후, 세팅 빗과 손가락으로 형성되는 웨이브 • 컬 웨이브(Curl Wave) : 2줄의 컬을 조합시켜서 형성된 웨이브
형상에 의한 분류	• 섀도 웨이브(Shadow Wave) : 느슨한 웨이브로 크레스트가 뚜렷하지 못한 웨이브 • 내로 웨이브(Narrow Wave) : 가장 강한 웨이브로 극단적으로 곱슬곱슬하게 형성된 고저가 뚜렷한 강한 웨이브이며, 리지와 리지의 폭이 좁고 급함 • 와이드 웨이브(Wide Wave) : 자연스러운 웨이브로 섀도 웨이브와 내로 웨이브의 중간 웨이브 • 프리즈 웨이브(Frizz Wave) : 두피 끝 모발은 느슨하고 모발 끝에만 웨이브가 있는 형태
위치에 따른 분류	• 버티컬 웨이브(Vertical Wave) : 웨이브의 리지가 수직으로 되어 있는 것 • 호리존탈 웨이브(Horizontal Wave) : 웨이브의 리지가 수평으로 되어 있는 것 • 다이애거널 웨이브(Diagonal Wave) : 웨이브의 리지가 사선으로 되어 있는 것

③ 핑거 웨이브(Finger Wave)의 3대 요소 : 크레스트(Crest ; 정상), 리지(Ridge ; 융기), 트로프(Trough ; 골)

④ 종류

올 웨이브(All Wave)	파트 없이 두부 전체에 웨이브를 만든 것
덜 웨이브(Dull Wave)	리지가 뚜렷하지 않고 느슨한 웨이브
로우 웨이브(Low Wave)	리지가 낮은 웨이브
하이 웨이브(High Wave)	리지가 높은 웨이브
스윙 웨이브(Swing Wave)	큰 움직임을 보는 듯한 형상의 웨이브
스월 웨이브(Swirl Wave)	물결 모양의 소용돌이 치는 형상의 웨이브
스킵 웨이브(Skip Wave)	핑거 웨이브와 핀컬이 교대로 조합된 컬
레프트 다이애거널 웨이브(Left Diagonal Wave)	두부 왼쪽에만 웨이브를 만든 것
라이트 다이애거널 웨이브(Right Diagonal Wave)	두부 오른쪽에만 웨이브를 만든 것

⑤ 비기닝(Bigining) : 전체적인 웨이브의 흐름(웨이브의 형성에 대한 첫 방향 설정)

   ㉠ 포워드 비기닝 : 웨이브의 방향을 얼굴 앞쪽 방향으로 한 것이다.

   ㉡ 리버스 비기닝 : 웨이브의 방향을 얼굴 뒤쪽 방향으로 한 것이다.

⑥ 엔딩(Ending) : 핑거 웨이브의 끝맺음으로 두피에서 벗어난 두발을 핀컬이나 웨이브로 고정 처리하는 마지막 과정이다.

⊙ 포워드 엔딩 : 양 측면에서 모인 웨이브의 끝 방향을 포워드 핀컬이나 포워드 웨이브의
　　　형태로 고정시키는 것이다.
　　ⓒ 리버스 엔딩 : 양 측면에서 모인 웨이브의 끝 방향을 리버스 핀컬이나 리버스 웨이브의
　　　형태로 고정시키는 것이다.
　　ⓒ 알토네이트 엔딩 : 양 측면에서 모인 웨이브의 끝 방향을 서로 다른 형태로 고정시키는
　　　것이다.

(7) 뱅(Bang)
애교머리, 앞머리 등 이마 장식의 목적으로 만들어진 장식 머리이다.

롤 뱅(Roll Bang)	롤러를 이용하여 만든 뱅
플러프 뱅(Fluff Bang)	컬을 깃털과 같이 부드럽게 꾸밈없이 부풀려서 자연스럽게 볼륨을 준 뱅
웨이브 뱅(Wave Bang)	풀 웨이브(Full Wave) 또는 하프 웨이브(Half Wave)를 이마 앞에 만든 뱅
프렌치 뱅(French Bang)	프랑스식 뱅으로, 뱅 부분의 모발을 위로 올려 빗어 모발 끝을 부풀린 뱅
프린지 뱅(Fringe Bang)	가르마 가까이에 작게 낸 뱅

(8) 엔드 플러프(End Fluff)
플러프(Fluff)는 빗질로 인해 부드러운 부풀이 일어나는 느낌을 말하며, 엔드 플러프는 모발
끝을 모양이 갖춰지지 않은 너풀너풀한 느낌으로 표현한 것이다.
① 라운드 플러프(Round Fluff) : 두발 끝이 원형 또는 반원형으로 질서 없이 굽은 플러프이다.
② 페이지보이 플러프(Pageboy Fluff) : 모발 끝이 갈고리 모양으로 한 번 구부러진 다음 다시 반원
　 형의 플로프로 끝나며, 한 줄로 나란히 하면 리지가 곧게 뻗은 것 같아 보이는 플러프이다.
③ 덕테일 플러프(Ductail Fluff) : 오리 깃털처럼 모발 끝이 위로 향한 형태의 플러프이다.

3　리세트(Reset ; 끝맺음, 마무리)
오리지널 세팅을 다시 손질하여 원하는 헤어스타일의 형태와 흐름을 오래 지속되도록 만들어
내는 최종 단계의 과정이다. 브러싱(브러시 아웃), 코밍(콤 아웃), 백 코밍 등이 이에 해당한다.

> • 브러싱 : 브러시를 이용하여 엉킨 모발을 빗어 주는 방법
> • 코밍 : 빗으로 세밀하게 빗어 주는 방법
> • 백 코밍 : 모발을 90° 전후로 들고 모발 끝에서 두피 쪽으로 빗어 모발의 볼륨을 살리는 방법

Chapter 08 두피 및 모발 관리

1 두피 관리(Scalp Treatment ; 스캘프 트리트먼트)

(1) 두피 관리의 개요

① 정의 : 스캘프 트리트먼트란 두피 손질 또는 두피 처치를 뜻한다.

② 목적

ㄱ 두피의 혈액순환을 촉진시켜 두피의 생리 기능을 원활하게 한다.

ㄴ 모근을 자극하여 탈모를 방지하고 모발의 성장 발육을 촉진시킨다.

ㄷ 비듬을 제거하고 비듬 발생을 예방한다.

(2) 유형별 두피 관리

두피 유형	특징	관리 방법
정상 두피 (Plain Scalp)	정상적인 각화 작용으로 유 · 수분 밸런스가 적당	플레인 스캘프 트리트먼트
지성 두피 (Oily Scalp)	피지 분비가 과잉된 상태	오일리 스캘프 트리트먼트
건성 두피 (Dry Scalp)	두피가 건조하고 약간의 가려움을 호소하는 상태	드라이 스캘프 트리트먼트
비듬성 두피 (Dandruff Scalp)	과다한 비듬이 있는 두피	댄드러프 스캘프 트리트먼트

(3) 두피 관리 방법

① 물리적 방법(이학적 방법)

ㄱ 두피에 물리적 자극을 주어 두피 및 모발의 생리 기능을 건강하게 유지하는 방법이다.

ㄴ 브러시나 빗을 사용하는 방법, 스캘프 머니플레이션에 의한 방법, 스팀 타월, 헤어 스티머 등의 습열, 적외선, 자외선 등의 온열을 이용한 방법이 있다.

② 화학적 방법

ㄱ 양모제를 사용해서 두피나 모발의 생리 기능을 유지하는 방법이다.

ㄴ 양모제(Hair Tonic), 스캘프 트리트먼트제(Scalp Treatment), 베이럼(Bayrum), 오드키니네, 헤어 크림 등을 사용한다.

2 모발 관리(Hair Treatment)

(1) 모발 관리의 개요

① 정의 : 헤어 트리트먼트란 물리적, 화학적 방법을 이용하여 손상된 모발을 본래의 건강한 상태로 손질하는 것을 말한다.

② 목적

    ㉠ 염색이나 펌 등 화학적인 요인으로 손상된 모발에 영양을 공급하여 두발의 모표피를 단단하게 하고, 다발의 수분 함량(12~15%)을 원상태로 회복시키는 것이다.

    ㉡ 모질을 균일화시켜 퍼머넌트 시술 시 웨이브 형성을 돕는다.

③ 종류

    ㉠ 헤어 리컨디셔닝(Hair Reconditioning ; 개선제)

      • 손상된 모발을 이전의 정상적인 상태로 회복시키는 것이 주목적

      • 스캘프 머니플레이션과 샴푸 후에는 크림 린싱(Cream Rinsing)을 시행

      • 건성 모발일 경우 핫 오일 트리트먼트(Hot Oil Treatment)를 사용하고, 열을 가하는 경우에는 크림 컨디셔너제를 바름

    ㉡ 헤어 클리핑(Hair Clipping)

      • 모표피가 벗겨졌거나 끝이 갈라진 모발을 제거해서 더 이상 모발이 갈라지지 않게 하는 방법

      • 두발 숱을 적게 잡아 비틀어 꼬고, 갈라진 두발 및 삐져나온 모발을 가위를 사용하여 두발 끝에서 모근 쪽을 향해 잘라내는 방법

    ㉢ 헤어 팩(Hair Pack)

      • 모발에 영양분을 흡수시키기 위한 방법

      • 윤기가 없는 건성 모발, 모표피가 많이 일어난 모발, 다공성 모발 등에 효과적

    ㉣ 신징(Singeing)

      • 갈라지거나 부스러진 불필요한 모발을 제거하는 방법으로 신징 왁스나 전기 신징기를 사용하여 모발을 적당히 그슬리거나 지져 모발 끝이 갈라지는 것을 방지

      • 온열 자극에 의해 두피에 혈액순환을 촉진시키는 방법

(2) 두피 및 모발 질환

① 모발 질환에 의한 탈모

    ㉠ 남성형 탈모(Androgenetic Alopecia, Male Patterm Alopecia) : 유전적 요인과 남성 호르몬인 안드로겐(Androgen)의 과잉으로 모근의 약화, 피지선의 비대화로 인한 과도한 피비 분비가 유발한 두피의 노화가 원인이다. 지루성 염증이 증상을 더욱 악화시키면서 전두부와 두정부에 걸쳐 전체적으로 탈모가 진행되거나 전두부가 점점 후퇴해 가는 것이 특징이다.

ⓛ 여성형 탈모(Female Pattern Alopecia) : 여성 호르몬인 에스트로겐이 활성화되어 안드로겐의 기능을 억제해야 하지만 체내의 호르몬 균형이 깨져 안드로겐이 과다해지면서 탈모 증세가 나타난다.

ⓒ 원형 탈모증(Alopeica Areata) : 자율 면역 문제로 대개 자가 면역 반응에 기인한다. 면역세포 T 림프구가 모근부 특정 조직을 항원으로 오인하여 공격하면서 모근부가 파괴되어 원형 또는 타원형의 탈모가 한 곳 혹은 여러 곳에 진행되는 것이다.

ⓔ 산후 탈모증(Post-partum) : 임신 중 여성 호르몬인 에스트로겐이 평소보다 10배가량 증가했다가 출산과 동시에 에스트로겐의 농도가 낮아지면서 그동안 빠지지 않았던 머리카락이 한꺼번에 빠지는 것이다.

ⓜ 결발성 탈모증(Traction Alopecia ; 견인성 탈모증) : 머리카락을 세게 땋거나, 묶거나, 직선으로 모발을 세게 잡아당기거나, 펌을 할 때 너무 세게 모발을 말아서 모양을 만든 경우 모근부에 가벼운 염증이 발생하고, 모근부가 위축되어 모발이 빠지는 것이다.

ⓗ 증후성 탈모증(Symptomatic Alopecia) : 급성 전염병, 당뇨병, 폐결핵, 매독 등의 만성 질환의 경우 두부 일대에 탈모를 일으킨다. 이는 일시적인 것으로 병의 회복과 더불어 자연스럽게 회복된다.

ⓢ 결절성 열모증(Trichorrhexis Nodosa) : 모간에 불규칙적인 간격으로 배열된 작은 백색 결절들이 있으며, 이 결절들의 외관을 현미경으로 보면 많은 가락으로 갈라진 모양이 2개의 빗자루를 양끝으로 붙여 놓은 것 같은 형태이다.

ⓞ 발모광(Trichillmania) : 원래의 모발을 잡아 뽑는 것이다.

ⓩ 반흔성 탈모증(Cicatricial Alopecia) : 흉터로 인한 탈모증이라고도 하는데, 모낭이 영구적으로 파괴되어 모발이 다시 자라지 못하는 형태로 두피 표면이 매끈하다.

ⓩ 지루성 및 비강성 탈모증(Alopecia Seborrheica) : 두피 안 피지선에 문제가 생겨 피지 분비량이 비정상적으로 증가하고, 증가한 피지가 모공을 막아 염증이 유발되면서 나타나는 증상이다.

② 두피 이상에 의한 질환

㉠ 두부 백선(Tinea Capitis) : 피부사상균에 의한 피부 감염에 의해 발생하는 것으로 두부 부위에 나타나는 증상이며, 백선(白癬)의 종류로는 족부 백선, 조갑 백선, 두부 백선, 완선, 체부 백선, 안면 백선 등이 있다.

㉡ 두부 건선(Psoriasis) : 알 수 없는 이유로 인해 유극층 랑게르한스세포의 면역 기능이 저하되어 각화 주기가 빨라지면서 나타나는 이상 각화 현상이다. 아토피와 유사한 자가 면역 체계 질환으로 완치가 힘들다.

㉢ 지루성 피부염(Seborrheic Dematitis) : 두피, 안면 및 상부 체간 등 피지의 분비가 많은 신체 부위에 국한하여 홍반(붉은 빛깔의 얼룩점)과 인설(피부 표면의 각질세포가 벗겨져 떨어지는 것)을 특징으로 하는 만성 염증성 질환이다.

ⓔ 편평모 태선(Lichen Planopilaris) : 피부 표면에 생기는 태선의 발진을 뜻하며, 일반적으로 피부가 두꺼워지고 피부색은 정상이거나 약간 붉거나 보랏빛이 되기도 한다.

ⓜ 단순 태선(Lichen Simplex) : 붉은 파편 같은 반점을 형성하는 특징이 있으며, 종종 주변의 목과 두피로 번지기도 한다.

3 스캘프 머니플레이션(Scalp Manipulation)

(1) 스캘프 머니플레이션의 정의

두부와 경부의 혈관과 신경 근육에 따라 손을 두발 밑에 넣어 손가락이 두피에 닿도록 하여 두부 전체를 마사지하는 것을 스캘프 머니플레이션이라고 한다.

(2) 시술 순서

경찰법 – 강찰법 – 유연법 – 고타법 – 진동법 – 경찰법

① 경찰법(Effleurage ; 쓰다듬기) : 시작과 마무리 단계에서 사용되는 방법이다. 엄지를 제외한 네 손가락으로 두피를 가볍게 문지르는 느낌으로 실시한다.

② 강찰법(Stroking ; 마찰법) : 강하게 문지르는 동작으로서 손가락 끝 또는 손바닥을 이용하여 원형을 그리면서 피부를 누르고 강한 자극을 주는 방법이다. 소혈관의 충혈을 높여 신진대사를 촉진시키며 피부의 노폐물을 제거하는 효과가 있다.

③ 유연법(Kneading) : 약지와 검지를 이용하여 리듬감 있게 근육에 압력을 가했다가 다시 가볍게 주무르는 동작을 반복하는 방법이다.

④ 고타법(Tapotement or Percussion) : 손을 이용하여 두드려 주는 방법으로 근육 수축력 증가, 신경 기능 조절 등의 효과가 있는 방법이다.

태핑(Tapping)	손가락을 이용하여 두드리는 동작
슬래핑(Slapping)	손바닥을 이용하여 두드리는 동작
커핑(Cupping)	손바닥을 오목하게 컵 모양으로 만들어 두드리는 동작
비팅(Beating)	주먹을 가볍게 쥐고 두드리는 동작
해킹(Hacking)	손의 바깥 옆면을 이용하여 두드리는 동작
너클링(Knucking)	손가락 끝과 손가락 옆 부분을 이용하여 두드리는 동작

Chapter 09 헤어 컬러

1 색채 이론

(1) 색의 3속성

① 색상(Hue) : 색의 종류를 말하며 빨강, 노랑, 파랑 등과 같이 다른 색과 구별되는 색의 고유한 명칭을 뜻한다.

② 명도(Vlue) : 색의 밝고 어두운 정도이다.

③ 채도(Chroma) : 색의 순수한 정도를 나타내는 척도이다.

(2) 색의 혼합(Color Mixing)

① 가법 혼합(Additive Color Mixture)

  ㉠ 가색 혼합, 가산 혼합, 색광 혼합이라고도 하며, 색을 서로 혼합했을 때 빛이 밝아지는 원리를 이용한 혼합법이다.

  ㉡ 3원색 : 빨강(Red), 초록(Greet), 파랑(Blue)

  • 삼원색을 적당히 혼합함으로써 원하는 모든 색 표현 가능

  • 빨강(Red) + 초록(Greet) + 파랑(Blue)을 일정량으로 혼합하면 흰색(White)

② 감법 혼합(Subtractive Color Mixture)

  ㉠ 감산 혼합, 색료 혼합이라고도 하며, 색을 혼합할수록 밝기가 감소하여 명도가 낮아지는 것을 말한다.

  ㉡ 3원색 : 빨강(Red), 노랑(Yellow), 파랑(Blue)

  • 빨강(Red) + 노랑(Yellow) + 파랑(Blue)을 일정량으로 혼합하면 검정(Black)

  • 2차색(원색 + 원색)을 일정량으로 혼합 시

    – 빨강(Red) + 노랑(Yellow) = 주황(Orange)

    – 노랑(Yellow) + 파랑(Blue) = 녹색(Greet)

    – 파랑(Blue) + 빨강(Red) = 보라(Violet)

③ 중간 혼합(Mean Color Mixture)

  ㉠ 평균 혼합이라고도 하며, 색의 직접적인 혼합은 아니고 주변의 요인 등에 의해서 실제로 혼합된 것처럼 보이는 경우를 말한다. 이때 명도와 채도는 혼합되는 색의 평균 명도, 평균 채도로 보인다.

  ㉡ 회전 혼합 : 영국 물리학자 맥스웰(J.C.Maxwell)에 의해 발견된 것으로, 빠른 회전에 의해 일어나는 혼합이다. 색이 반사되었을 때 두 색이 실제로 혼합된 것처럼 보이는데, 이때 두 색은 명도와 채도가 높은 쪽으로 기울어져 보이며, 두 색이 보색일 경우에는 무채색으로 보인다.

ⓒ 병치 혼합 : 색을 조밀하게 배치시켜 놓고 멀리서 보았을 때 주위의 색과 혼합된 것처럼 보이는 현상으로, 다른 색을 서로 인접하게 배치하여 서로 혼합되어 보이도록 하는 혼합 방법이다.

(3) 보색(Complementary Color)
① 임의의 2가지 색광을 일정 비율로 혼색했을 때 백색광이 되는 경우이다.
② 색상이 다른 두 색의 물감을 적당한 비율로 혼합하여 무채색이 되는 경우로, 이 두 색을 서로 상대방에 대한 보색 또는 여색(餘色)이라 한다.
③ 색상환에서 서로 반대쪽에 있는 색 즉, 서로 대응하는 위치에 있는 색이다.

2 염색(Hair Tine, Hair Dye, Hair Coloring)

(1) 염색의 정의
모발의 색을 변화시키는 것으로, 아름다움을 추구하는 인간 욕구에 의해 자연 모발 색상에 과학을 응용한 예술적 행위이다. 염색은 고객이 원하는 색과 고객의 자연 모발 색을 고려한 모발 도포 색소들의 혼합과 제품 선택에 따른 시술의 결과이다.

(2) 염모제의 종류
① 일시적 염모제(Temporally Hair Tine ; 유성 염모제)
　ⓐ 일시적으로 모발에 색을 입히는 것으로, 샴푸로 제거된다.
　ⓑ 종류 : 컬러 스프레이(Color Spray), 컬러 파우더(Color Powder), 컬러 크레용(Color Crayon), 컬러 젤(Color Gel), 컬러 린스(Color Rinse), 컬러 무스(Color Mousse), 헤어 마스카라(Hair Mascara) 등이 있다.
② 반영구적 염모제
　ⓐ 산성 컬러제라고도 한다. 일시적 염색보다 지속 기간이 4~6주 더 길고, 영구적 염색보다 안전하지만 시술 전 패치 테스트(Patch Test)를 해야 한다.
　ⓑ 종류 : 컬러 린스(Color Rinse), 프로그레시브 샴푸(Progressive Shampoo), 산성 염모제(산성 컬러, 코팅 컬러), 컬러 크림(Color Cream)이 있다.

> • 컬러 린스(Color Rinse)
> 　- 유기 합성 염모제인 아미노페놀이나 파라페닐렌디아민(PPD) 등과 산화제가 포함된 것
> 　- 적은 양이 모간부에 침투한 뒤 착색하여 안전도가 높고 사용법이 간단
> 　- 탈색이 빠르며 파라페닐렌디아민을 함유한 경우 패치테스트를 해야 함
> 　- 일시적, 반영구적 염모제로서 착색제
> • 프로그레시브 샴푸(Progressive Shampoo)
> 　- 컬러 샴푸라고도 하며, 샴푸와 염색이 동시에 가능한 방법
> 　- 일반 샴푸처럼 사용하고 샴푸 후 일정 시간 동안 방치했다가 헹구어 주기 때문에 착색에 시간이 걸리며 점효성 염색이라고도 함

- 산성 염모제(산성 컬러, 코팅 컬러)
  - 헤어 코팅이라도 하며, 산성 염료를 두발에 침투시켜 산성 중합 반응을 일으켜 착색시킴
- 컬러 크림(Color Cream)
  - 공기 중 산소에 의해 산화 발색되며, 헤어 크림에 디아민계 염료나 유기 염료를 혼합하여 정발할 때 사용
  - 피부의 pH와 염모제의 pH가 모두 산성이기 때문에 산성 컬러가 피부에 묻으면 제거가 어려움

③ 영구적 염모제(Permanent Hair Tine ; 지속성 염모제, 유기합성 염모제)
  ㉠ 두발의 모피질에 염모제가 침투하는 것으로, 두발의 분자 구조를 변화시킨다.
  ㉡ 염모제는 제1제(알칼리제 + 색소 + 계면활성제 + 항산화제)와 제2제(산화제 : 과산화수소 + 물)로 되어 있으며, 탈색과 발색이 동시에 이루어진다.
  ㉢ 종류 : 성분에 따라 식물성 염모제(Henna), 금속성(광물성) 염모제, 유기 합성 염모제(산화염모제, 알칼리 염모제)가 있으며, 현재 가장 많이 사용하는 것은 유기 합성 염모제이다.

식물성 염모제 (Henna)	• 고대 이집트와 페르시아에서 오래전부터 사용 • 인디고(남색), 캐모마일(황갈색), 헤나(붉은색) 등 주로 식물의 잎(적색), 뿌리(흑색), 줄기(자연색) 등을 이용 • 염색 시간이 오래 걸리고 색상이 한정되어 있음 • 독성이나 자극성이 없음
금속성(광물성) 염모제	• 납 화합물, 구리, 은, 니켈, 코발트 등의 화합물을 혼합하여 사용 • 케라틴의 유황과 금속이 반응하여 두발에 형성되는 금속 피막은 펌 등 다른 시술을 방해 • 독성이 강하고 금속 특유의 둔한 광택 때문에 지금은 거의 사용하지 않는 염모제
유기합성 염모제 (산화 염모제, 알칼리 염모제)	• 현재 가장 많이 사용하는 방법 • 알칼리제(암모니아)의 제1제(침투 작용)와 산화제(과산화수소)의 제2제(분해 작용)로 구분 • 염색 직전에 제1제와 제2제를 혼합하여 사용 • 모피질 속에 침투한 제1제와 제2제가 서로 반응하여 산소를 발생시키는데, 이때 발생한 산소로 인해 멜라닌 색소가 파괴되고 산화 염료 착색

- 헤나 : 로소니아라는 식물의 꽃이 피기 전에 채취하여 건조 분말화한 것
- 제1제의 산화 염료 : 파라페닐렌디아민(흑색), 파라트릴렌디아민(다갈색, 흑갈색), 모노니트로페닐렌디아민(적색), 올소아미노페놀(황갈색), 투설포란아미드(자색), 레조시놀(황금색)

(3) 염모제 시술 방법

① 순서 : 패치 테스트 – 스트랜드 테스트 – 블로킹 – 약제 혼합 – 약제 도포 – 테스트 컬러 – 유화 작업 – 세척 – 타월 드라이 및 마무리 손질

② 염색 후 자연 방치 시간 : 발수성 모발(저항성 모발)은 35~40분, 정상 모발은 20~30분, 손상 모발(다공성 모발)은 15~25분 방치한다.

- 패치 테스트(Patch Test) : 알레르기성 피부염 등 특이 체질을 검사하는 방법으로 스킨 테스트라고도 하며, 사용할 염모제와 동일한 것을 시술 전 48시간 동안 귀 뒤나 팔꿈치 안쪽에 동전 크기만큼 바른 후 실시. 동일한 제품이라 할지라도 염색 때마다 매번 실시해야 함
- 스트랜드 테스트(Strand Test) : 색상 선정과 정확한 염모제의 작용 시간을 확인하기 위해 테스트하는 과정으로, 사용할 염모제와 동일한 것을 헤어 스트랜드(네이프 헤어 라인으로부터 약 7.5cm 올라간 부분) 전체에 발라 원하는 색상이 나올 때까지 방치하는 방법
- 테스트 컬러(Test Color) : 약제를 도포하고 최소 15분 후 서너 군데를 탈지면으로 닦아 색상을 확인하는 방법이며, 모발이 마르면 젖었을 때보다 한 단계 밝아짐
- 다이 터치 업(Dye Touch Up) : 리터치(Retouch)라고도 하며, 염색 후 모근 부분에 새로 자라난 두발을 염색하는 방법
- 탈염(Dye Remove) : 염색한 모발의 색을 제거하는 방법으로 퇴색한 두발의 색을 새로운 색으로 염색할 때, 진한 색을 밝은 색으로 교정할 때 사용하며, 산화제로 과산화수소를 사용
- 프레 소프트닝(Pre Softening ; 사전 연화) : 저항성 모발인 경우 염모제 침투를 돕기 위해 염색 전에 모발을 연화하는 과정이며, 연화제는 과산화수소 30mL, 암모니아수 0.5mL 정도를 혼합하여 사용
- 버진 헤어(Virgin Hair) : 펌이나 컬러링을 한 번도 시술한 적이 없는 자연 상태 그대로의 생머리
- 다이 케이프(Dye Cape) : 모발 염색 시 어깨에 씌우는 어깨 보

3 탈색(Hair Bleach, Hair Lightning)

(1) 탈색의 정의

탈색이란 모발에 있는 멜라닌(Melanin) 색소를 산화시켜 전체 또는 부분적으로 색상을 밝게 하는 것이다. 탈색은 색을 밝게 만들거나 얼룩진 모발을 수정할 때, 컬러 체인지(Color Change) 등에 사용한다.

(2) 탈색 시 제1제와 제2제의 성분과 작용

제1제 (알칼리제)	• 암모니아를 28% 농도로 사용 • 과산화수소의 분해를 촉진 • 모표피를 연화, 팽창시켜 모피질에 산화제가 침투하는 것을 도움 • 산화제의 분해를 촉진하여 산소의 발생을 도움 • pH를 조절(안정제의 약산성 pH를 중화)

제2제 **(산화제)**	성분 및 작용	• 과산화수소를 6% 농도로 사용 • 멜라닌 색소를 분해하여 모발의 색을 보다 밝게 만듦 • 모발의 케라틴을 약화시킴 • 암모니아가 산소를 보다 빨리 발생하도록 도움
	종류	• 3% 10볼륨(Vol) : 염색 시 탈색이 약하고 착색만 가능 • 6% 20볼륨(Vol) : 탈색과 착색이 동시에 가능하고, 모발의 색을 1~2레벨(Level) 밝게 하거나 백모 커버 시 사용 • 9% 30볼륨(Vol) : 모발의 색을 2~3레벨(Level) 밝게 할 때 사용하며, 탈색 작용이 크고, 6%보다 모발 손상이 많음 • 12% 40볼륨(Vol) : 모발의 색을 4레벨(Level)까지 밝게 할 때 사용하며, 탈색 작용이 크고, 9%보다 모발 손상이 많음

(3) 탈색제의 종류

① 액상 타입(Liquid Type)

    ㉠ 두발에 대한 탈색 작용이 빠르게 일어나므로 탈색의 정도를 살피면서 시술한다.

    ㉡ 시술 정도를 알기 쉬우나 지나치게 탈색될 우려가 있다.

② 크림 타입(Cream Type ; 호상 타입)

    ㉠ 튜브 타입을 말하는 것으로 라놀린이 첨가되어 분말 타입보다 컨디션 효과가 좋다.

    ㉡ 시술 도중에 과산화수소가 건조될 염려가 없다.

③ 분말 타입(Powder Type)

    ㉠ 가장 많이 사용되는 방법으로 탈색의 정도를 가장 밝게 할 수 있다.

    ㉡ 방치 시간은 짧지만 지나치게 탈색될 수 있다.

④ 오일 타입(Oil Type)

    ㉠ 대개 과산화수소에 유황유를 혼합한 것으로 단순히 탈색 작용만 하는 뉴트럴 오일 베이스와 컬러 오일 베이스 타입이 있다.

      • 뉴트럴 오일 베이스(Neutral Oil Base) : 헤어 틴트 시술 전 두발을 연화시키는 데 사용

      • 컬러 오일 베이스(Color Oil Base) : 블리치와 동시에 일시적인 착색 효과를 얻을 수 있으며, 패치 테스트를 생략 가능

• 따뜻한 계열의 색상을 원하는 경우 : 원하는 색상보다 1~2톤(Tone) 어둡게 탈색
• 차가운 계열의 색상을 원하는 경우 : 원하는 색상보다 1~2톤(Tone) 더 밝게 탈색

Chapter 10 메이크업

1 메이크업의 시술(기초화장 및 색조화장법)

(1) 정의

메이크업은 개개인의 특성에 맞게 장점과 개성을 부각하고, 결점은 수정·보완을 통해 커버해 주어 외모를 아름답게 꾸며 주고 자신감을 회복시켜 주는 것을 말한다.

(2) 역사

① **이집트** : 종교적인 의식으로부터 발달하였고, 외부의 자극에서 신체를 보호하는 기능을 하였다. 눈화장에 중점을 두어 녹색과 흑색을 아이섀도로 사용하고, 검은색을 아이라이너로 눈가에 선을 그려 강조하였다.

② **그리스·로마** : 내추럴한 아름다움을 위해 노력하였다.

③ **중세** : 종교적으로 지배했던 시기로, 특정인들에 한해서 화장을 할 수 있었다.

④ **르네상스** : 미에 대한 추구가 활발해진 시기이다.

⑤ **바로크** : 사치스러운 분위기가 사회에 만연했던 시기이다.

⑥ **근대** : 메이크업이 대중화되었다.

⑦ **현대** : 산업의 발달로 개인의 특성에 따른 개성표현이 자유로워졌다.

(3) 메이크업의 종류

① **내추럴 메이크업**

㉠ 기본 메이크업을 말하는 것으로, 얼굴 그대로의 장점을 살려 자연스럽게 표현하는 것이다.

㉡ 데이 메이크업 : 낮화장으로, 간단한 외출이나 방문 시에 하는 평상시 화장을 의미한다.

② **특수 메이크업**

특정 목적을 위해 특수하게 메이크업하는 것을 말한다.

㉠ 무대 쇼를 위한 메이크업 : '그리스 페인트 화장'으로 무용 등의 무대용 화장이다.

㉡ 신부 메이크업 : 결혼식 신부를 위한 메이크업이다.

㉢ 패션 메이크업 : 패션쇼 무대 화장이다.

㉣ 나이에 따른 메이크업 : 나이에 따라 적절하게 표현하는 메이크업이다.

㉤ 보디 메이크업 : 예술적인 면에서 특수 메이크업이다.

㉥ 사진 메이크업 : 사진 촬영을 위한 메이크업이다.

㉦ 연극·영화 메이크업 : 스포트라이트와 하이라이트를 강하게 반사하는 경우를 주의해야 하는 메이크업이다.

③ T.P.O에 따른 메이크업
    ⊙ 시간(Time) : 낮과 밤의 구분에 따른 화장이 중요하다.
    ⓛ 장소(Place) : 실내와 야외에서, 분위기에 맞게 의상과 조화를 맞추어 연출한다.
    ⓒ 기회나 적절한 상황(Opportunity) : 장례식 때는 검은색, 결혼식 때는 화사한 느낌을 주기 위해 흰색, 핑크 계열의 색상이 이용된다.

(4) 메이크업 순서에 따른 관리법

① 피부관리(기초화장) : 혈액순환을 촉진하고 안색을 좋게 해준다.
② 피부 상태에 따른 분석
    ⊙ 중성피부(정상피부) : 모공이 매끄러워 화장이 잘 받는다.
    ⓛ 건성피부 : 마사지와 마스크를 하고, 건성피부용 화장품을 사용한다.
    ⓒ 지성피부 : 피부가 번들거리고, 화장이 잘 지워지는 피부로 깨끗한 세안이 가장 중요하다.
    ⓔ 민감성 피부 : 꽃가루에 의한 부작용, 물이나 화장품 등의 부작용으로 나타나는 일시적 현상이므로 계절별 화장품 선택이 중요하다.
③ 세안법 : 로션, 크림, 클렌져, 클렌징 크림 또는 유액상의 클렌져를 이용하여 세안하고, 비누 세안을 다시 하는 방법을 '이중세안'이라 한다.
④ 유연화장수(토너) 사용법 : 대부분 액체 유형의 형태로 클렌징 크림 사용 후에 남은 여분을 완전히 제거하고, 피부의 수분을 유지해 주는 역할을 한다.
⑤ 딥 클렌징(팩 · 마스크)
    수분 유지 및 죽은 세포와 노폐물 제거가 목적이다.
    ⊙ 오이팩 : 수분을 보충하는 효과가 있다.
    ⓛ 밀가루, 레몬팩 : 수분과 비타민 C를 공급하여 표백작용을 한다.
    ⓒ 머드팩 : 카올린이나 벤토나이트 성분을 함유하고 있으며, 피부를 수축시키고 과잉 피지를 제거해주는 작용을 한다.
    ⓔ 왁스 마스크팩 : 피부에 강한 긴장력을 주어 잔주름을 없애는 데 효과적이다.
    ⓜ 핫 오일 마스크팩 : 중탕한 오일을 탈지면이나 거즈에 적셔서 10분 정도 하는 방법으로 건성피부에 효과적이다.
    ⓗ 에그팩 : 단백질의 교차 작용을 이용한 방법으로 피부 세정에 효과적이다.
⑥ 마사지
    혈액순환을 촉진하고 유분을 적당히 공급하여, 피부를 매끄럽고 윤기 있게 만들어준다.

(5) 메이크업(색조 화장)

1) 언더 메이크업(메이크업 베이스)

파운데이션의 피부 흡수를 막고 파운데이션의 밀착성과 발림성을 좋게 만들어 지속성을 유지한다.

① 녹색 : 피부의 붉은 기를 완화한다.

② 핑크색 : 여성스러움과 화사함을 더해주는 효과가 있다.

③ 연한 푸른색, 노란색, 흰색 : 건강해 보이는 효과가 있다.

④ 진한 베이지 : 건강함과 세련미를 더해준다.

2) 파운데이션

① 특징

얼굴의 결점을 커버하며 자외선, 먼지, 노폐물의 직접 침투를 막는 역할을 한다.

② 분류

㉠ 수분 베이스 파운데이션 : 결점 커버력은 약하지만, 메이크업이 자연스럽게 표현된다.

㉡ 유분 베이스 파운데이션 : 결점 커버력이 뛰어나고 유분이 많아 건성피부에 효과적이다.

㉢ 오일 프리 파운데이션 : 유분 성분이 전혀 없고, 매트한 느낌으로 지성피부에 좋다.

㉣ 스틱 파운데이션 : 특별한 메이크업을 할 때나 뛰어난 커버력을 필요로 할 때 사용한다.

3) 치크(Cheek)

① 얼굴형에 따른 볼 치크 방법

구분	정면에서 본 모양		수정법
일반형		무난한 얼굴형	뺨의 중앙에서 관자놀이 방향으로 광대뼈 아랫부분을 펴 바름
통통한 형		귀엽지만 어수룩해 보이는 형	뺨의 바깥쪽으로 세로로 길게 볼 화장을 함
광대뼈 있는 형		입체적이고 변화가 다양하나 완고해 보이는 형	광대뼈 아랫부분은 섀도컬러, 윗부분은 하이라이트, 중간에는 치크를 사용함
밋밋한 형		정적이고 고전적인 평면적인 형	아래턱 부위에 섀도컬러 사용, 눈동자 밑 부분에서 바깥쪽으로 길게 표현함

② 하이 라이트 컬러 : 돌출되어 보이도록 하거나 혹은 돌출된 부분에 경쾌함을 준다.

③ 섀도 컬러 : 넓은 얼굴이 좁아 보이게 하기 위해 진하게 표현하는 경우 사용한다.

4) 페이스 파우더

① 파운데이션의 번들거림을 완화하고 피부 화장을 마무리하기 위해서 사용한다.

② 블루밍 효과 : 보송보송하고 투명감 있는 피부 표현법으로 파우더에서 얻을 수 있는 효과이다.

5) 아이 메이크업

① 눈썹의 기본 화장법

누구에게나 잘 어울리는 자연스러운 이미지의 눈썹을 그리는 것이 기본적이고 효과적인 방법이다. 눈썹 머리, 눈썹산, 눈썹꼬리로 나눠 그리는 것이 용이하다.

② 눈썹형에 따른 이미지

표준 눈썹		• 귀엽고 발랄한 느낌 • 어떤 얼굴형에나 무난하게 잘 어울리는 형
직선 눈썹		• 남성적인 느낌 • 긴 얼굴형에 잘 어울리지만, 얼굴이 넓어 보일 수도 있음
올라간 눈썹		• 야성적인 느낌 • 턱이 처진 얼굴형에 잘 어울리지만, 인상이 강해 보일 수도 있음
아치형 눈썹		• 우아하고 여성적인 느낌 • 삼각형 얼굴이나 이마가 넓은 얼굴형에 잘 어울리는 형
각진 눈썹		• 단정하고 세련된 느낌 • 둥근 얼굴형에 어울리는 형

③ 아이섀도 화장법

㉠ 양 눈의 간격이 좁은 경우 : 아이섀도를 밖으로 퍼지게 하여 커버한다.

㉡ 양 눈의 간격이 벌어진 경우 : 아이섀도를 안으로 퍼지게 하여 커버한다.

㉢ 작은 눈 : 밑 부분까지 아이섀도를 칠해주고 아이라인 부분에 포인트를 준다.

㉣ 처지고 꺼져 보이는 눈 : 밝고 화사해 보이도록 펄이 들어간 아이섀도를 사용한다.

㉤ 동그란 눈 : 큰 눈이 세련되고 샤프해 보이도록 끝 쪽을 터치해준다.

㉥ 눈두덩이 나온 눈 : 눈매를 강조해 주는 터치를 한다.

㉦ 눈두덩이 들어간 눈 : 밝은색을 사용하여 드러나 보이도록 한다.

㉧ 그윽한 눈 : 여러 가지 색을 사용하여 표현한다.

④ 색상에 따른 아이섀도

㉠ 갈색 계통 : 성숙한 느낌이기 때문에 어리거나 신부 화장 시에는 피하는 것이 좋다.

㉡ 청색 계통 : 패션쇼 등을 할 때 모델에게 많이 사용한다.

㉢ 녹색 계통 : 젊고 발랄한 느낌을 주어 여름철에 특히 적합하다.

㉣ 보라색 계통 : 성숙하고 세련된 느낌을 주며 여성스럽다(이브닝 메이크업).

㉤ 회색 계통 : 나이 든 사람에게 어울린다.

ⓑ 붉은색 계통 : 젊고 야한 느낌을 주며, 환상적인 느낌이 있다. 흰 피부에 잘 어울린다.

ⓐ 핑크 계통 : 귀엽고 화사하고 젊은 이미지를 연출하는 데 효과적이다.

⑤ 마스카라 사용법

위에서 아래로 3~4회 쓸어내려 주고, 아래에서 위를 향해 컬하면서 올려준다.

6) 아이라이너

① 눈의 형태에 따른 아이라인 테크닉

㉠ 올라간 눈 : 위 라인은 가늘게 그리고, 아래 라인 직선이 되게 그린다.

㉡ 쌍꺼풀이 있는 눈 : 가늘고 얇게 그리면서 눈 자체를 잘 표현한다.

㉢ 내려간 눈 : 아래 눈꺼풀의 선과 교차하듯이 눈꼬리 부분을 짙게 올려 그린다.

㉣ 쌍꺼풀이 없는 눈 : 아이라인이 너무 눈에 띄지 않도록 자연스럽게 그려 준다.

㉤ 크고 둥근 눈 : 눈썹머리와 꼬리 부분에만 포인트를 준다.

㉥ 부어 보이는 눈 : 눈꼬리 부분은 굵게 그린다.

㉦ 눈 사이가 넓은 눈 : 눈썹 머리 쪽을 강하게 그린다.

㉧ 눈 사이가 좁은 눈 : 눈썹꼬리 쪽을 강하게 그린다.

㉨ 작은 눈 : 눈의 중심부를 굵게 그려서 볼륨감을 더해준다.

㉩ 가는 눈 : 다른 눈에 비해 라인을 굵게 그린다.

7) 립 메이크업

두꺼운 입술은 약간 직선 형태로, 얇은 입술은 실제 입술 선보다 두껍게 그려 준다.

2 유형별 메이크업

(1) 계절에 따른 메이크업

① 봄 메이크업

㉠ 생동감 있고 발랄하며 화사한 느낌이 들도록 밝은 이미지를 연출한다.

㉡ 고명도, 저채도(파스텔톤의 컬러)의 컬러를 사용한다.

② 여름 메이크업

㉠ 시원하고 가볍게, 건강미가 느껴지도록 표현한다.

㉡ 원색의 컬러를 주로 사용(저명도, 고채도)한다.

㉢ 유분기가 적은 파우더 타입이나 케이크 타입을 주로 사용한다.

③ 가을 메이크업

㉠ 풍요롭고 안정된 느낌과 지적이고 사색적인 분위기로 차분한 느낌을 준다.

㉡ 저명도, 저채도의 컬러를 사용한다.

④ 겨울 메이크업

㉠ 베이스는 핑크톤으로 밝고 화사하게 표현하고 여성적인 이미지로 성숙함을 강조한다.

ⓛ 저명도, 고채도(빨강, 와인계열)의 색상으로 따뜻하게 표현한다.

(2) 얼굴형에 따른 수정 화장법

① **둥근형** : 눈매, 눈썹, 블러셔, 아이섀도, 하이라이트를 사선으로 터치하여 얼굴이 샤프해 보이도록 한다.

② **정사각형** : 양 볼이 수축해 보이도록 어두운색으로 표현하고, T-존과 눈 밑, 턱 부분을 하이라이트 처리하여 드러나 보이도록 한다.

③ **긴형(장방형)** : 헤어스타일을 이용해 얼굴을 커버하며, 콧대, 눈썹 등 모든 터치를 곡선으로 처리한다.

④ **마름모형** : 파운데이션, 아이섀도, 립스틱의 색을 피부색보다 밝은 색상을 선택하여 사용한다. 눈썹과 볼화장은 길게 하고, 콧대를 길지 않고 둥글게 곡선 처리한다.

⑤ **역삼각형** : 턱 부분에 살이 없는 형태여서 불안정해 보이므로 전체적으로 볼륨감을 주어 둥근 윤곽으로 수정한다. 넓은 이마는 섀도로 좁아 보이게 하고, 턱은 하이라이트로 처리해 밝게 한다.

⑥ **직사각형** : 각이 져서 남성스러워 보이는 윤곽을 셰이딩하여 커버하고, 볼은 둥글게 처리한다.

⑦ **볼살이 많은 형** : 이마는 밝고 넓게 표현하고, 관자놀이 주위도 밝게 셰이딩하여 넓어 보이게 한다.

Chapter
11 헤어 트리트먼트

헤어 트리트먼트란 손상된 모발을 정상상태로 회복시키거나, 모발의 아름다움을 유지하기 위해 수분과 영양분을 주는 모발 미용법을 말한다. 퍼머나 염색을 자주 하는 사람의 경우 머리카락이 갈라지거나 푸석해지기 마련이다. 이럴 때 두피와 모근까지 영양을 공급하는 헤어 트리트먼트 시술을 하면 건강한 모발 유지에 도움이 된다.

1 헤어트리트먼트제의 종류

– 질감에 따른 분류 : 오일, 크림, 로션, 팩
– 모발특성에 따른 분류 : 건성용, 지성용, 민감성용
– 향수 대용 : 미스트, 스프레이, 에센스 등

2 헤어 트리트먼트 방법

헤어 트리트먼트의 주성분은 디메치콘, 세틸알코올, 케라틴, 단백질 등이다. 모발 성분과 비슷한 성분인 케라틴과 단백질이 모발에 침투하기 위해서는 단백질 분해물이 첨가되는데, 계면활성제와 보습제가 이용된다. 또한 동백오일, 올리브오일 등 천연성분은 모발 재생에 큰 역할을 한다.

Chapter 12 가발 및 헤어 익스텐션

1 가발 헤어스타일

(1) 형태에 따른 가발 종류

① 위그(wig) : 두발 전체를 덮을 수 있는 전체 가발을 말하며 모자형이다. 실용적, 장식적인 면으로 다 사용된다.

② 헤어 피스(hair piece) : 부분가발을 말하며, 크라운 부분에 주로 사용된다.

③ 위글렛(wiglet) : 두부의 특정 부위에 연출하는 헤어피스로 한 개 보다 여러 개로 연출한다.

④ 폴(fall) : 짧은 헤어스타일에 부착시켜 긴 머리로 변화시키는 경우에 사용된다.

⑤ 웨프트(weft) : 실습 시 블록에 T핀으로 고정해 핑거 웨이브 연습 시에 사용한다.

⑥ 스위치(switch) : 웨이브 상태에 따라서 땋거나 꼬아서 스타일링을 만들어 부착한다.

⑦ 케스케이드(cascade) : 타원형이며 길고 볼륨이 있는 헤어스타일에 많이 사용된다.

⑧ 치그논 : 모발을 길게 한 가닥으로 땋은 스타일이다.

(2) 소재에 따른 가발 종류

① 인모 가발

   ㉠ 사람의 모발로 만들어진 가발로 퍼머넌트, 염색, 펌 등의 화학적 시술과 드라이, 아이론 등을 이용한 헤어 스타일링이 가능하다.

   ㉡ 가격이 비싸고, 자외선 및 화학 시술로 인해 잘 손상된다.

② 인조 가발

   ㉠ 나일론이나 아세테이트, 아크릴 섬유 같은 화학 제품으로 만들어진 가발이다.

   ㉡ 색상이 다양하고, 가격이 저렴하며, 샴푸 후에도 잘 엉키지 않고 빠르게 자연 드라이가 가능하다.

   ㉢ 펌이나 염색, 드라이 등과 같은 시술이 불가능하므로 헤어스타일의 변화를 주기가 어렵다.

2 가발의 구성과 치수 재기

(1) 네팅(netting)

네팅은 크게 손뜨기와 기계뜨기로 나누어진다. 손뜨기는 기계뜨기보다 가볍고 고급스러우며, 디자인이 다양하여 두발에 자유로운 변화를 줄 수 있다. 기계뜨기는 가격이 저렴하지만 정교함이 부족하여 무거운 느낌을 준다.

(2) 가발 치수 재기

① 머리 길이 : 이마 중심 정중선에서 네이프의 움푹 들어간 지점까지의 길이이다.

② 머리 높이 : 왼쪽 귀의 약 1cm 위 지점에서 크라운을 가로질러 오른쪽 귀의 약 1cm 위 지점까지의 길이이다.

③ 머리 둘레 : 이마 전체 헤어 라인 센터 포인트로부터 귀의 약 1cm 위 지점을 지나 네이프 포인트를 거쳐 반대쪽 귀의 1cm 위 지점을 지난 뒤 다시 이마 헤어 라인 센터 포인트에 이르는 길이이다.

④ 이마 폭 : 양측의 이마에서 헤어라인을 따라 연결한 길이이다.

⑤ 네이프 폭 : 네이프 포인트를 기준으로 약 0.6cm 내려간 점을 네이프의 끝단으로 잰다.

(3) 가발 손질법

① 리퀴드 샴푸는 벤젠과 알코올을 사용해 주고, 플레인 샴푸는 중성세제와 미지근한 물을 사용하여 가볍게 세척해 준다.

② 모발이 엉켰을 경우에는 세게 빗질하거나 문지르지 않고 네이프 쪽의 모발 끝부터 모근 쪽으로 천천히 빗어 브러싱한 다음 그늘에서 자연 건조한다.

3 헤어 익스텐션

(1) 헤어 익스텐션 시술 방법

헤어 익스텐션은 모발에 열처리나 접착제 등 화학적 물리적 손상을 주지 않고 모발의 형태적 변화를 주는 시술방법이다. 붙임머리라고도 하는 헤어 익스텐션은 실리콘으로 된 비즈링을 사용하여 설치한다. 헤어 익스텐션은 인모를 이용하여 단순히 머리 길이를 늘이거나 볼륨을 주는 방식과 합성섬유를 이용해 질감과 컬러에 다양한 변화를 주는 방식이 있다.

(2) 헤어 익스텐션 사후관리

헤어 익스텐션은 시술방법에 따라 차이가 있지만, 사후관리와 어떤 헤어 제품을 사용하느냐에 따라 유지기간은 천차만별이다. 헤어 익스텐션 시술 이후에 헤어제품을 사용할 경우 반드시 주의해야 할 것들이 있다. 스프레이는 머리카락이 뭉치지 않는 스프레이를 선택해야 하며, 컨디셔너를 사용할 때도 머릿결이 손상되지 않는 제품을 구입해야 한다.

예상문제

01 머리를 2갈래로 갈라서 틀고, 이것을 다시 틀어 올려 머리 뒤에서 아래위로 두 덩어리를 잡아 맨 머리 모양을 말한다. 조선시대 궁중의 아기 상궁이나 상류 계급의 처녀들이 예장할 때 했던 머리 모양은 무엇인가?

① 새앙머리   ② 조짐머리

③ 첩지머리   ④ 어여머리

02 다이케이프란 무엇을 말하는 것인가?

① 커트 시 어깨에 씌우는 어깨 보이다.

② 염색 시 어깨에 씌우는 어깨 보이다.

③ 두피 스케일링 시 어깨에 씌우는 어깨 보이다.

④ 펌 와인딩 시술 시 어깨에 씌우는 어깨 보이다.

03 컬러 염색 시 모발의 색깔을 적색으로 만드는 산화 염료는 무엇인가?

① 파라페닐렌디아민

② 파라트릴렌디아민

③ 모노티트로페닐렌디아민

④ 레조시놀

04 조선시대 옛 여인이 예장을 할 때 정수리 부분에 꽂던 머리의 장신구는?

① 빗   ② 봉잠

③ 비녀   ④ 첩지

05 완성된 컬을 핀이나 클립을 사용하여 적당한 위치에 고정시키는 것을 무엇이라 하는가?

① 트리밍   ② 컬피닝

③ 클립핑   ④ 셰이핑

---

01 ①
- 조짐머리 : 외명부(外命婦)가 궁중을 출입할 때 하던 가체의 일종
- 첩지머리 : 조선시대에 예장할 때 하던 머리 모양
- 어여머리 : 조선시대에 예장할 때 머리에 얹은 다리로 된 커다란 머리

02 ②
다이케이프란 염색 시 어깨에 씌우는 어깨 보를 말한다.

03 ③
파라페닐렌디아민(흑색), 파라트릴렌디아민(다갈색, 흑갈색), 모노니트로페닐렌디아민(적색), 올소아미노페놀(황갈색), 투설포란아미드(자색), 레조시놀(황금색)

04 ④
조선시대 옛 여인들은 정수리 부분에 첩지를 꽂고 화관으로 머리를 장식했다.

05 ②
- 컬피닝 : 사선 고정, 수평 고정, 교차 고정 방법이 있음
- 트리밍 : 모발 선을 최종적으로 정돈하는 방법
- 클립핑 : 클리퍼나 가위를 사용하여 튀어나온 모발을 잘라내는 방법

PART
2

피부학

Chapter 01 피부와 피부 부속 기관

1 피부의 구조 및 기능

(1) 피부의 구조

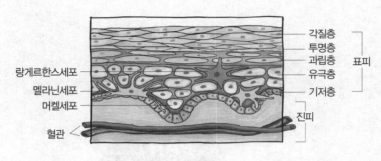

[피부의 구조]

① 표피(Epidermis)

    ㉠ 피부의 가장 바깥층으로 대략 0.03~1mm 두께로 외배엽에서 발생되고, 혈관과 신경 조직이 없다.

    ㉡ 무핵층

각질층 (Stratum Corneum)	• 피부의 가장 바깥쪽에 위치하며, 죽은 세포로 구성되어 있고, 대략 20~25개의 층이 라멜라 구조(벽돌 구조)로 배열 • 케라틴 50%, 지방 20%, 수용액 23%, 수분 7%로 구성 • 각화 주기(Keratinization) : 새로 형성된 세포들이 기저층을 떠나 박리될 때까지의 과정으로 약 28일 소요 • 각질형성세포(Keratinocyte ; 케라티노사이트) : 표피층 내 세포의 약 80~90%를 구성 • 천연보습인자(NMF ; Natural Moisturing Factor) : 아미노산, 젖산, 요소 등으로 구성, PH 유지에 도움, 나이가 들면서 감소 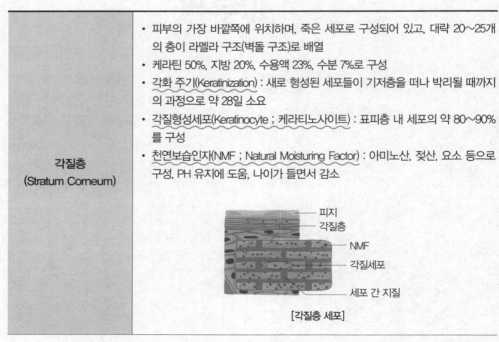 [각질층 세포]

각질층 (Stratum Corneum)	 핵 — 각질층 과립층 유극층 기저층 기저세포 색소세포 피부에서 떨어져 나감 ▲ 각질층이 됨 14일 동안 ▲ 밀려 올라감 14일 동안 ▲ 분열 [각화 주기 과정]
투명층 (Stratum Lucidum)	• 손바닥, 발바닥에만 존재 • 세포질 속에 엘라이딘(Eleidin)이라는 반 유동 지방 성분이 함유되어 있어 투명하게 보이며, 수분 침투 및 증발을 억제하고, 자외선 반사 기능이 있어 손바닥과 발바닥에는 색소 침착이 나타나지 않음
과립층 (Stratum Granulosum)	• 편평형 또는 방추형 세포층이 2~5층으로 이루어져 있으며, 자외선의 80%를 차단 • 케라토히알린(Keratohyalin)과 라멜라과립(Lamellar Granules) 함유 • 베리어 존(Barrier Zone ; 수분 저지막)이 체내의 수분 유출을 방지하고, 외부로부터 피부를 보호 • 피부 장벽에 중요한 역할을 하는 단백질인 필라그린(Filaggrin)이 존재하며 수분을 30% 정도 함유

Tip
• 각질층 : 라벨라층 구조라고도 하며, '각질세포'와 '각질세포 간지질'이 '벽돌'과 '시멘트'의 형태로 결합되어 있는 라벨라층이 피부 제일 바깥에서 보호막 역할을 함
• 베리어 존(Barrier Zone) : 피부 표면으로 들어오는 이물질을 막아 주며, 눈으로 확인되지 않는 전기적인 막. 화장품의 화학 물질(색소, 중금속, 광물류, 스테로이드 등)은 베리어 존을 통과하여 피부에 침투하지만 물(정제수)이나 천연 원료 등 화장품의 유효 성분은 베리어 존을 거의 통과하지 못함
• 필라그린(Filaggrin) 유전자(FLG)의 기능 결함으로 인한 돌연변이는 아토피 피부염, 아토피를 동반한 천식의 발생과 밀접한 연관 관계가 있음

ⓛ 유핵층

유극층 (Stratum Spinosum)	• 표피의 가장 두꺼운 층으로 가시세포층(가시층), 말피기층이라고도 함 • 8~10개 층의 다각형 케라노사이트로 구성 • 유핵세포이며, 피부 손상이 심할 경우 세포 분열이 일어나 피부를 재생, 회복시킴 • 수분은 70%이고, 노화될수록 얇아짐 • 림프액이 들어 있어 피부의 순환과 영양 공급에 관여 • 랑게르한스세포(피부 면역 담당)가 존재

기저층 (Basal Layer)	• 표피 가장 아래에 있는 단층의 원추상세포로 진피층과 접하여 물결 모양을 이룸 • 각질형성세포(Keratinocyte)와 피부색을 결정짓는 멜라닌형성세포(Melanocyte)가 4 : 1 또는 10 : 1 비율로 존재 • 신경세포와 연결되어 촉각을 감지하는 감각세포인 머켈(Merkel Cell)세포가 존재 • 진피층의 모세혈관을 통해 산소와 영양분을 공급받음 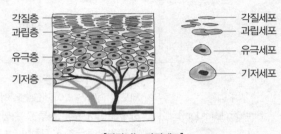

Tip
- 멜라노사이트(Melanocyte)의 수는 인종과 피부색에 관계없이 일정하며, 계속적으로 생장하는 멜라닌 소체(Melanosom)의 크기, 멜라닌 소체의 분해, 멜라닌 화정도에 의해 피부색이 결정됨. 즉, 검은 피부는 흰 피부보다 큰 멜라닌 소체를 만들어냄
- 유멜라닌(Eumelanin) : 갈색 유멜라닌과 갈색보다 어두운색을 가진 흑색 유멜라닌 2가지 종류가 있는데, 둘 모두 피부와 털 등에서 발견되고 갈색 내지 검은색 색소 침착을 함
- 페오멜라닌(Pheomelanin) : 털과 피부 모두에서 발견됨. 황색 내지 적색 색소 침착을 하는데, 분홍색 또는 붉은빛을 띠는 경향이 있어서 붉은 머리를 가진 사람의 머리카락에서 많이 발견할 수 있고, 태양빛 내부의 자외선에 노출되면 발암 물질로 돌변
- 카로틴(Carotene) : 동물에서는 합성되지 않고 식물에서만 합성되는 $C_{40}H_{56}$ 화학식의 물질이자 황적색 내지 빨강 · 보라색 색소의 일종으로 당근 · 수박 · 토마토의 붉은색은 모두 카로틴 성분 때문. 중요 카로틴은 α-카로틴, β-카로틴, γ-카로틴, 리코펜(lycopene)
- 헤모글로빈(Hamoglobin ; 혈색소) : 철을 함유하는 빨간 색소인 헴과 단백질인 글로빈의 화합물로 적혈구 속에 있으며, 산소와 쉽게 결합하여 주로 척추동물의 호흡에서 산소 운반에 중요한 역할

② 진피(Dermis)

㉠ 피부의 90% 이상을 차지하고, 두께 약 2~3mm로 표피보다 20~40배가량 두텁다.

㉡ 혈관, 림프관, 신경관, 땀샘, 피지선, 피부의 부속 기관을 포함하고 있다.

㉢ 주성분은 콜라겐, 엘라스틴, 기질(무토 다당류)이다.

유두층 (Papillary Layer)	• 표피와 진피가 접하고 있는 부분으로 수분을 다량 함유 • 미세한 교원질이 둥글고 불규칙하게 배열된 결합 조직 • 섬유 사이에 많은 세포와 기질이 존재 • 모세혈관, 신경종말, 림프관이 분포 • 표피로 영양분과 산소를 운반하고, 림프관으로 표피의 노폐물을 배설 • 신경종말은 감각 소체를 형성하여 촉각이나 통각 등의 신경을 전달

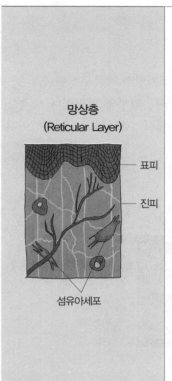

망상층
(Reticular Layer)

표피

진피

섬유아세포

- 콜라겐 섬유(교원 섬유)
  - 진피의 90%를 차지하는 아교질 섬유성 단백질
  - 콜라겐이 부족하면 피부가 함몰되고 주름살이 생기며, 잡티도 함께 증가
- 엘라스틴 섬유(탄력 섬유)
  - 진피 성분의 2~3%를 차지
  - 탄성이 매우 풍부한 단백질 섬유로 가교 결합을 만들어 피부의 탄력과 연관
- 기질(Ground Substances ; 초질, 간충 물질)
  - 무코다당류
  - 진피 내 세포들 사이를 메우고 있는 당질 성분
  - 노화될수록 감소하며, 우수한 수분 유지 능력을 지님
- 대식세포(Macrophage) : 선천 면역을 담당하는 주요한 세포이며, 혈액, 림프, 결합 조직에 있는 백혈구의 하나
- 비만 세포(Mast Cell) : 알레르기의 주요인이 되는 면역세포로 신경 전달 물질인 히스타민을 외부로 분비하여 알레르기 반응을 유발
- 섬유아세포(Fibroblast)
  - 결합조직세포(結合組織細胞)라고도 함
  - 결합 조직 내에 널리 분포되어 콜라겐, 엘라스틴, 기질을 합성 하는 역할

 Tip

- 콜라겐 : 피부 지지층 역할을 하고, 수분 공급(한선에 수분 공급), 피부 자극 완화, 상처 치유에 기여하며, 충분한 양의 비타민 C가 없다면 콜라겐의 합성은 중단되거나 지연
- 탄력 섬유인 엘라스틴을 분해하는 엘라스타아제는 MMP-12
- 노화가 진행될수록 섬유아세포에서의 콜라겐, 엘라스틴, 기질의 생성은 느려지는 반면 분해 효 소인 MMP는 특히 광노화가 진행된 피부에서 효소의 양이 더 많이 증가
- 자외선을 피부에 쐬었을 때 여러 종류의 MMP 합성이 증가하는데, 이렇게 합성된 MMP는 세포 밖으로 나와 피부 조직에 머물며 피부를 손상시킴

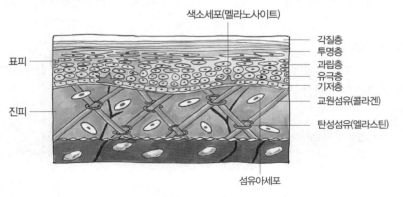

색소세포(멜라노사이트)

각질층
투명층
과립층
유극층
기저층

표피

진피

교원섬유(콜라겐)

탄성섬유(엘라스틴)

섬유아세포

[표피와 진피]

③ 피하조직(Subcutaneous Tissue)
  ㉠ 진피와 근육 사이에 위치한다.
  ㉡ 지방세포소엽과 섬유성중격으로 구성되어 있다.
  ㉢ 15%의 물과 84%의 중성 지방, 1%의 콜레스테롤과 지방산으로 구성된다.
  ㉣ 지방을 생산하여 체온 손실을 막는 체온 보호 기능, 외부의 압력이나 충격을 흡수하여 신체 내부의 손상을 막는 물리적 보호 기능, 인체에서 소모되고 남은 영양이나 에너지를 저장하는 저장 기능을 한다.
  ㉤ 신체 부위, 성별, 연령에 따라 두께에 차이가 있다.

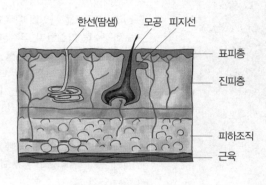

[피하지방]

- 지방세포소엽 : 지방세포로 구성된 단위
- 섬유성중격 : 작은 혈관, 림프관, 신경 등을 포함하는 섬유성 결체 조직으로 소엽 사이에 위치
- 셀룰라이트(Cellulite) : 미세혈액순환이나 림프순환의 장애로 인한 지방의 일부가 섬유성 진피 결합 조직 사이로 튀어나와 결절을 이루는 울퉁불퉁한 피부 변화이며, 대부분 여성의 하복부, 허벅지, 엉덩이 등에 국한되어 발생
- 켈로이드(Keloid) : 피부 손상 후 상처 치유 과정에서 비정상적으로 섬유 조직이 밀집 성장하면서 상처가 치유된 정상 피부로 침윤해 피부색, 저색소성 또는 홍반성의 단단한 결절로 나타남. 켈로이드 과거력이 있는 사람은 시력 교정을 위한 라식(LASIK) 수술 등을 시행할 때 주의 필요

(2) 피부의 기능
보호 기능, 체온 조절 기능, 분비 및 배출 기능, 감각 · 지각 기능, 흡수 기능, 비타민 D 형성 작용, 호흡 기능, 저장 기능, 표정 기능, 재생 기능을 한다.

Tip
- 감각 감지 순서 : 통각 〉 촉각 〉 냉각 〉 압각 〉 온각

2 피부 유형 분석

① 정상 피부(Normal Skin)

   ㉠ 특징 : 유·수분 균형이 잘 이루어진 가장 이상적인 피부 유형이다.

   ㉡ 관리 방법 : 계절에 따라 다른 관리 방법으로 유·수분을 공급하여 현재 상태를 유지하
   는 데 중점을 둔다.

② 건성 피부(Dry Skin)

   ㉠ 특징 : 유·수분 부족으로 피부 결이 얇고, 표면이 거칠고 탄력이 없다.

   ㉡ 관리 방법 : 충분한 유·수분 공급을 주목적으로 관리하며, 영양 공급 효과가 우수한 핫
   오일 마스크 팩(Hot Oil Mask Pack)을 사용하는 것이 좋다.

> • 표피 건성 피부 : 외부 환경의 영향이나 잘못된 화장품 사용으로 초래된 건성 피부로, 건조하며 당
> 기는 느낌이 들고 잔주름이 생기기 쉬움
> • 진피 건성 피부 : 내적인 원인에 의한 것으로 다이어트로 인한 영양 결핍이나 자외선에 의한 진피
> 손상으로 초래된 건성 피부로, 피부 자체의 수분 공급 문제로 굵은 주름이 생기기 쉬움

③ 지성 피부(Oily Skin)

   ㉠ 특징 : 각질층의 두께가 두껍다. 피부가 거칠고 모공이 넓으며, 피지 분비가 많아 여드름
   이 발생한다. 햇빛에 의한 피부 색소 침착 현상이 빨리 생긴다.

   ㉡ 관리 방법 : 피부를 청결히 유지하여 묵은 각질과 피지를 제거하도록 하고, 수렴 화장수
   를 이용하며, 비니싱 크림(무유성 크림), 계란 흰자 팩과 머드 팩이 좋다.

④ 복합성 피부(Combination Skin)

   ㉠ 특징 : 피지 분비량이 부위에 따라 다른 피부이다. T-zone 부위는 피지 분비가 많고 그
   외 부위는 건성인 타입이다.

   ㉡ 관리 방법 : T-zone 부위와 건조한 부위에 유·수분을 균형적으로 관리한다.

⑤ 민감성 피부(Sensitive Skin)

   ㉠ 특징 : 모세혈관이 피부 표면에 보이고, 얼굴이 붉고 얇으며, 모공이 거의 보이지 않는
   피부이다. 환경 변화나 화장품에 민감하여 일반 피부보다 쉽게 반응한다.

   ㉡ 관리 방법 : 알코올이 함유되지 않은 저자극성 제품을 사용한다. 외부적 자극으로부터
   피부를 보호하여 피부 자극을 최소화한다.

⑥ 노화 피부

   ㉠ 특징 : 표피와 진피의 경계가 느슨해지면서 피부가 탄력성을 잃어 잔주름이 늘어나고,
   콜라겐과 엘라스틴의 약화로 깊은 주름이 생긴다.

   ㉡ 관리 방법 : 피부 보습과 영양 공급, 재생을 목적으로 관리하며, 파라핀 마스크 팩 등의
   영양 공급용 팩으로 관리하는 것이 좋다.

(1) 영양과 영양소

① **영양** : 생명체가 음식물을 통해 영양소를 섭취하여 성장을 하고 생명을 유지하며 활동하는 과정이다.

② **영양소** : 음식물 속에는 인간의 생명 활동을 유지시키는 데 필요한 물질이 함유되어 있다. 이 음식물을 섭취하여 소화기관에서 소화 · 흡수하고 체내 조직에 공급하여 생명 과정을 조절하고 에너지를 공급하는 물질이다.

③ **영양학** : 영양소의 특성, 작용, 에너지대사, 영양소의 배설 문제 등을 공부하는 학문이다.

(2) 3대 영양소(탄수화물, 단백질, 지방)

① 탄수화물(Carbohydrate)

㉠ 탄소(C), 산소(O), 수소(H)로 구성되어 있다.

㉡ 에너지 공급, 혈당 유지, 단백질의 조절, 필수 영양소로서의 작용을 한다.

㉢ 포도당 1g당 약 4kcal의 에너지를 생산하며, 1일 최소 필요량은 50~100g이다.

㉣ 부족 시 단백질이 분해되어 에너지원으로 소모되며 체중 감소, 기력 부족 증상이 나타난다.

㉤ 과다 시 글리코겐의 형태로 간장, 근육에 저장되며 혈액의 산도를 높이고 체중 증가의 원인이 된다.

㉥ 쌀밥, 고구마, 감자, 빵 등에 함유되어 있다.

㉦ 종류

단당류	• 더 이상 가수분해가 안 되는 탄수화물 • 포도당(Glucose) : 가장 중요한 단당류로 녹말, 글리코겐, 자당, 맥아당, 유당 등을 가수분해해서 얻고, 혈액 중 포도당의 농도는 0.1%이며, 열량원으로 쓰이고 남은 포도당은 글리코겐과 지방으로 전환되어 저장됨 • 과당(Fructose) : 녹말, 자당(설탕)을 가수분해해서 얻고, 단맛이 가장 강해 과일과 꿀에 다량 함유 • 갈락토오스(Galaktose) : 유당을 가수분해하면 생기는 형태로 동물의 유즙에 함유된 단당류이며, 특히 뇌 성장에 아주 중요한 역할
이당류	• 두 개의 단당류 분자가 결합된 것 • 자당(Sucrose) : 사탕수수의 줄기와 뿌리에 가장 많이 함유되어 있으며, 산이나 효소에 의해 포도당과 과당으로 분해되고, 가수분해 후 단맛이 더욱 강해짐 • 맥아당(Maltose) : 전분이나 글리코겐이 산이나 효소에 의해 분해되어 생성 • 유당(Lactose ; 젖당) : 동물의 유즙에 존재하며, 식물계에는 없음. 뇌 발달에 필수적인 갈락토오스를 제공하고 이당류 중 단맛이 가장 약함

다당류	• 수많은 단당류로 이루어져 있으며, 물에 녹지 않고, 단맛이 없음 • 전분(Starch) : 식물성 다당류로 감자, 고구마 등에 존재하며, 물보다 무겁기 때문에 백색의 분상으로 침전 • 글리코겐(Glycogen) : 동물성 저장 다당류로 간, 근육에 저장되며, 조개류나 균류, 효모 등에 존재 • 섬유소(Cellulose) : 고등 식물의 세포막 주성분으로 자연계에 널리 존재하며, 인체에는 섬유소를 분해하는 효소가 없으므로 소화되지 않지만 장의 연동 작용을 촉진하여 대변의 배설을 원활하게 함

② 단백질(Protein)

　㉠ 단백질의 기본 단위는 아미노산이다. 소화와 대사 과정을 거쳐 소장에서 <u>아미노산(Amino Acid) 형태로 흡수</u>된다.

　㉡ 모발, 손톱, 피부, 뼈, 혈관 등의 조직을 생성하여 신체 조직을 성장시키고 유지한다.

　㉢ 생명체를 구성하는 필수 영양소이며 <u>1g당 4kcal의 에너지를 생산</u>한다.

　㉣ 체내 수분 및 체액의 pH를 조절한다.

　㉤ 호르몬, 효소, 항체의 주요 구성 성분이며, 항체로 작용하여 질병에 대한 저항력을 갖게 한다.

　㉥ 이상적인 단백질 섭취량은 일반인 기준 체중 1kg당 0.8~1g이다.

　㉦ 부족 시 저단백질증, 성장 발육 저조, 부종, 빈혈 등이 발생한다.

　㉧ 과다 시 혈액순환 장애, 불면증, 이명 현상 등이 발생한다.

　㉨ 아미노산이 부족할 경우 단백질 합성이 잘 이루어지지 않는다.

　㉩ <u>필수 아미노산</u> : <u>아르기닌(Arginine), 히스티딘(Histidine), 이소류신(L-Isoleucine), 류신(Leucine), 리신(Lysine), 트레오닌(Threonine), 메티오닌(Methionine), 페닐알라닌(Phenylalanine), 트립토판(Tryptophane), 발린(Valine)</u>

　• 히스티딘 : 어린이에게는 필수 아미노산이지만 성인에게는 비필수 아미노산
　• 콰시오커(Kwashioker)증 : 단백질과 무기질이 부족한 음식물을 장기적으로 섭취함으로써 발생하는 단백질 결핍 현상으로, 주로 이유기 이후 어린이에게 잘 발생
　• 마라스무스(Marasmus)증 : 출생 직후부터 영·유아기에 모유나 인공 영양의 공급이 부족하거나 비위생적인 수유로 인해 설사가 계속되는 경우에 발생하는 현상

③ 지방(Lipids)

　㉠ 탄소, 수소, 산소로 구성되어 있고, 유기 용매에만 녹는 생체 성분으로 물에 녹지 않는다.

　㉡ 체내의 중요한 에너지원으로서 <u>1g당 9kcal의 열량을 낸다.</u>

　㉢ 신체의 구성 성분으로 필수 영양소로서의 작용, 체온 유지 및 장기 보호 역할을 한다.

　㉣ 종류 : 단순 지방(중성 지방, 세라마이드, 왁스 등), 복합 지방(인지질, 당지질, 황지질 등), 유도 지방(스테롤류, 레티놀 등)이 있다.

ⓜ 체내의 합성에 따라 필수 지방산과 비필수 지방산으로 나눈다.

ⓗ 필수 지방산 : 오메가3, 오메가6가 대표적이다.

ⓢ 동물성 지방 과다 섭취 시 콜레스테롤이 혈관 벽에 쌓여 피부 영양과 산소 공급 저하로 피부 탄력성이 떨어지고 보습력 저하 현상이 나타난다.

ⓞ 동물성 식품 : 참치, 꽁치, 닭고기, 달걀, 우유, 버터 등

ⓩ 식물성 식품 : 참깨, 들깨, 면실유, 대두유, 견과류, 옥수수유 등

Tip

정상적인 체지방률은 남성의 경우 15~20%, 여성의 경우 20~25%이다.

④ 비타민(Vitamin)

㉠ 생명을 의미하는 라틴어 'vita'와 단백질을 만드는 데 필요한 물질인 'amine'이 결합되어 만들어진 단어이다.

㉡ 에너지를 생산하는 영양소는 아니나 3대 영양소의 대사 과정에 꼭 필요하다.

㉢ 인체 내에서는 합성되지 않고 식품을 통해서 얻을 수 있다.

㉣ 체내 생리 작용 조절과 성장 유지, 세포의 성장과 촉진, 생리대사에 보조 역할을 한다.

㉤ 부족 시 피부의 색소 침착 유발, 건성화 초래, 탄력성 및 저항성 소실 등의 증상이 나타나지만 보충하면 다시 원래 상태로 회복한다.

㉥ 지용성 비타민(Fat Soluble Vitamine) : 기름과 유지 용매에 용해되고, 일일 섭취량 초과 시 지방에 축적되며 체외로 쉽게 방출되지 않는다.

비타민 A (Retinoid ; 레티노이드)	• 작용 : 상피세포의 생명력 연장, 피부 탄력 증진, 피부 노화 방지, 정자 생성, 면역 기능, 항산화 및 항암 작용, 야맹증 및 약시 예방 및 치료 • 결핍 시 : 야맹증, 안구 건조증, 반점, 피부 건조증, 피부 각화증, 피부 감염증, 저항력 약화, 탈모 유발 등 • 함유 식품 : 간유, 버터, 우유, 달걀, 녹황색 채소 등
비타민 D (Calciferol ; 칼시페롤)	• 작용 : 골격과 치아 형성에 관여, 피부세포 생성, 민감성 피부 예방, 구루병 및 골절 예방, 혈중 칼슘 농도 조절 등 • 결핍 시 : 구루병, 골다공증, 골연화증, 소아의 발육부전 등 • 함유 식품 : 달걀, 버섯, 효모, 버터, 마가린, 우유 제품, 생선간유 등
비타민 E (Tocopherol ; 토코페놀)	• 작용 : 항산화 기능, 불포화 지방산과 비타민 A의 산화 방지, 세포의 화상이나 상처 치유, 유산과 불임증 및 갱년기 장애의 예방과 치료, 피부의 영양 상태 및 노화 예방에 관여 • 결핍 시 : 빈혈, 신경계 장애, 불임, 유산, 건성 피부화, 노화 촉진, 조산 등 • 함유 식품 : 간, 계란, 우유, 땅콩, 마가린, 푸른 잎 채소, 식물성 기름, 곡물의 배아 등

비타민 K	• 작용 : 혈액 응고 촉진, 모세혈관 벽 강화, 간 기능, 뼈의 형성 등 • 결핍 시 : 출혈, 혈액 응고 지연 현상, 모세혈관 벽 약화 등 • 함유 식품 : 간, 브로콜리, 켈프, 푸른 채소, 콩기름, 계란 노른자, 우유, 간, 콩류 등

⊗ 수용성 비타민(Water Soluble Vitamin) : 물에 잘 녹고 열에 쉽게 파괴되는 성질을 가진 비타민이며, 종류로는 비타민 B_1, 비타민 B_2, 비타민 B_3, 비타민 B_5, 비타민 B_6, 비타민 B_9, 비타민 B_{12}, 비타민 B_{15}, 비타민 C가 있다.

⑤ 무기질(Minerals)

　㉠ 칼로리원은 아니지만 생물체의 구성 성분으로서 매우 중요하다.

　㉡ 식품이나 생물체에 들어 있는 원소 가운데 탄소(C), 수소(H), 산소(O), 질소(N)를 제외한 다른 원소를 통틀어 무기질 또는 광물질(Mineral)이라 하며, 식품을 태운 후에 재로 남는 부분이기 때문에 회분(Ash)이라고도 한다.

　㉢ 완충 작용, 생리적 pH 조절 기능, 근육의 수축과 이완 작용에 관여한다.

　㉣ 뼈와 치아의 구성 성분으로 연조직과 체조직을 구성한다.

　㉤ 종류

종류	기능	주요 역할	함유 식품	섭취 양
칼슘 (Ca)	뼈와 치아	• 무기질 중 가장 많이 존재 • 혈액 응고, 뼈 형성 • 체액의 수송, 심장 근육 수축과 이완 • 신경 자극의 전달	우유 및 유제품, 뼈째 먹는 생선	• 11~18세 : 1,200mg • 성인 : 800mg
인 (P)	뼈와 치아	• 뼈 형성, 신체 에너지 발생 촉진 • 시스템 pH 조절 • 세포의 성장 • 뇌신경의 성분	치즈, 우유, 계란 노른자, 육류	• 11~18세 : 1,200mg • 성인 : 800mg
마그네슘 (Mg)	뼈와 치아	• 에너지대사 • 신경 자극 전달 • 근육의 긴장, 이완	식물성 식품, 전곡, 시금치, 대두	• 성인 : 300mg
나트륨 (Na)	뼈와 외세포, 체액	• 혈장의 성분 • 삼투압과 pH 유지 • 신경 자극의 전달 • 체액의 양 조절	소금, 해산물, 육류, 계란	• 소년, 성인 : 300~400mg

종류	기능	주요 역할	함유 식품	섭취 양
칼륨 (K)	내세포 체액	• 삼투압 조절 • 생리적 상태 조절 • 활동 전류의 발생	해조류, 감자, 채소류, 유제품, 어패류, 육류 등	• 소년, 성인 : 700mg
유황 (S)	뼈와 연골	• 탄수화물과 결합 • 글루타치온, 비오틴 및 티아민의 구성분자	단백질 식품 (육류, 우유, 계란, 치즈, 생선)	• 소년, 성인 : 1,500mg
철분 (Fe)	헤모글로빈, 간, 비장과 뼈	• 세포 속에서 산소 운반 • 체내에 미량 존재	계란 노른자, 녹색 채소, 간, 육류	• 소년, 성인 : 10~18mg
아연 (Zn)	간, 근육과 뼈의 조직	• 인슐린과 필수 효소의 구성 요소 • 사춘기의 성장, 성적 성숙 도움	우유, 간, 조개, 청어	• 소년, 성인 : 15mg
구리 (Cu)	간, 뇌, 심장, 신장의 모든 조직	• 헤모글로빈 형성 촉매 작용 • 효소의 구성 요소 • 체내 철의 이용 도움	간, 조개, 곡물, 새우, 닭고기, 굴, 견과류	• 소년, 성인 : 2.0~3.0mg
요오드 (I)	갑상선	• 갑상선 호르몬인 티록신의 필수적 요소 • 기초대사 촉진 • 지능 발달과 유즙 분비 관여	해산물, 수분, 요오드화산식염, 야채	• 소년, 성인 : 150mg
망간 (Mn)	뇌하수체, 뼈, 간, 췌장, 위장 조직	• 효소의 필수적 요소 • 생장과 생식에 관여 • 헤모글로빈 생성에 관여	곡물, 견과, 과일	• 소년, 성인 : 2.5~5.0mg
불소 (F)	뼈와 치아	• 충치 감소와 뼈 손실 감소	음료수, 차, 커피, 완두콩, 시금치, 양파, 상추	• 11~18세 : 1.5~2.5mg • 성인 : 1.5~4.0mg
코발트 (Co)	세포	• 비타민 B$_{12}$의 구성 성분 • 효소의 활성 물질 • 인슐린의 작용 상승	간, 신장, 굴, 우유, 닭고기, 대합조개	• 소년, 성인 : 1.5mg
셀레니움 (Se)	세포	• 지방 분해 작용 • 젊음 유지	곡물, 양파, 육류, 우유, 야채	• 소년, 성인 : 0.05~0.2mg

• 갑상선 기능 저하증 : 크레틴병(선천적), 좀액수종(성인)
• 갑상선 기능 항진증 : 바세도우씨병

⑥ 물(Water)

    ㉠ 몸의 70%를 차지하고, 체중의 55~65%에 해당한다.

    ㉡ 10% 이상 손실되면 생명이 위험해진다.

    ㉢ 성인 남성 기준 1일 2~2.5L가 필요하다.

>
> • 기초대사량(Basal Metabolism ; 기초대사율) : 기본적인 생명 현상을 유지하는 데 필요한 에너지를 말하며, 호르몬 분비, 수면, 연령, 체온, 환경, 운동, 흡연 등은 기초대사량 변화에 영향을 미침
> • 신진대사 : 영양소가 몸 안에 흡수되어 물질로 이용되었다가 불필요한 물질은 체외로 배설되는 변화 과정

4 피부 장애와 질환

(1) 원발진과 속발진

① 원발진(Primary Lesion) : 1차적 피부 장애를 뜻하며, 피부 질환 또는 장애의 초기 병변으로 눈에 보이거나 손으로 만져지는 것이다.

종류	특징
구진(Papule)	• 경계가 뚜렷한 융기로 액체 성분이 함유되어 있지 않음 • 크기 직경 1cm 미만의 끝이 뾰족하거나 둥글고 단단한 여드름, 사마귀 종류의 뾰루지
결절(Nodule)	• 구진과 같은 형태이나, 크기는 직경 1cm 이상으로 크고 깊으며 일반적으로 지속됨 • 생성 시부터 통증을 수반하기도 하고, 치유 후 흉터가 남음
농포(Pustule)	• 표피 내 또는 표피 밑의 가시적인 고름의 집합 • 처음에는 투명하다가 혼탁해면서 농포로 발전 • 주로 모낭 내 또는 한선 내에 형성
종양(Tumor)	• 피부 표면에 반고체성, 액체가 있는 덩어리 상태로 형성 • 직경 2cm 이상의 큰 결절로 양성과 악성이 있음
면포(Comedo)	• 모공을 막고 있는 분비물 및 각질의 덩어리로 얼굴, 코, 이마 등에 나타나는 나사 모양의 피지 덩어리 • 개방 면포(Black Head)와 폐쇄 면포(White Head)가 있음
반점(Macule)	• 피부 표면에 융기나 함몰 없이 주변 피부와 경계가 생기는 색이 다른 병변 • 기미, 주근깨, 백반, 몽고반점, 노화반점 등
수포(Vesicle ; 물집)	• 소수포 : 직경 1cm 미만의 소낭이라는 물집으로 투명한 액체 • 대수포 : 직경 1cm 이상의 혈액성 내용물을 가진 물집으로 크기가 소수포보다 큼
팽진(Wheals)	• 두드러기, 담마진이라고도 함 • 일시적인 증상으로 가렵고 부어오른 부종으로, 크기나 모양이 변하고 수 시간 내에 소멸
홍반(Erythema)	• 모세혈관의 울혈에 의한 병변으로 붉게 솟아오르고 시간 경과에 따라 크기가 변화
자반(Purpura)	• 혈관의 출혈로 인한 자색 반점이나 퍼렇게 멍든 병변

② 속발진(Secondary Skin Lesions) : 2차적 피부 장애이며, 종류로는 가피, 인설, 미란, 켈로이드, 태선화, 찰상, 균열, 궤양, 반흔, 위축이 있다.

(2) 여드름 질환(Acne)

① 원인

    ㉠ 80% 이상 유전적 영향으로 피지의 크기와 수에 영향을 받는다.

    ㉡ 남성 호르몬인 테스토스테론의 피지 분비 촉진 작용에 의한 것이다.

    ㉢ 월경 전후, 경구 피임약 복용, 스트레스, 내장 질환, 잘못된 식습관, 환경의 영향 및 물리적 자극에 의해 발생한다.

② 종류

    ㉠ 비염증성 여드름

- 폐쇄 면포(White Head) : 모공이 막힌 단계로 'Closed Comedo'라고도 함
- 개방 면포(Black Head) : 피지가 산화되어 검게 보이고 모공이 벌어져 있는 상태로 'Open Comedo'라고도 함

    ㉡ 염증성 여드름

- 붉은 여드름(Papule) : 여드름균에 의해 염증이 발생된 상태이며 여드름 초기 상태(구진)
- 화농성 여드름(Pustule) : 구진이 진행되어 염증이 악화된 상태이며 고름이 잡혀 있는 단계(농포)
- 결절성 여드름(Nodule) : 모낭 아래 조직이 파괴되어 심한 통증과 흉터가 남을 수 있음
- 낭종성 여드름(Cysts) : 화농 상태가 가장 심하고, 진피층까지 영향을 미쳐 손상된 상태로 치료 후 흉터가 남을 수 있음

(3) 바이러스성 피부 질환과 진균성 피부 질환

① 바이러스성 피부 질환

종류	특징
단순포진 (Herpes Simplex)	• 점막이나 피부를 침범하는 급성 수포성 질환 • 입술 주위에 주로 생기는 수포성 질환
대상포진 (Herpes Zoster)	• 지각신경 분포를 따라 군집 수포성 발진이 생기며 통증을 동반 • 수두 후 잠복 감염되어 있던 바이러스가 다시 분열하여 피부 발진을 일으키는 질환으로 수포가 심한 경우 흉터화
수족구염 (Hand Food and Mouth Disease)	• 주로 어린 아이의 손, 발, 입에 수포와 구진이 발생
편평 사마귀 (Wart)	• 1~3mm 정도의 크기 • 표면이 편평한 형태로 조금 융기된 모양의 옅은 갈색에서 짙은 갈색의 구진

수두 (Chicken Pox)	• 주로 소아에서 발생하며, 피부 및 점막의 전염성 수포 질환 • 발진 후 1일부터 6일까지 호흡계통으로 전염되고 환자와의 격리에 주의
홍역 (Measles)	• 파라믹소 바이러스에 의해 발생하는 급성 발진성 질환 • 주로 어린이에게 발생하는데, 피부의 붉은 반점상 구진이 심하고, 결막염 증세를 보이며, 전염성이 매우 높음
풍진 (Rubella)	• 귀 뒤나 목 뒤의 림프절 비대 증상으로 통증을 동반하며, 얼굴과 몸에 발 진 증상

② 진균성(곰팡이) 피부 질환 : 종류로는 칸디다증(Candidiasis), 백선(Tinea Pedis ; 무좀), 어우러기가 있다.

③ 세균성(박테리아) 피부 질환

   ㉠ 농가진(Impetigo) : 주로 유 · 소아에서 발생한다. 두피, 안면, 팔, 다리 등에 수포와 진물이 나며 노란색의 가피를 보이는 피부 질환으로, 화농성 구균이 주원인균으로 전염력이 높다.

   ㉡ 절종(Furuncle ; 종기) : 모낭과 그 주변 조직에 괴사를 일으켜 화농된 상태의 피부 질환이다.

   ㉢ 봉소염(Cellulites) : 초기에는 작은 부위의 홍반, 소수포로 시작하여 점차 큰 판을 형성하고, 전신에 발열이 동반되는 깊은 층의 감염이다.

> • 수포(물집) 농가진 : 황색포도알균이 분비하는 표피 박리 독소에 의해 발생
> • 비수포 농가진 : 포도알균이 주원인균이지만 화농성 사슬알균에 의해서도 발생하며, 피부에 상처가 있는 부위를 통해 세균이 침입

(4) 색소 이상 증상 피부 질환

① 과색소 침착 : 멜라닌 색소 증가로 인해 발생한다.

종류	특징
기미 (Melasma)	• 경계가 명백한 갈색의 점 • 크기가 일정하지 않은 비대칭형의 색소가 침착되어 생기는 후천적인 색소성 피부 질환 • 자외선 과다 노출, 경구 피임약 복용, 내분비 장애, 선탠기기 사용 등이 원인 • 중년 여성에게 주로 발생 • 종류 : 표피형, 진피형, 혼합형
주근깨 (Freckle)	• 황갈색의 작은 색소성 반점으로 나타나는 질환 • 상염색체 우성 형태로 유전적 요인에 의해 주로 발생

종류	특징
검버섯 (Liver Spot, Age Spot ; 지루성 각화증)	• 노화 과정에서 나타나는 양성 상피종양 중 하나인 노인성 흑자 • 크기가 일정하지 않은 갈색 반점의 과색소 침착증 • 얼굴, 팔, 다리, 목 등에 경계가 뚜렷한 구진 형태로 발생
갈색 반점	• 혈액순환 이상으로 나타나는 질환
오타모반 (Otta's Nebus)	• 눈 주위에 멍든 것과 비슷하게 푸른색 반점이나 검은색을 띠는 넓은 반점이 보이는 피부 색소 질환의 한 종류 • 눈 주위, 관자놀이, 이마, 광대뼈 부위, 콧등에 흔히 발생
릴 안면 흑피증 (Rien's Melanosis)	• 갈색 또는 암갈색의 색소 침착으로 진피 상층부에 멜라닌이 증가 • 화장품이나 연고 등으로 인해 발생하는 색소 침착 질환 • 얼굴의 이마, 뺨, 귀, 목 등에 넓게 나타남
벌록 피부염 (Berloque Dermatitis)	• 향수, 오데 코롱 등 사용 후 일광에 노출되어 생기는 색소 침착 • 광 감수성을 높이는 베르가못 오일의 성질로 색소 침착이 발생
일괄 흑자 (Senile Plaque ; 노인성 반점)	• 50대 이후 나이가 들면서 자외선 노출 부위인 얼굴, 목, 손등에 주로 발생 • 크기가 일정하지 않은 갈색 반점의 과색소 침착증
점 (Nevus ; 모반)	• 피부 멜라닌세포에서 생겨난 모반세포로 이루어진 양성 종양

② 저색소 침착 : 멜라닌 색소 감소로 인해 발생한다.

종류	특징
백반증 (Vitiligo)	• 후천적 난치성 피부 병변으로 멜라닌세포의 소실로 인해 멜라닌 색소가 감소되어 색소 결핍 탈색반이 생기는 피부 질환 • 원형, 타원형 또는 부정형의 흰색 반점 • 전신형 백반증 : 피부 어디에나 나타날 수 있고 체표 면적의 3% • 분절형 백반증 : 전신형 백반증에 비해 더 어린 나이에 발생하고, 소아 백반증의 30%를 차지하며, 체표 면적의 2~3% 미만
백피증 (Albinism ; 백색증)	• 멜라닌세포에서의 멜라닌 합성이 결핍되는 선천성 유전 질환 • 멜라닌세포의 수는 정상인과 동일하지만 생성 과정 중 티로시나아제가 제 기능을 수행 하지 못함으로써 발생 • 멜라닌 색소가 없으므로 자외선으로부터 피부를 보호하지 못하여 일광화상을 입을 수 있음 • 눈, 피부 백색증 : 피부, 털, 눈에서 모두 증상이 나타나는 백색증 • 눈 백색증 : 피부나 털의 증상 없이 눈에서만 증상이 나타나는 백색증

(5) 기계적 손상에 의한 피부 질환

종류로는 굳은살(Callus), 티눈(Corn), 욕창(Pressure Sore), 마찰성 수포(Friction Blister)가 있다.

(6) 열에 의한 피부 질환

① 화상(Burns) : 불이나 뜨거운 물, 화학 물질 등에 의한 피부 및 조직 손상이다.
  ㉠ 제1도 화상(홍반성) : 피부가 붉게 변하면서 국소 열감과 동통을 수반한다.
  ㉡ 제2도 화상(수포성) : 진피층까지 손상되어 수포가 발생한 피부 상태이다.
  ㉢ 제3도 화상(괴사성) : 피부의 전층 및 신경이 손상된 상태이다.
  ㉣ 제4도 화상 : 피부의 전층, 근육, 신경 및 뼈조직이 손상된 상태이다.
② 열성 홍반(Erythema ab igne) : 강한 열에 장시간 지속적으로 노출된 후 발생하는 피부 발작 및 충혈 현상이다.

(7) 습진성 피부 질환

① 접촉성 피부염(Contact Dermatitis)
  ㉠ 외부 물질의 접촉에 의해 발생하는 피부염으로 습진의 일종이다.
  ㉡ 보통 심한 가려움을 동반하며, 빨갛게 되는 경우 또는 작은 물집이 많이 생기는 경우로 나타난다.
  ㉢ 원발성 자극 피부염 : 모든 사람에게 발생할 수 있는 피부염으로 강한 산, 강한 알칼리에 의한 피부염, 물이나 세제로 인한 주부습진, 기저귀 발진 등이 있다.
  ㉣ 알레르기성 접촉 피부염 : 이물질에 감작된 사람에게 발생하는 피부염으로 옻나무, 은행나무, 고무 제품, 머리 염색약, 금속, 연고 등에 의해 발생한다.
② 지루성 피부염(Seborrheic Dermatitis)
  ㉠ 피지선의 활발한 기능으로 머리, 얼굴, 앞가슴 등에 잘 발생하는 만성적인 염증성 피부 질환이다.
  ㉡ 장시간 지속되는 습진의 일종으로, 가려움증이 동반된다.
③ 아토피성 피부염(Atopic Dermatitis)
  ㉠ 만성 습진의 일종으로 가려움증이 주된 증상이며 영유아기에 시작된다.
  ㉡ 전형적인 태선화 피부염이다.

(8) 한랭에 의한 피부 질환

① 동창 : 한랭 상태에 지속적으로 노출되면서 피부의 혈관이 마비되어 생기는 국소적 염증 반응이다.
② 동상 : 영하 2~10℃의 추위에 노출되어 피부 조직 안에 있는 수분이 얼어 혈액이 공급되지 않는 상태이다.

Tip
- 1도 동상(홍반성) : 동결 부위가 붉은빛을 띠는 발적 상태
- 2도 동상(수포성) : 물집이나 피부 탈락이 발생하는 상태
- 3도 동상(괴사성) : 환부에는 감각이 전혀 없고 환부와 건강한 부위의 경계부에서 통증을 느낌

③ 한랭 두드러기 : 추위 또는 찬 공기에 노출되는 경우 생기는 두드러기이다.

(9) 기타 피부 질환

종류	특징
주사 (Rosacea)	• 피지선과 관련된 질환 • 모세혈관 파손과 구진 및 농포성 질환이 코를 중심으로 양 볼에 나비 형태로 붉어진 증상 • 주로 40~50대에 발생하며, 혈액의 흐름이 나빠져서 생기는 증상
한관종, 땀관종 (Syringoma)	• '물 사마귀 알'이라고도 함 • 2~3mm 크기의 황색 또는 분홍색의 반투명성 구진을 갖는 피부 양성 종양 • 눈 밑 진피층의 일부 땀샘이 비정상적으로 증식하거나 늘어지면서 발생
비립종 (Milium)	• 직경 1~2mm의 둥근 백색 구진 • 눈 아래 모공과 땀구멍에 주로 발생
하지정맥류 (Varicose Vein)	• 다리의 혈액순환 이상으로 인해 정맥이 늘어나 피부 밖으로 돌출되어 보이는 질환 • 뭉쳐져 보이며, 만지면 부드럽지만 통증이 있는 곳도 있음 • 심해지면 질환 부위의 피부색이 검게 침착되어 변하기도 하고 피부 궤양 증상이 발생
소양감 (Pruritus)	• 자각 증상으로서 피부를 긁거나 문지르고 싶은 충동에 의한 가려움증
흉터 (Scar)	• 더 이상 세포가 재생되지 않으며 기름샘과 땀샘이 없는 것

Tip
- 원발성 비립종 : 자연적으로 발생하며, 유아기 때부터 어느 연령에도 발생할 수 있음
- 속발성 비립종 : 피부 손상으로 발생하는 잔류 낭종으로 모낭과 땀샘에서 기원하며, 피부에 발생한 물집병이나 박피술, 화상, 외상 후 발생

5 피부와 광선

(1) 자외선(UV : Ultraviolet Rays)

① 자외선의 정의

㉠ 비타민 D를 활성화시켜서 건강선이라고도 하고, 살균력이 강해서 화학선이라고도 한다.

㉡ 400mm 이하의 단파장으로 태양광선 중 방사량의 약 5%에 지나지 않지만 피부에 생물학적 반응을 유발하는 중요한 광선이다.

② 자외선의 종류

종류	파장	특징
UV-A (생활 자외선, 광노화의 원인)	320~400mm 장파장	• 진피 하부까지 침투 • 피부 색소 침착, 노화, 탄력 감소, 주름 발생을 유발 • 콜라겐 및 엘라스틴을 파괴 · 변형시켜 광노화 현상 유발 • 파장이 길어서 유리창을 투과
UV-B (레저 자외선, 기미의 원인)	290~320mm 중파장	• 진피 상부까지 도달하여 일광화상, 수포, 홍반을 유발하고 색소 침착의 원인 • 홍반 발생 능력이 자외선 A의 1,000배 • 비타민 D 합성에 관여 • 만성적일 때 DNA 손상, 피부암의 원인 • 적당량은 면역력을 강화시키고 구루병을 예방
UV-C (살균 작용, 생체 파괴성이 강한 자외선)	200~290mm 단파장	• 가장 강한 자외선으로 오존층에서 거의 흡수되어 피부에는 거의 도달하지 않지만 오존층 파괴로 인해 영향을 받을 수 있음 • 피부 노출 시 암, 피부 알레르기, 피부병을 유발

③ 자외선 미용기기

ㄱ 자외선 소독기 : UV-C를 이용한 기기이다.

ㄴ 인공 선탠기 : 주로 UV-A만을 방출하여 인공적으로 멜라닌을 자극하는 방법으로 피부를 갈색으로 만드는 기기이다.

ㄷ 우드 램프(Wood Lamp) : 피부에 자외선을 비추어 피부 상태에 따라 다양한 색상을 나타내어 피부 상태를 분석하는 기기이다.

> **Tip**
>
> • 우드 램프 사용 시 피부 상태에 따른 반응 색상
>
> | 피부 상태 | 우드 램프 반응 색상 |
> |---|---|
> | 정상 피부 | 청백색 |
> | 건성 피부, 수분 부족 피부 | 연보라색 |
> | 민감 피부, 모세혈관 확장 피부 | 진보라색 |
> | Comedo, 지성 피부 | 오렌지색 |
> | 기미, 색소 침착 부위 | 암갈색 |
> | 두꺼운 각질 | 하얀색 |
> | 비립종 | 노란색 |

④ 자외선에 의한 피부 질환

ㄱ 광(光) 알레르기 : 햇빛에 오래 노출될 경우 노출된 부위에 두드러기 및 피부 발진, 수포 등이 발생한다.

ⓛ 광(光) 접촉 피부염 : 어떤 물질에 접촉된 상태에서 자외선에 노출되었을 때 피부염 증상이 나타나는 경우이다.

ⓒ 피부 흑색종 : 가려움증, 통증 같은 자각 증상 없이 평범한 검은 반점이나 결절로 보여 위험하다.

- 미용에서 사용되는 자외선 파장 : 220~320㎛
- SPF(자외선 차단지수) : 자외선 차단 제품을 사용했을 때 피부가 보호되는 정도
- PA(UV-A 방어지수) : UV-A 방어 정도에 따라 PA+, PA++, PA+++로 구분

(2) 적외선(Infrared Ray ; 열선)

① 적외선의 정의

ㄱ 피부 깊숙이 침투하여 유해한 자극 없이 체온을 상승시킴으로써 온열 효과를 가져온다.

ⓛ 770~220,000mm의 파장을 지니는 적색의 불가시광선으로, 흡수된 분자의 운동으로 열이 발생한다.

ⓒ 혈관을 확장하여 혈액순환을 촉진시키고 노폐물을 배출시킨다.

② 적외선의 종류

ㄱ 근적외선 : 가장 짧은 파장으로 혈관과 피하 조직에 영향을 미친다.

ⓛ 중적외선 : 적외선의 중간 파장이다.

ⓒ 원적외선 : 가장 긴 파장으로 피부 침투 효과는 적으나 자극이 적어 장시간 사용 가능하다.

③ 적외선기기

ㄱ 적외선 등 : 원적외선이 나오는 등으로 피하 2mm까지 들어가 뜨겁게 느껴지며 피부로부터 60cm 이상 떨어져서 조사한다.

ⓛ 원적외선 마사지기 : 신진대사 촉진 및 영양 공급, 땀 배출과 함께 노폐물 제거 효과가 있다.

- 미용에 사용되는 적외선 등의 파장 : 650~1,400㎛

6 피부 면역

(1) 면역의 정의

항원에 대한 항체의 방어 작용 즉, 인체가 외부로부터 들어오는 이물질에 대해 방어하는 능력이다.

- 항원 : 세균, 바이러스 등 외부에서 인체로 들어오는 병원소나 독소
- 항체 : 항원에 대항하여 만들어진 방어 물질

(2) 면역의 종류와 작용

① 선천적 면역(자연 면역) : 태어날 때부터 가지고 있는 1차적 면역 체계이다.

② 후천적 면역(획득 면역) : 전염병의 감염 후나 예방접종으로 획득하는 2차적 면역 체계이다.

능동 면역	• 자연 능동 면역 : 전염병 감염 후 획득하는 면역 • 인공 능동 면역 : 예방 접종을 통해 획득하는 면역
수동 면역	• 자연 수동 면역 : 태반이나 모유를 통해서 모체로부터 항체를 획득하는 면역 • 인공 수동 면역 : 인공 혈청을 주사하여 획득하는 면역

- 피부 면역은 표피세포의 유극층에 존재하는 랑게르한스세포가 담당
- 표피세포의 약 2~4%를 차지하는 랑게르한스세포는 피지선, 한선, 모낭세포, 생식기, 구강점막 등에 존재
- 외부 물질인 항원이 피부에 침입하면 즉시 반응하여 면역세포인 림프구에 정보를 전달하고 병원균에 대한 방어 작용과 알레르기 반응도 일으킴

7 피부 노화

(1) 노화

① 노화란 나이가 들면서 점진적으로 일어나는 퇴행성 변화이다.

② DNA 프로그램 설 : 노화와 죽음은 태어날 때부터 정해진 DNA 유전자에 의해 결정된다는 이론이다.

③ 프리래디칼 설 : 정상적인 대사 과정에서 생산되는 여러 가지 활성 산소들에 의해 생체 구성 성분들이 산화적 손상을 받고, 이러한 결과가 세포를 노화시킨다는 이론이다.

④ 텔로미어의 단축 설 : 텔로미어란 염색체의 끝부분을 지칭하며, 세포 분열이 진행될수록 점점 길이가 짧아져 나중에는 매듭만이 남고, 세포 복제가 멈춰 죽게 되면서 노화가 일어난다는 이론이다.

- 활성 산소(유해 산소) : 유해 산소의 과잉 발생은 세포를 산화시켜 피부 노화를 유발시키며, 정상 과정에서 끊임없이 생성되고 SOD 및 체내 항산화 효소에 의해 제거되기도 함
- SOD(Super Oxide Dismutase) : 활성 산소를 제거하는 효소로, 몸 안에 필요 이상의 활성 산소가 생겼을 때 중화하는 물질

(2) 피부 노화 현상

① 내인성 노화(내적 노화, 생리적 노화)

ㄱ 나이가 들면서 자연스럽게 피부가 노화되는 현상이다.

ㄴ 피하지방세포 수, 멜라닌세포 수, 랑게르한스세포 수, 한선의 수, 땀의 분비가 감소한다.

② 외인성 노화(광노화)

　ⓐ 햇빛, 바람, 추위, 공해 등에 피부가 노화되는 현상이다.

　ⓑ 표피의 두께가 두꺼워지고, 진피 내 모세혈관이 확장되며, 과색소 침착증, 섬유아세포 수의 감소, 점다당질 증가, 콜라겐의 변성 및 파괴가 일어난다.

8 피부 부속기관의 구조 및 기능

(1) 한선(Sweat Gland ; 땀샘)

① 가늘고 긴 관 모양의 분비선이며, 땀을 분비하는 한선체와 분비된 땀을 피부 표면으로 운반하는 한관(한관선)으로 구성되어 있다.

② 소한선(에트린선)과 대한선(아포크린선) 두 종류가 있으며, 체온 조절 기능이 있고, 진피와 피하지방 조직의 경계 부위에 위치한다.

③ 피부의 피지막과 산성막을 형성하고, 세균 억제 역할을 하며, 피부나 털에 윤기를 부여한다.

④ 땀은 약 99%의 물과 염화나트륨, 칼륨, 젖산, 요소, 요산 등의 성분으로 구성되어 있다.

⑤ 땀의 분비량은 하루 평균 약 1.2L이다.

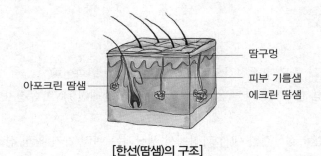

[한선(땀샘)의 구조]

⑥ 한선의 종류

　ⓐ 소한선(Eccrine Gland ; 에크린선)

　　• 실타래 모양으로 태어날 때부터 전신에 널리 분포되어 있으며 pH는 3.8~5.6

　　• 자율신경계의 지배를 받아 손바닥과 발바닥, 이마에 가장 많고 음부와 음경 및 입술, 입 등에는 없음

　　• 무색, 무취의 땀으로 90% 이상이 수분

　ⓑ 대한선(Apocrine Sweat Gland ; 아포크린선, 체취선)

　　• pH는 5.5~6.5이며, 단백질 함유로 인한 개인 특유의 독특한 냄새가 남

　　• 대개 사춘기 이후에 모공을 통해 분비되고, 갱년기 이후 기능이 저하됨

　　• 주로 겨드랑이, 성기 및 항문 주변, 음부, 유두 주변, 젖꼭지, 배꼽 등에 분포

⑦ 땀의 이상 분비로 인한 병변

　ⓐ 액취증 : 겨드랑이에서 악취가 나는 것으로 액취증 또는 암내라고 한다.

ⓒ 다한증 : 땀이 과다 분비되는 증상으로 자율신경계의 이상이 원인이다.

ⓒ 소한증 : 땀 분비가 감소하는 증상으로 갑상선 기능 저하, 금속성 중독, 신경계 질환 등이 원인이다.

ⓔ 무한증 : 땀이 전혀 분비되지 않는 증상으로 선천적으로 땀샘이 없거나 외부엽 형성부전, 땀샘 위축이나 소멸, 폐색(아토피성 피부염·습진·건선 등의 각화증), 중추신경 장애나 말초신경 장애 등 여러 가지 원인이 있다.

ⓜ 한진 : 땀띠를 말하는 것으로 한선의 입구나 중간의 한 곳이 폐쇄되어 배출되지 못한 땀이 쌓여 발생하는 증상이다.

ⓗ 색한증 : 간의 분비 이상으로 발생하며, 발한액에 색이 있는 것으로 인디칸이라는 물질이 배설된 후 피부 표면에 산화하여 인디고로 변화되는 것이다.

ⓢ 한포 : 수지수포 또는 발한이상증이라고도 하며, 팥 크기만 한 작은 수포가 손바닥이나 발바닥, 손가락 또는 발의 옆 가장자리 표피에 생기는 현상이다.

(2) 피지선(Sebaceous Gland)

① 진피의 모낭에 부속되어 중간 부분에 피지를 분비하는 부속기관으로 위치하고 있다.

② 하루 분비량은 약 1~2g 정도이고 모낭으로 연결되어 모공을 통해 피지를 배출한다.

③ 손바닥과 발바닥을 제외한 얼굴, 두피, 가슴 부위에 집중적으로 분포되어 있고 전신의 피부에 존재한다.

④ 사춘기가 되면 성호르몬의 영향으로 기능이 항진한다.

⑤ 남성 호르몬인 테스토스테론(Testosteron)의 영향을 많이 받아서 남성이 여성보다 피지선이 발달해 있다.

⑥ 세안 후 원상태로 돌아오는 회복 소요 시간은 1~2시간 정도이며, 목욕 후는 3~4시간 정도이다.

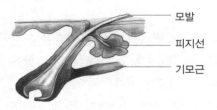

모발
피지선
기모근

[피지선의 구조]

Chapter 02 모발(Hair)의 구조와 기능

1 모발의 구조 및 기능

(1) 모발의 개요

① 모발의 구성 성분 : 약 80~90%의 케라틴 단백질과 멜라닌 색소 3%, 지질 1~8%, 수분 10~15%, 미량원소 0.6~1%로 구성되어 있다.

② 모발의 pH(수소이온지수) : pH 5.0 전후이다.

③ 모발의 1일 성장량 : 약 0.34~0.35mm이다.

④ 모발의 일반적인 수명 : 남성은 평균 3~4년, 여성은 평균 4~6년이다.

⑤ 모발의 성장 : 낮보다는 밤에, 가을·겨울보다는 봄·여름에, 측두부보다는 두정부가 더 빨리 자란다.

⑥ 모발의 탈락 : 하루에 약 40~100가닥 미만의 모발이 빠진다.

(2) 모발의 결합

① 펩타이드 결합(Peptide Bone) : 케라틴 단백질의 주사슬을 이루기 위해 수백에서 수천 개의 아미노산이 모여 폴리펩티드 결합을 이루고 있다. 세로 결합에 비해 결합력이 더 강하기 때문에 모발이 가로보다 세로로 쉽게 끊어진다.

② 시스틴 결합(Disulfide Bone) : 아미노산인 시스테인 두 개가 황(S)을 중심으로 측쇄 결합한 상태로 모발의 웨이브 형성에 영향을 준다. 가로 결합 가운데 가장 강한 결합으로서 기계적인 힘으로는 간단히 끊어지지 않지만, 환원제나 산화제에 의한 화학적 작용으로 쉽게 절단 및 연결이 이루어진다.

③ 염 결합(Salt Linkage) : 아미노기는 양이온으로, 카르복실기는 음이온으로 상호 작용하여 생긴 정전기적 결합이다. 적정 pH를 벗어나면 모발의 결합력이 약해져 케라틴 강도에 영향을 미치고, 산과 알칼리에 약하다.

④ 수소 결합(Hydrogen Bond) : 가로 결합을 하고 있는 폴리펩티드 사슬 내 산소와 수소의 결합이다. 강도가 약하고 물에 의해서도 간단히 절단되지만, 건조한 상태에서는 어느 정도 결합력을 가지고 있는 데다 그 수가 많아서 모발의 강도를 유지하는 데 있어 상당한 역할을 한다. 사슬 내부 결합력으로 모발의 인장력과 관련이 매우 높다.

(3) 모발의 성질

① 모발의 인장(강도 및 신도) : 건강한 모발은 건조 상태에서 평균 150g의 강도와 40%의 신도를 갖고, 젖은 상태에서 평균 90g의 강도와 50%의 신도를 나타낸다.

② 모발의 흡습성(Hygroscopic) : 보통 15~20%(기장 1~2% 늘어남)이고, 최대 포화 상태는 30~35%(더 이상 흡수하지 않음)이다.

③ 모발의 팽윤성 : 건강한 모발을 수분에 의해 팽윤시켰을 때 길이는 1~2% 정도, 굵기는 15% 정도, 무게는 30% 정도 증가한다.

④ 모발의 대전성 : 양극성을 가진 모발은 아미노산으로 이루어진 케라틴이므로 마찰 전기를 일으키기 쉽고, 모발에 머물기 쉬운 성질을 갖고 있다.

⑤ 모발의 열변성 : 건열 120℃ 전후에서 팽화, 130~150℃에서 변색 및 시스틴의 감소, 180℃에서 케라틴 구조 변형, 270~300℃에서 연소분해된다. 반면, 습도가 높은 상태에서는 100℃에서 시스틴의 감소, 130℃에서 케라틴 구조의 변형이 이루어진다.

⑥ 모발의 광변성 : 적외선은 열을 발생시켜 케라틴의 측쇄 결합에 영향을 주고, 자외선은 시스틴을 감소시켜 손상을 준다.

(4) 모발의 기능

두피 보호, 체온 조절 및 통각·촉각 등을 전달하는 감각 기능, 장식 기능, 배출 기능을 한다.

> **Tip**
> 하루에 눈썹은 0.18mm, 턱수염은 0.38mm, 겨드랑이 모발은 0.30mm 정도로 부위에 따라 성장 속도가 다르다.

(5) 모발의 구조

① 모간부 : 두피 밖으로 나와 있는 모발이다.

명칭		특징
모표피 (Cuticle ; 큐티클)		• 모발의 내부를 감싸고 있는 가장 바깥층 • 비닐 형태로 판상의 세포로 구성된 투명층 • 전체 모발의 10~15%를 차지, 모발이 두꺼울수록 단단하고 저항성이 높음
	에피큐티클 (Epicuticle)	• 얇고 투명한 케라틴 단백질 피막으로 알칼리성 용액 또는 단백질 용해성 약품에 대한 저항이 강함 • 친유성, pH는 약산성 • 수증기는 통과하나 물은 통과하지 못하고, 물리적 작용에 약하며, 모발의 손상도를 측정하는 기준이 됨 • 물리적, 화학적인 외부 자극에 대해 방어막 역할
	엑소큐티클 (Exocuticlr)	• 시스틴의 함량이 많으며, 비정질의 케라틴 단백질층 • 친수성, 모발 전체를 보호하고 단백질 용해성 약품에 강함
	엔도큐티클 (Endocuticlr)	• 세포막복합체(CMC)와 균일한 형상으로 접착, 물에 대한 팽윤성이 큼 • 알칼리제나 환원제에 강한 저항
모피질 (Cortex ; 코텍스)		• 멜라닌 색소를 함유하고 있어서 모발의 색을 결정 • 피질세포(케라틴 단백질)와 세포 간 결합 물질(말단 결합 · 펩티드)로 구성 • 모발의 대부분(85~90%)을 차지
모수질 (Medella ; 메듈라)		• 공동으로 가득 찬 벌집 모양의 다각형 세포가 모발이 자라는 방향으로 평행하여 세로로 나란히 길게 나열 • 모수질이 많은 모발은 웨이브 펌이 잘되고, 모수질이 적은 모발은 웨이브가 잘 형성되지 않음

Tip
• 세포막복합체(CMC) : 모피질 내의 수분과 단백질이 빠져나오거나, 역으로 외부로부터의 수분 및 펌제, 염모제, 탈색제 등의 화학 약품이 모피질 내로 침투하는 통로

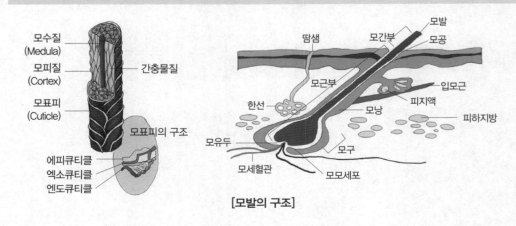

[모발의 구조]

② 모근부 : 두피 아래 모낭 쪽에 있는 모발이다.

구분	특징
모낭 (Hair Follicle)	• 모발을 둘러싸고 있는 주머니 모양의 기관 • 모발 생성을 위한 기본 단위로 모포(毛布)라고도 함 • 손바닥, 발바닥, 입술, 귀두를 제외한 전신의 모든 피부에 분포, 일단 파괴되면 재생 불가능 • 내모근소와 외모근소, 모유두, 기모근, 피지선, 한선 등으로 이루어져 있으며, 표피층에 연결되어 있음
모구 (Bulb)	• 모근부의 구근 모양으로 되어 있는 아랫부분 • 진피의 결합 조직에 묻혀 있고 움푹 팬 부분에는 진피세포층에서 나온 모유두가 들어 있음
모모세포 (Keratinocyte Cell)	• 모유두를 둘러싸고 있으며, 세포 분열이 왕성하여 끊임없이 분열 · 증식을 되풀이 • 모발의 주성분인 케라틴 단백질을 만들어 모발의 형상을 갖추게 함
모유두 (Dermal Papilla)	• 태어날 때부터 숫자가 결정되어 있음 • 모세혈관과 감각신경에 연결되어 있으며, 모모세포에 영양을 공급 • 모유두에서 분열된 세포(Cell Division)가 각화하면서 위쪽으로 모발을 만들어 두피 밖으로 밀려나옴
내모근초 (Inner Root Sheath), 외모근초 (Outer Root Sheath)	• 내모근초는 내측의 모발 주머니로서 외피에 접하고 있는 표피의 각질층인 초표피, 과립층의 헉슬리층, 유극층의 헨레층으로 구성 • 외모근초는 표피층의 가장 안쪽인 기저층에 접하고 있음 • 내모근초와 외모근초는 완전히 각화가 종결될 때까지 모구부에서 발생한 모발을 보호하고 표피까지 운송하는 역할 • 휴지기 상태가 되면 외모근초는 입모근 근처(모구의 1/3 지점)까지 위로 밀려 올라가고, 내모근초는 모발을 표피까지 운송하는 역할을 다한 후 비듬이 되어 두피에서 탈락
입모근 (Arrector Pilorum Muscle)	• 피지선 아래쪽에 붙어 있는 불수의근으로 갑작스러운 기후 변화나 공포감을 느꼈을 때 작용하여 모공을 닫고 체온 손실을 막아 주는 역할 • 입모근이 수축하여 털을 꼿꼿이 바로 세움 • 털 세움근, 기모근, 모발근이라고도 함
피지선 (Sebaceous Gland)	• 모낭 벽에 포도송이처럼 달려 있는 것으로 하루 평균 1~2g 정도의 피지를 분비 • 머리, 얼굴, 가슴, 어깨 등에 잘 발달되어 있고, 두피에 가장 많이 분포 • 피지선이 자율신경계의 지배를 받지 않고 남성 호르몬인 안드로겐의 영향을 받아 과잉 분비되면 피지선이 비대해져 기름기가 많이 끼는 지성이나 지루성 두피로 변하면서 탈모 원인이 됨

2 모발의 성장 주기(Hair Cycle) : 성장기 - 퇴행기 - 휴지기

구분	특징
성장기 (Anagen ; 아나겐)	• 전체 모발의 85~90%를 차지, 3~6년 정도 • 모발은 성장기 초기 단계에서 모모세포로부터 만들어지고, 모유두의 모세혈관으로부터 공급된 영양분으로 성장함 • 영양이나 호르몬 등의 영향을 받아 변화할 수 있음
퇴행기 (Catagen ; 카타겐)	• 전체 모발의 1%를 차지, 약 2~3주 정도 • 모발의 형태를 유지하면서 대사 과정이 느려지는 시기로, 모유두와 분리되고 모낭에 둘러싸여 위쪽으로 올라감 • 세포 분열을 하지 않는 정지 상태, 케라틴을 만들어 내지 않음
휴지기 (Telogen ; 텔로겐)	• 전체 모발의 10~15%를 차지, 약 3~4개월 정도 • 빗질만으로도 모발이 쉽게 탈락되는 시기 • 모유두가 위축되고, 모낭은 차츰 쪼그라들며, 모근은 위쪽으로 밀려 올라가 있음

3 모발의 분류

(1) 굵기에 따른 분류

① 취모(Lanugo Hair ; 배냇머리) : 태내에서 생긴 털로서 모발 중 가장 가늘고 연하다.

② 연모(Vellus Hair ; 솜털)

   ㉠ 모수질이 없고 부드러우며 멜라닌 색소가 적어 갈색을 띠고 있다.

   ㉡ 출생 후 성장함에 따라 부위별로 성모로 바뀐다.

③ 중간모(Intermediate Hair) : 연모와 성모의 중간 굵기의 모발이다.

④ 성모(Terminal Hair ; 종모, 경모) : 굵은 털로 머리카락, 눈썹, 속눈썹, 수염, 겨드랑이를 구성하고 있는 모발이다.

(2) 형상에 따른 분류

① 직모(Straight Hair)

ㄱ 모낭의 형태가 꼿꼿하여 머리카락도 일직선으로 곧게 성장한다.

ㄴ 현미경으로 관찰하면 표면이 원활한 곡면이며, 단면은 원형으로 주로 동양인에게 나타나는 모발 형상이다.

② 파상모(Wavy Hair)

ㄱ 모낭의 한쪽이 약간 굽어 곱슬곱슬한 모발로 성장한다.

ㄴ 현미경으로 관찰하면 만곡되어 있어 굵기가 일정하지 않으며, 단면은 타원형으로 주로 백인에게 나타나는 모발 형상이다.

③ 축모(Kinky Hair)

ㄱ 모낭이 활처럼 한쪽으로 휘어 있어 꼬불꼬불한 형태로 성장하며, 머리카락의 횡단면은 매우 작게 오그라진 타원형 · 삼각형에 가깝다.

ㄴ 아프리카의 흑색 인종 · 코이산인종 · 멜라네시아제족 · 파푸아제족 · 안다만인 등에서 나타나는 모발 형상이다.

01 피부색에 대한 설명으로 옳은 것은?

① 피부의 색은 건강 상태와 관계없다.

② 적외선은 멜라닌 생성에 큰 영향을 미친다.

③ 남성보다 여성, 고령층보다 젊은 연령층에 색소가 많다.

④ 피부의 황색은 카로틴에서 유래한다.

02 B 림프구의 특징으로 틀린 것은?

① 세포 사멸을 유도한다.

② 체액성 면역에 관여한다.

③ 림프구의 20~30%를 차지한다.

④ 골수에서 생성되며 비장과 림프절로 이동한다.

03 계란 모양의 핵을 가진 세포들이 일렬로 밀접하게 정렬되어 있는 한 개의 층으로, 새로운 세포 형성이 가능한 층은?

① 각질층　　　　② 기저층

③ 유극층　　　　④ 망상층

04 신경 조직과 관련된 설명으로 옳은 것은?

① 말초신경은 외부나 체내에 가해진 자극에 의해 감각기에 발생한 신경 흥분을 중추신경에 전달한다.

② 중추신경계의 체성신경은 12쌍의 뇌신경과 31쌍의 척수신경으로 이루어져 있다.

③ 중추신경계는 뇌신경, 척수신경 및 자율신경으로 구성된다.

④ 말초신경은 교감신경과 부교감신경으로 구성된다.

05 정상 피부와 비교하여 점막으로 이루어진 피부의 특징으로 옳지 않은 것은?

① 혀와 경구개를 제외한 입안의 점막은 과립층을 가지고 있다.

② 당김미세섬유사(Tonofilament)의 발달이 미약하다.

③ 미세융기가 잘 발달되어 있다.

④ 세포에 다량의 글리코겐이 존재한다.

01 ④
얼굴의 색은 멜라닌 색소, 혈색소, 카로틴 색소에 의해 결정된다.

02 ①
B 림프구 : 전체 림프구의 20~30%로 특정 항원과 접촉하여 탐식하면서 즉각 공격하지만, 세포 사멸을 유도하지는 않는다.

03 ②
기저층 : 표피 가장 아래에 단층으로 이루어져 있다. 새로운 세포를 형성하고, 핵이 존재하며, 수분은 70% 정도이고, 진피와 인접해 있다.

04 ①
말초신경은 외부 기관과 중추신경계를 연결하고, 외부의 자극을 감지해 중추신경계로 전달하는 역할을 한다.

05 ①
과립층은 각화 과정이 시작되는 층으로 외부 물질로부터 침투하는 수분을 막는다.

PART
3

공중보건학

공중보건학 총론

1 공중보건학의 개념

(1) 공중보건학의 정의와 목적

① 세계보건기구(WHO)의 건강의 정의 : 건강이란 단순히 질병이 없거나 허약하지 않은 상태만을 의미하는 것이 아니라 육체적, 정신적, 사회적 안녕의 완전한 상태를 말한다(WHO, 1948).

> 국민의 기본적 욕구가 만족되는 상태가 사회적 안녕이다.

② 윈슬로우 정의 : 공중보건학이란 조직적인 지역사회의 노력을 통하여 질병을 예방하고 수명을 연장하며, 신체적 · 정신적 건강과 효율을 증진시키는 기술이며, 과학이다.

③ 공중보건의 대상과 목적

  ㉠ 대상 : 개인이 아닌 지역 주민 단위의 다수, 더 나아가 국민 전체를 대상으로 한다.

  ㉡ 공중보건사업의 최소 단위 : 지역사회 주민

  ㉢ 목적 : 질병 예방, 수명 연장, 신체적 · 정신적 건강 증진

④ 공중보건사업의 3대 요소 : 보건교육(가장 효율적인 방법), 보건행정, 보건관계법규

⑤ 공중보건학의 범위 : 목적 달성을 위한 접근 방법은 개인이나 일부 전문가의 노력에 의해서 되는 것이 아니라 조직화된 지역사회 전체의 노력으로 달성 가능하다.

환경 관리 분야	환경위생, 식품위생, 환경보전과 환경오염, 산업보건, 공해
역학 및 질병 관리 분야	역학, 감염병 관리, 기생충 질병 관리, 만성 질병 관리, 비전염성 질병 관리
보건 관리 분야	보건행정, 보건영양, 인구보건, 가족보건, 모자보건, 학교보건, 보건교육, 노인보건, 의료정보, 응급의료, 사회보장제도

> • WHO(World Health Organization ; 세계보건기구)
>   – 본부 : 스위스 제네바
>   – 발족 : 1948년 4월 7일
>   – 우리나라 가입년도 : 1949년 8월 17일 서태평양 지역 65번째로 가입

2 건강과 질병

(1) 건강

① 건강의 정의 : 우리나라 헌법에서는 '건강이란 모든 국민이 마땅히 누려야 할 기본적인 권리이다'라고 하여 건강을 하나의 기본적 개념으로 보고 있다.

② 건강의 수준(종합건강지표) : 비례사망지수, 평균 수명, 보통 사망률

(2) 질병

① 질병의 정의 : 질병이란 심신의 전체 또는 일부가 일차적 또는 계속적으로 장애를 일으켜서 정상적인 생리 기능을 하지 못하는 상태를 말한다. 건강은 병인, 숙주, 환경의 상호 작용이 균형을 유지할 때 성립한다.

② 질병 발생의 3대요인

숙주(Host)	• 숙주의 감수성 및 면역력에 따른 요인 • 연령, 성별, 유전, 직업, 개인위생, 생활 습관, 선천적 · 후천적 저항력, 건강 상태 등
병인(Agent)	• 직접적인 질병요인 • 세균, 곰팡이, 기생충, 바이러스, 열, 햇빛, 온도, 농약, 화학 약품, 스트레스, 노이로제 등
환경(Environment)	• 병인과 숙주를 제외한 모든 요인 • 기상, 계절, 매개물, 생활환경, 경제적 수준, 위생 상태의 차이, 불경기, 직업 등

③ 질병의 예방 단계

㉠ 1차 예방(질병 발생 전 단계) : 환경 개선, 건강 관리, 예방 접종, 안전 관리, 보건 교육 등

㉡ 2차 예방(질병 감염 단계) : 조기 검진, 건강 검진, 악화 방지 및 치료 등

㉢ 3차 예방(불구 예방 단계) : 재활 및 사회 복귀, 적응 등

3 인구보건 및 보건 지표

(1) 양적 문제 및 질적 문제

① 양적 문제

㉠ 3P : 인구(Population), 공해(Pollution), 빈곤(Poverty)

㉡ 3M : 기아(Malnutrition), 질병(Morbidity), 사망(Mortality)

② 질적 문제 : 열성 유전인자의 전파와 역도태 작용, 연령별, 성별, 계층별 간 인구 구성 등의 문제를 일으킨다.

(2) 인구의 구성 형태

① 피라미드형(후진국형, 인구 증가형) : 출생률이 높고 사망률이 낮은 형

② 종형(이상형, 인구 정지형) : 출생률과 사망률이 모두 낮은 형

③ 방추형(선진국형, 인구 감소형) : 평균 수명이 높고 인구가 감소하는 형

④ 별형(도시형, 인구 유입형) : 생산층 인구가 증가하는 형
⑤ 표주박형(농촌형, 인구 유출형) : 생산층 인구가 감소하는 형

> 토마스 R. 말더스는 인구가 기하급수적으로 늘고 생산은 산술급수적으로 늘기 때문에 체계적인 인구 조절이 필요하다고 주장했다.

4 보건지표

(1) 출생 통계

① 조출생률(한 국가의 출생 수준을 표시하는 지표) : 1년간의 총 출생아 수를 당해 연도의 총 인구 수로 나눈 수치를 1,000분비로 나타낸 것이다.

② 일반 출생률 : 15~49세의 가임여성 1,000명당 출생률을 말한다.

(2) 사망 통계

① 조사망률 : 인구 1,000명당 1년 동안의 사망자 수이다.

② 영아 사망률(건강 수준 지표) : 출생아 1,000명당 1년간 생후 1년 미만 영아의 사망률이다.

$$영아\ 사망률 = \frac{연간\ 영아\ 사망자}{연간\ 출생아\ 수} \times 1,000$$

③ 신생아 사망률 : 생후 28일 미만 유아의 사망률이다.

④ 비례사망지수 : 50세 이상의 사망자 수를 백분율(%)로 표시한 지수이다.

$$비례사망지수 = \frac{50세\ 이상\ 사망\ 수}{총\ 사망수} \times 100$$

⑤ 평균 수명 : 생후 1년 미만(0세) 아이의 기대여명이다.

> • 우리나라는 1925년 처음 실시한 이후 매 5년마다 인구 정태를 전국적 규모로 조사한다.
> • 인구 과잉으로 인해 가장 문제시되는 것은 빈곤과 실업이다.

Chapter 02 질병 관리

1 역학

(1) 역학의 정의

① 질병의 관리와 예방을 목적으로 특정 인구 집단이나 특정 지역에서 질병의 발생과 분포를 관찰하고 연구하는 학문이다.

② 감염성 질환과 비감염성 질환 모두를 관찰하고 연구하는 학문이다.

(2) 역학의 종류

① 기술 역학 : 질병의 속성과 질병 발생의 분포, 경향 등을 기술하여 조사하고 연구한다.

② 분석 역학 : 결과를 토대로 하여 의도적으로 계획하고 설정하여 인과 관계를 밝혀내는 것을 말한다.

(3) 역학 조사 순서

환자 진단의 확인 – 역학의 확인 – 발생 일시의 확인 – 유행의 지리적 분포 확인 – 유행의 가설 설정 및 가설의 검증 – 예방 대책 수립과 보고서 작성

2 감염병 관리

(1) 감염병의 정의

병원체의 감염으로 인해 발병되었을 경우 감염성 질환이라고 하고, 감염성 질환이 감염성을 갖고 새로운 숙주에게 전염되는 것을 감염병이라고 한다.

(2) 감염병 발생의 3대 요인

① 병인 : 질병을 일으키는 능력, 숙주로의 침입과 감염 능력이 있다.

② 숙주 : 병원체의 기생으로 인해 영양 물질의 탈취 및 조직 손상 등을 당하는 생물을 말한다.

③ 환경 : 질병 발생에 영향을 미치는 외적 요인이다.

(3) 감염병 발생의 6단계

① 병원체 – 병원소 – 병원소로부터 병원체의 탈출 – 병원체의 전파 – 새로운 숙주로의 침입 – 새로운 숙주의 감수성(감염)

• 감수성 : 숙주에 침입한 병원체에 대항하여 감염이나 발병을 저지할 수 없는 상태

② 병원체 : 숙주에 기생하면서 감염병을 일으키는 미생물이다.

ⓧ 미생물의 종류

세균 (Bacteria)	• 단세포로 된 미생물로서 인간에게 기생하여 질병을 유발하며, 유사 분열이 없음 • 호기성 세균 : 공기 중에서 생육 및 번식하는 세균 • 혐기성 세균 : 공기가 없는 곳에서 생육 및 번식하는 세균 • 세균의 종류 　– 간균(Bacillus) : 작대기 모양(디프테리아, 장티푸스, 결핵균 등) 　– 구균(Coccus) : 둥근 모양(포도상구균, 연쇄상구균, 폐렴균, 임균 등) 　– 나선균(Spirillum) : 입체적인 S형 또는 나선형(콜레라균)

바이러스 (Virus)	• 인체에 질병을 일으키는 병원체 중 가장 크기가 작은 여과성 병원체 • 전자현미경으로 관찰 가능 • 열에 대한 반응이 매우 불안정하여 일반적으로 50~60℃에서 30분간 처리하면 파괴
리케차 (Rickettsia)	• 세균과 바이러스의 중간 크기에 속함 • 세균과 흡사한 화학적 성분을 가지고 있으며, 진핵생물체의 세포에 기생
진균 또는 사상균 (Fungus)	• 곰팡이라고 불리는 것으로서 비병원성으로 자연계에 널리 분포 • 병원체 중에서 가장 큼
원충류 (Protozoa)	• 단세포 동물로서 대체로 중간 숙주에 의해 전파 • 면역이 생기는 일이 드물고 장기간 생존 가능
기생충 (Parasite)	• 주로 입과 피부로 인체에 침입하고, 인체 거의 모든 부위에 기생하지만 소화 기관에 기생하는 것이 많음

ⓛ 미생물의 분류

병원체	소화기계	호흡기계	피부 점막계
세균	장티푸스, 파라티푸스, 콜레라, 파상열, 세균성 이질	결핵, 나병, 디프테리아, 성홍열, 백일해, 수막 구균성, 수막염, 폐렴 등	매독, 임질, 연성하감, 파상풍, 야토병, 페스트 등
바이러스	소아마비, 폴리오, 유행성 간염, 브루셀라증	두창, 인플루엔자, 홍역, 유행성 이하선염 등	AIDS, 트라코마, 일본뇌염, 광견병, 황열 등

ⓒ 리케차 : 발진티푸스, 발진열, 쯔쯔가무시병, 록키산 홍반열 등

ⓔ 수인성(물) 감염병 : 콜레라, 장티푸스, 파라티푸스, 이질, 소아마비, A형 간염 등

ⓜ 기생충 : 말라리아, 사상충, 아메바성 이질, 회충증, 간흡충증, 폐흡충증, 유구조충증, 무구조충증 등

ⓗ 진균 : 백선, 칸디다증 등

ⓢ 클라미디아 : 앵무새병, 트라코마 등

ⓞ 곰팡이 : 캔디디아시스, 스포로티코시스 등

③ **병원소** : 병원체가 증식하면서 생존을 계속하여 다른 숙주에 전파시킬 수 있는 상태로 저장되는 일종의 감염원이다.

㉠ 인간 병원소

건강 보균자	• 감염병 관리에 있어 가장 관리가 어려움 • 병원체를 보유하고 있으나 증상이 없으며 체외로 병원체를 배출 • B형 간염, 폴리오, 일본뇌염
잠복기 보균자 (발병 전 보균자)	• 전염성 질환의 잠복 기간 중에 병원체를 배출 • 홍역, 백일해

회복기 보균자 (병후 보균자)	• 전염성 질환에 걸린 후 치료되었으나 병원균이 몸 안에 남아 있는 보균자 • 세균성 이질
만성 보균자	• 오랫동안 지속적으로 보유하고 있는 자 • 장티푸스, B형 간염, 결핵

    ⓒ 동물 병원소 : 소(결핵, 탄저병, 파상열 등), 돼지(일본뇌염, 살모넬라증, 파상열, 탄저병 등), 양(탄저병, 파상열 등), 개(광견병·공수병, 톡소플라스마증 등), 쥐(페스트, 발진열, 서교증, 양충병, 쯔쯔가무시병, 살모넬라증, 와일씨병 등), 고양이(톡소플라스마증, 살모넬라증 등), 말(유행성 뇌염, 탄저병, 살모넬라증 등), 토끼(야토병)

> **Tip**
> 인간 병원소는 격리를 원칙으로 하고 동물 병원소는 제거를 원칙으로 한다.

    ⓒ 토양 병원소 : 파상풍, 렙토스피라균, 탄저균, 오염된 토양 등이 있다.

④ **인수 공통 감염병**

    ㉠ 감염병 가운데 동물과 사람 간 상호 전파되는 병원체에 의해 발생하는 감염병을 말한다.

    ⓒ WHO는 200여 종을 지정하였고, 우리나라는 32종을 지정하였다.

    ⓒ 소(결핵), 개(공수병·광견병), 쥐(페스트), 양·소·말·돼지(탄저), 고양이·돼지·쥐(살모넬라), 돼지(돈단독, 선모충, 일본뇌염, 유구조충), 쥐(페스트, 발진열, 와일씨병, 양충병, 서교증), 산토끼(야토병), 돼지·양·개·사람(열병)·동물(유산 시)(파상열·브루셀라), 원숭이(황열)

⑤ **병원소로부터 병원체의 탈출**

    ㉠ 호흡기 계통으로 탈출(기침, 대화, 재채기를 통해 전파) : 폐결핵, 폐렴, 백일해, 홍역, 수두, 천연두 등

    ⓒ 소화기 계통으로 탈출(위 장관을 통해 분변이나 토사물에 의해 탈출) : 이질, 콜레라, 장티푸스, 소아마비 등

    ⓒ 비뇨·생식기 계통으로 탈출 : 소변이나 분변, 토사물을 통해 탈출

    ⓔ 개방병소로 탈출(상처 또는 발병 부위에서 병원체가 직접 탈출) : 농약, 피부병, 옴

    ⓜ 기계적 탈출(곤충의 흡혈이나 주사기 등을 통한 탈출) : 발진티푸스, 발진열, 말라리아 등

⑥ **감염병의 전파**

    ㉠ 직접 전파 : 병원체가 직접 전파되는 것이다.

      • 직접 접촉 감염 : 성병, 피부병, 임질, 매독

      • 비말 감염(기침, 재채기로 감염) : 결핵, 홍역, 유행성 이하선염, 인플루엔자

    ⓒ 간접 전파 : 매개체를 통해 간접적으로 전파되는 것이다.

      • 공기·진애 감염(호흡기를 통해 감염) : 디프테리아, 결핵, 발진티푸스, 두창

      • 물에 의한 감염(오염된 물을 통해 감염) : 장티푸스, 파라티푸스, 콜레라, 이질

- 토양에 의한 감염(동물의 배설물이나 사체 등으로 오염된 토양을 통해 감염) : 파상풍균, 비탈저균
- 식품에 의한 감염(오염된 식품을 통해 감염) : 장티푸스, 파라티푸스, 이질, 콜레라, 야토병
- 개달물에 의한 감염(수건, 의류, 침구류, 완구, 서적 등에 의한 감염) : 결핵, 트라코마, 비탈저, 디프테리아, 두창
- 절지동물(해충)에 의한 감염

모기	일본뇌염, 사상충증, 황열(말레이), 말라리아, 뎅기열
파리	수면병, 장티푸스, 파라티푸스, 세균성 이질, 콜레라, 결핵, 폴리오
이	발진티푸스, 재귀열, 페스트
벼룩	발진열, 페스트
바퀴	콜레라, 장티푸스, 이질, 소아마비
쥐	재귀열, 발진열, 페스트, 서교증, 와일씨병, 유행성 출혈열

- 1주 이내 잠복기를 갖는 감염병 : 콜레라(호열자), 이질, 성홍열, 뇌염(유행성 일본뇌염), 파라티푸스, 황열, 디프테리아, 인플루엔자(겨울독감)
- 1~2주 잠복기를 갖는 감염병 : 발진티푸스, 백일해, 홍역, 두창(천연두), 풍진, 유행성 이하선염(볼거리), 장티푸스, 수두, 폴리오(소아마비, 급성 회백수염) 등
- 잠복기가 긴 감염병 : 나병(한센병, 문둥병), 결핵, 공수병(광견병) 등

(4) 면역의 종류와 질병

① 자연 능동 면역 : 홍역, 장티푸스
② 인공 능동 면역(백신, 톡소이드) : BCG(결핵), 홍역, 폴리오, 장티푸스, 파상풍, 디프테리아
③ 자연 수동 면역 : 태반(폴리오, 홍역, 디프테리아), 모유
④ 인공 수동 면역 : 면역혈청, 글로불린, 항독소

(5) 백신의 종류와 질병

① 생균 백신 : 병원성 미생물의 독력을 약하게 하여 만든 생균의 현탁액을 사용하며, 결핵, 두창, 폴리오, 홍역, 황열, 풍진, 광견병, 탄저병, 수두, 일본뇌염 등에 이용한다.
② 사균 백신 : 미생물을 물리적·화학적인 방법으로 죽여 만든 백신을 사용하며, 파라티푸스, 콜레라, 폴리오, 페스트, 장티푸스, 일본뇌염, 백일해, B형 감염, 인플루엔자 등에 이용한다.
③ 순화 독소 : 세균의 체외 독소를 변질시켜 독성을 약하게 만든 백신을 사용하며, 디프테리아, 파상풍 등에 이용한다.

(6) 예방 접종

접종 시기	종류	접종 시기	종류
0~1주	B형 간염	12~15개월	MMR(홍역, 볼거리, 풍진)
0~4주	BCG(결핵)	18개월	DTaP
2개월	B형 간염, 폴리오, DTaP(디프테리아, 파상풍, 백일해)	3세	일본뇌염
4개월	폴리오, DTaP	4~6세	폴리오, DTaP, MMR
6개월	폴리오, DTaP	14~16세	Td

Tip

예방 접종에는 생균 백신, 사균 백신, 톡소이드가 이용된다.

(7) 우리나라 중요 법정 감염병

※ 2020.1.1. 시행

제1급 감염병 (즉시 신고)	• 생물테러감염병 또는 치명률이 높거나 집단 발생의 우려가 커서 발생 또는 유행 즉시 신고해야 하고, 음압격리와 같은 높은 수준의 격리가 필요한 감염병. 다만, 갑작스러운 국내 유입 또는 유행이 예견되어 긴급한 예방·관리가 필요하여 보건복지부장관이 지정하는 감염병을 포함 • 17종 : 에볼라바이러스병, 마버그열, 라싸열, 크리미안콩고출혈열, 남아메리카출혈열, 리프트밸리열, 두창, 페스트, 탄저, 보툴리눔독소증, 야토병, 신종감염병증후군, 중증급성호흡기증후군(SARS), 중동호흡기증후군(MERS), 동물인플루엔자 인체감염증, 신종인플루엔자, 디프테리아
제2급 감염병 (24시간 이내 신고)	• 전파 가능성을 고려하여 발생 또는 유행 시 24시간 이내에 신고해야 하고, 격리가 필요한 감염병. 다만, 갑작스러운 국내 유입 또는 유행이 예견되어 긴급한 예방·관리가 필요하여 보건복지부장관이 지정하는 감염병을 포함 • 21종 : 결핵, 수두, 홍역, 콜레라, 장티푸스, 파라티푸스, 세균성이질, 장출혈성대장균감염증, A형간염, 백일해, 유행성이하선염, 풍진, 폴리오, 수막구균 감염증, b형헤모필루스인플루엔자, 폐렴구균 감염증, 한센병, 성홍열, 반코마이신내성황색포도알균(VRSA) 감염증, 카바페넴내성장내세균속균종(CRE) 감염증, E형간염
제3급 감염병 (24시간 이내 신고)	• 그 발생을 계속 감시할 필요가 있어 발생 또는 유행 시 24시간 이내에 신고해야 하는 감염병. 다만, 갑작스러운 국내 유입 또는 유행이 예견되어 긴급한 예방·관리가 필요하여 보건복지부장관이 지정하는 감염병을 포함 • 27종 : 파상풍, B형간염, 일본뇌염, C형간염, 말라리아, 레지오넬라증, 비브리오패혈증, 발진티푸스, 발진열, 쯔쯔가무시증, 렙토스피라증, 브루셀라증, 공수병, 신증후군출혈열, 후천성면역결핍증(AIDS), 크로이츠펠트-야콥병(CJD) 및 변종크로이츠펠트-야콥병(vCJD), 황열, 뎅기열, 큐열(Q熱), 웨스트나일열, 라임병, 진드기매개뇌염, 유비저, 치쿤구니야열, 중증열성혈소판감소증후군(SFTS), 지카바이러스 감염증, 매독

제4급 감염병 (7일 이내에 신고)	• 제1급 감염병부터 제3급 감염병까지의 감염병 외에 유행 여부를 조사하기 위하여 표본 감시 활동이 필요한 감염병 • 22종 : 인플루엔자, 회충증, 편충증, 요충증, 간흡충증, 폐흡충증, 장흡충증, 수족구병, 임질, 클라미디아감염증, 연성하감, 성기단순포진, 첨규콘딜롬, 반코마이신내성장알균(VRE) 감염증, 메티실린내성황색포도알균(MRSA) 감염증, 다제내성녹농균(MRPA) 감염증, 다제내성아시네토박터바우마니균(MRAB) 감염증, 장관감염증, 급성호흡기감염증, 해외유입기생충감염증, 엔테로바이러스감염증, 사람유두종바이러스 감염증
기생충 감염병	• 기생충에 감염되어 발생하는 감염병 중 질병관리청장이 고시하는 감염병

• 잠복기가 가장 긴 감염병 : 결핵
• 잠복기가 가장 짧은 감염병 : 콜레라
• 가장 많이 발생하는 감염병 : 홍역
• 검역 감염병의 감시(격리) 시간 : 콜레라(120시간), 페스트(144시간), 황열(144시간), 중증 급성 호흡기증후군(240시간)

(8) 전염 경로와 증세 및 예방 대책

콜레라	전염 경로	경구 감염(손, 음식물)
	증세	설사와 구토, 두드러기, 근육경련
장티푸스	전염 경로	경구 감염
	증세	복부통, 발열
파라티푸스	전염 경로	경구 감염
	증세	발열, 식중독과 같은 증세
세균성 이질	전염 경로	경구 감염
	증세	오한, 오열, 복통, 설사
두창 (천연두)	전염 경로	직접 및 간접 접촉 감염
	증세	오한과 발진
디프테리아	전염 경로	접촉 및 비말 감염
	증세	발열 및 심장마비
페스트 (흑사병)	전염 경로	접촉 전염, 비말 전염(쥐나 벼룩)
	증세	오한, 두통, 고열
발진티푸스 (리케차)	전염 경로	접촉 전염(이)
	증세	고열, 발열, 두통, 사지통

폴리오 (유행성 소아마비)	전염 경로	경구 감염(음식물, 파리나 손으로 오염된 음식물이 입을 통해 전염)
	증세	사지통 및 근육마비, 호흡곤란
백일해	전염 경로	비말 전염
	증세	어린이에게 많음
광견병 (공수병)	전염 경로	광견병에 걸린 개에게 물린 동물의 타액을 통해 전염
	증세	경련 및 호흡마비, 사망
발진열 (리케차)	전염 경로	쥐, 벼룩의 경피 감염
	증세	고열, 발열, 두통, 사지통
성병	전염 경로	직접 접촉 감염
	종류	임질, 매독, 연성하감, 서경림파육아종, 임질(가장 많은 것으로 60~70% 차지)

3 기생충 질환 관리

(1) 선충류 : 소화기 · 근육 · 혈액 등에 기생

회충	특징	우리나라 기생충 중 가장 많이 발생, 소장에서 기생
	전파 경로	경구 감염 (씻지 않은 야채 생식, 불결한 손, 파리 등이 매개)
구충 (십이지장충)	특징	소장에서 기생
	전파 경로	오염된 흙 위를 맨발로 다닐 경우 경피 · 경구 감염 (경피 감염은 피부를 통해, 경구 감염은 야채에 붙어서 감염)
요충	특징	맹장에서 기생, 항문 주위에 산란, 어린이들에게 집단 발생 요인 높음
	전파 경로	경구 감염과 집단 감염
편충	특징	전 세계적으로 분포, 소장에서 부화, 대장과 맹장에 정착
	전파 경로	중요한 매개물은 야채, 대부분 회충과 함께 감염
사상충	특징	임파 조직, 혈액에 기생
	전파 경로	모기에 의해 감염

(2) 흡충류 : 숙주의 간, 폐 등 기관 등에 흡착하여 기생

간 흡충증 (간디스토마)	특징	민물고기의 생식이나 오염된 물 · 조리 기구를 통해 감염
	전파 경로	제1 중간 숙주(우렁이) → 제2 중간 숙주(민물고기)
폐 흡충증 (폐디스토마)	특징	민물참게, 가재의 생식으로 감염
	전파 경로	제1 중간 숙주(다슬기) → 제2 중간 숙주(참게, 참가재)
장 흡충증	특징	동남아에서 주로 발견, 인간의 소장에서 기생
	전파 경로	수생 식물(연꽃 뿌리 등 물에서 자라는 식물)에 형성된 포낭을 생식한 경우 감염
요코가와 흡충증	특징	감염된 은어 또는 황어를 날것으로 먹을 때 감염
	전파 경로	제1 중간 숙주(다슬기, 어패류) → 제2 중간 숙주(민물고기, 은어, 잉어, 황어)

(3) 조충류 : 주로 숙주의 소화 기관에 기생

무구조충증 (민촌충)	특징	복통, 설사, 구토, 소화 장애, 장폐쇄 등 유발
	전파 경로	감염된 소고기 생식, 불충분하게 가열 · 조리한 음식물 섭취
유구조충증 (갈고리촌충)	특징	설사, 구토, 식욕 감퇴, 호산구증가증 등 유발
	전파 경로	유충에 감염된 돼지고기 생식, 불충분하게 가열 · 조리한 음식물 섭취
광절열두조충증 (긴촌충)	특징	소장에서 기생
	전파 경로	제1 중간 숙주(물벼룩) → 제2 중간 숙주(담수어 : 송어, 연어)
아나사키스충	특징	고래, 바다표범 등의 포유동물 위에 기생
	전파 경로	대구, 고등어, 가다랑이 등에 의해 감염

(4) 원충류

아메바성 이질	특징	설사(점액질이 많은 점혈변), 만성으로 이행하면 간농양 유발
	전파 경로	오염된 물이나 음식 등에 의해 경구 감염
질트리코모나스 (대하증)	특징	남자의 전립선이나 요도, 여자의 질 등에 기생
	전파 경로	성 접촉, 목욕탕, 변기, 수영장을 통해 감염

4 성인병 관리

(1) 동맥경화와 심장병

① **동맥경화** : 혈관에 지방, 콜레스테롤, 중성 지방 등의 침착으로 혈관이 좁아져 혈액순환이 원활하지 못할 때 생기는 질환이다.

② **허혈성 심장 질환** : 심장에 산소와 영양을 공급하는 관상동맥이 좁아지거나 심근이 기능을 제대로 못할 때 생기는 질환이다.

③ **협심증** : 심근에 산소가 부족해 통증을 일으키는 질환이다.

④ **심근경색증** : 관상동맥의 한 가닥이 완전히 막히면 그 동맥으로 산소를 공급받던 심근의 일부가 괴사되는 질환이다.

⑤ **급성 심근경색증** : 협심증 등 전구 증상을 가지고 있는 경우 심한 흉통, 어깨, 목 부위로 통증 방사, 숨 가쁨, 식은땀이 나는 질환이다.

⑥ **관상동맥성 심장 질환** : 협심증, 심근경색증, 급사 질환이다.

(2) 고혈압

① 성인의 경우 최고혈압 150~160mmHg 이상, 최저혈압 90~95mmHg 이상을 고혈압이라 한다.

② 신장 질환, 대혈관의 변화, 호르몬 이상에 의한 질환이나 극도의 정신 불안 또는 긴장 상태에서 유래하고, 그밖에 과도한 지방 섭취, 운동 부족 등 잘못된 생활 습관으로 인하여 생기기도 한다.

③ **예방** : 채식 위주의 식사와 소식, 동물성 지방 섭취 제한, 콜레스테롤 함유 식품 섭취 제한, 저염식 섭취 등으로 예방할 수 있다.

(3) 뇌졸중

① 뇌동맥 이상으로 혈관이 파괴되어 발생한다.

② 반신의 수족이 마비되고 말을 하지 못하게 되거나 의식 장애를 일으켜 쓰러지는 질환이다.

③ **예방** : 고혈압, 당뇨병, 심장병의 예방이 중요하고, 콜레스테롤 함유 식품 제한, 단 음식 섭취 제한, 식염이 많은 음식 섭취 제한, 규칙적인 운동 등으로 예방할 수 있다.

(4) 당뇨병

① 췌장에서 분비되는 인슐린의 부족에 의해 생기는 대사 장애로, 혈액 중 포도당 수치가 지나치게 높은 질환이다.

② 인체의 혈당을 조절하는 인슐린의 분비가 감소하거나 조직에서 인슐린 작용이 저하되어 고혈당과 요당을 나타낸다.

③ **예방** : 정상 체중 유지, 조기 발견 · 치료가 중요하다.

(5) 암

① 정상 세포와 달리 비정상적인 세포가 성장·증식하여 정상 조직을 파괴하는 질병이다.

② 원발 부위에서 다른 부위로 전이되어 그 조직을 파괴시키는 질환이다.

③ 예방 : 정기적인 건강 검진, 항산화제 섭취, 규칙적인 운동, 금연, 과도한 스트레스를 피한다.

> 흡연은 콜라겐과 엘라스틴의 파괴로 인한 피부 건조 및 피부 노화 촉진, 일산화탄소가 헤모글로빈과
> 결합하여 발생하는 체내 산소 결핍으로 인한 혈색 저하 및 색소 침착, 유해 물질의 피부 흡착에 의한
> 피부 트러블, 혈관 축소 및 산소량 결핍으로 인한 피부 재생 능력 저하 등을 일으킬 수 있다.

5 정신보건

(1) 정신보건의 개념

일상생활에서 언제나 독립적, 자주적으로 처리해 나갈 수 있고 질병에 대한 저항력이 있으며, 원숙한 가정생활과 사회생활을 할 수 있는 정신적 성숙 상태를 뜻한다(WHO).

(2) 정신보건의 목표

정신보건은 개인의 정신적 장애를 예방하고 치료하여 개인은 물론 사회를 정신적으로 건강하게 유지하고 증진시키는 데 목적이 있다.

> 우리나라 정신보건법은 1997년 12월 구 정신보건법 전문개정, 1998년 4월 1일부터 시행되었다.

Chapter 03 가족 및 노인보건

1 가족보건

(1) 모자보건

모성의 생명과 건강을 보호하고 건전한 자녀의 출산과 양육을 도모함으로써 국민의 보건 향상에 기여하는 것을 목적으로 하며, 임산부 또는 영유아에게 전문적 의료 봉사를 함으로써 정신적·신체적 건강을 유지하게 하는 것을 사업 대상으로 한다. 〈모자보건법(1973.02.08.)〉

(2) 모자보건 대상

임신, 출산 및 수유 기간의 모성과 취학 전(6세)까지의 영유아를 대상으로 한다.

(3) 모자보건의 3대 목표

산전 보호 관리, 산욕 보호 관리, 분만 보호 관리

(4) 모자보건 수준 지표

출생률, 사망률, 신생아(4주 이내) 사망률, 영아(1년) 사망률, 모성 사망률 등

(5) 모성 사망의 중요 질병과 이상

① 임신 중독증

    ㉠ 임신 8개월 이후에 주로 발생하는 임신과 합병된 고혈압성 질환이다.

    ㉡ 부종, 단백뇨, 고혈압의 3대 증세가 발생한다.

    ㉢ 임산부 사망의 최대 원인이자 유산, 조산, 사산 등의 주요 원인이다.

② 자궁 외 임신

    ㉠ 난관 임신으로 난소 및 복강 임신이 있을 수도 있다.

    ㉡ 임균성 및 결핵성 난관염과 인공유산 후의 염증 등이 원인이다.

③ 유산, 조산, 사산

    ㉠ 유산 : 임신 28주(7개월) 이전의 분만

    ㉡ 조산 : 임신 28~38주 사이의 분만

    ㉢ 사산 : 죽은 태아를 분만하는 것

④ **산후 출혈** : 분만 후 24시간 내에 발생하는 과도한 출혈을 말한다.

(6) 영유아보건

① 모자보건법

    ㉠ 영유아란 출생 후 6세 미만의 아이를 말하며, 영유아보건사업의 목적을 달성하기 위해서는 건강 상담, 영양 지도, 예방 접종 등의 방법이 필요하다.

    ㉡ 영유아 사망의 3대 원인 : 폐렴, 장티푸스, 위병

② 영유아의 구분 및 주산기와 산욕기

    ㉠ 신생아 : 생후 28일 미만의 영유아

    ㉡ 초생아 : 생후 7일 이내의 아이

    ㉢ 영아 : 생후 1년 이내의 아이

    ㉣ 유아 : 생후 4년 이내의 아이

    ㉤ 영유아 : 출생 후 6년 미만의 아이

    ㉥ 조산아 : 체중 2.5kg 이하의 저체중아와 임신 28주 이내에 출생한 영아

    ㉦ 주산기 : 임신 28주 이상~생후 7일 미만

    ㉧ 산욕기 : 분만 후 6주까지

(7) 가족 계획

① **모자보건법** : 가족의 건강과 가정 경제의 향상을 위해 수태 조절에 관한 전문적인 의료 서비스와 계몽 또는 교육을 하는 사업이다.

② **가족 계획의 목적**

  ㉠ 원치 않는 아이의 출산을 방지하는 것이다.

  ㉡ 자녀 수 조절, 출산 간격 조절, 이상적인 가족 계획, 모자의 건강 도모, 출산 자녀의 양육, 가정의 복지 증진 등을 목적으로 한다.

③ **가족 계획 시 고려사항** : 결혼, 초산 연령, 자녀 수, 출산 횟수, 출산 간격, 육아 계획, 국민 경제, 인구 조절 등

2 노인보건

(1) 노인복지법

연령 만 65세 이상인 사람의 건강 유지, 의료 보장, 사회 보장, 부양, 소득 등에 대한 전반적인 문제를 해결하는 것에 의의가 있다.

(2) 노인보건의 목적

① 65세 이상 노인에게 적합한 각종 운동 프로그램을 통해 신체적 기능 상태를 활발히 한다.

② 노인에게 적합한 건강 검진 사업을 통해 신체적 및 정신적 기능 상태의 하락, 위험 요소를 조기에 발견, 제거시킴으로써 전반적인 건강 수준을 유지한다.

(3) 노령화의 사회적 문제

① **빈곤 문제** : 핵가족화와 인구 도시화로 인해 노인의 단독 세대가 발생하는 빈곤 문제이다.

② **의료 대책 문제** : 노인보건 의료 대책의 미비로 인해 노인의 건강 문제는 노인 복지의 중요한 과제이다.

③ **주택 보장 정책의 미비** : 노년기 일상생활 능력의 저하를 고려하여 노인에게 맞게 설계된 노인 주택에 대한 요구가 증가하고 있다.

④ 여가 활용의 기회를 제한 : 노후의 여가 시간은 증가하고 있으나, 노인을 위한 다양한 프로그램은 여전히 부족하다.

Chapter 04 산업보건

1 산업보건의 개념

(1) 산업보건의 정의

산업보건은 모든 산업장의 근로자들이 정신적 · 육체적으로 건강한 상태에서 높은 작업 능률을 유지하며 오래 작업할 수 있도록 하고, 동시에 생산성을 높이기 위하여 근로자의 근로 방법 및 생활 조건을 어떻게 관리 · 정비해 나갈 것인가를 연구하는 학문이자 기술이다.

(2) 산업보건의 목표

1950년 세계보건기구(WHO)와 국제노동기구(ILO)의 산업보건합동위원회의 정의에 따르면, 산업보건은 근로자의 육체적 · 정신적 및 사회적 복지를 최고도로 유지 · 증진시키고 사업장의 환경 관리를 철저히 하여 유해 요인에 기인한 손상을 사전에 예방하며, 합리적인 노동 조건을 선정함으로써 건강 유지를 도모하고 정신적 · 육체적 적성에 맞는 직종에 종사하게 함으로써 사고를 예방하고 작업 능률을 최대한으로 올리는 것을 기본 목표로 삼고 있다.

(3) 소년 및 여성 근로자의 보호

① 우리나라 근로기준법 : 13세 미만 자는 근로자로 채용하지 못하며, 임신 중이거나 산후 1년이 지나지 아니한 여자와 18세 미만 자는 도덕상 또는 보건상 유해하거나 위험한 사업에 채용하지 못한다.
② 근로 시간 : 휴식 시간을 제외하고 1일 8시간씩 1주일 40시간을 초과할 수 없다.

(4) 시기별 재해 발생

① 계절 : 여름(7~9월)과 겨울(12~2월)에 많이 발생한다.
② 주일 : 목요일과 금요일에 많이 발생하고, 토요일에는 감소한다.
③ 시간 : 오전에는 업무 시작 약 3시간 경과 후, 오후에는 업무 시작 약 2시간 경과 후에 많이 발생한다.

(1) 재해의 정의

산업안전보건법에서는 '근로자가 업무에 관계되는 건물, 설비, 원재료, 가스, 증기, 분진 등에 의하거나, 작업 기타의 업무에 기인하여 사망 또는 부상하거나 질병에 이환되는 것'으로 산업 재해를 규정하고 있다.

(2) 직업에 따른 직업병

원인	질병
고열환경(이상기온)	열경련, 열사병, 열쇠약증, 열탈허증
저온환경(이상저온)	참호족염, 동상, 동창
고압환경(이상기압)	잠함병
저압환경(이상저압)	고산병
조명 불량	안정피로, 근시, 안구진탕증
소음	직업성 난청
분진	진폐증(먼지), 규폐증(유리규산), 석면폐증(석면), 활석폐증(활석), 탄폐증(연탄)
방사선	조혈 기능 장애, 피부 점막의 궤양과 암 형성, 생식기 장애, 백내장
자외선 및 적외선	피부 및 눈의 장애
납(Pb)	빈혈, 근육계통 · 신경계통 · 위장계통 장애, 소변에서 코프로포피린(Coproporphyrin) 검출, 염기성 과립적혈구 수치 증가, 요독증 등
수은(Hg)	미나마타병의 원인 물질로 언어 장애, 근육 경련, 두통, 구내염 등
크롬(Cr)	인두염, 비염, 비중격 천공 등
카드뮴(Cd)	이타이이타이병의 원인 물질로 폐기종, 단백뇨, 골연화 등

Chapter 05 환경보건

1 환경보건의 개념

(1) 환경보건

환경오염과 유해 화학 물질 등이 사람의 건강과 생태계에 미치는 영향을 조사하고 평가하여 이를 예방하고 관리하는 것을 말한다.

(2) 환경 위생

인간의 신체 발육, 건강 및 생존에 어떤 해로운 영향을 미치거나 미칠 가능성이 있는 인간의 물리적 생활 환경에 있어서의 모든 요소를 통제하는 것을 말한다(WHO).

① 자연적 환경 : 공기, 토지, 광선, 물, 음행 등

② 생물학적 환경 : 설치류, 모기, 파리 등의 위생 해충 등

③ 사회적 환경 : 의복, 식생활, 주거 위생, 정치, 경제, 종교, 교육, 문화예술 등

2 대기 환경

(1) 공기(Air)

① 구성 성분 : 질소 78%, 산소 21%, 아르곤 0.93%, 이산화탄소 0.03%, 기타 0.04%

  ㉠ 산소(O)

  • 호흡에서 가장 중요하며, 성인 1일 산소 소비량은 500~700L 정도

  • 14% 이하 시 저산소증, 11% 이하 시 호흡 곤란, 7% 이하 시 질식사

  • 산소 중독증 : 산소 과잉 시 폐부종, 호흡 억제, 폐출혈, 흉통 유발

  ㉡ 질소(N)

  • 공기 중 비율이 가장 많은 78%의 양을 차지

  • 평상시 1기압, 자극 작용 시 3기압 이상, 마취 작용 시 4기압 이상, 10기압 이상 시 의식 소실

  • 고압 환경에서 감압 시 잠함병(잠수병)을 유발

  • 수소와 반응시켜 암모니아를 만드는 암모니아 합성에 가장 많이 사용되며, 암모니아로부터 질산 · 비료 · 염료 등 많은 질소 화합물 제조

> **Tip**
> • 잠함병 : 잠수병, 케이슨병이라고도 하며, 깊은 바닷속은 수압이 매우 높기 때문에 호흡을 통해 몸속으로 들어간 질소 기체가 체외로 잘 빠져나가지 못하고 혈액 속에 용해되면서 통증을 유발

© 이산화탄소(CO_2)
- 실내 공기 오염의 지표
- 서한량(실내 공기 허용 한계) : 0.1%(1,000ppm, 8시간 기준) 정도
- 7% 이상이면 호흡 곤란을 유발하고 10% 이상이면 질식사
- 사람의 실내 밀집도가 높아질수록 증가
- 소화제, 청량음료, 드라이아이스(Dry Ice)에 사용

- 군집독 : 다수인이 밀폐된 실내에서 장시간 밀집해 있을 때 이산화탄소 증가, 산소 감소, 유해 가스 발생 등으로 불쾌감, 두통, 현기증, 구토 등 생리적 이상 현상을 일으킴

② 공기의 유해 성분
㉠ 일산화탄소(CO)
- 무색, 무취, 무미로 공기보다 가벼움
- 물체가 타기 시작할 때와 꺼질 때, 불완전 연소 시 발생
- 헤모글로빈과의 친화성이 산소보다 높아 저산소증을 초래
- 서한량 : 0.01%(100ppm, 8시간 기준)이며, 0.1%(1,000ppm) 이상이면 생명이 위험
- 고압 산소 요법을 사용해서 치료
㉡ 아황산 가스(SO_2)
- 대기 오염의 측정 지표
- 중유의 연소 과정에서 발생하며, 도시 공해의 주범
- 대기 오염 측정 지표(0.02ppm) : 스모그 경보 기준
- 허용치 : 0.05ppm(연간 평균치), 0.15ppm(24시간 평균치)
- 금속 부식, 자극성 취기, 점막의 염증, 호흡 곤란, 기관지염 등 발생
㉢ 오존(O_3)
- 지상으로부터 24~48km 상공에 오존층이 지구를 둘러싸고 있음
- 오존층의 오존 함량은 10ppm, 환경 기준은 0.1ppm
- 프레온 가스가 오존층 파괴의 주원인
- 오존 농도가 정상 공기 중 0.02ppm 전후인 경우 오존 경보 제도를 실시
③ 공기의 자정 작용
㉠ 희석 작용 : 악취나 미세 물질의 양을 감소시키는 작용이다.
㉡ 세정 작용 : 강우, 강설 등에 의한 분진이나 용해성 가스의 제거·감소 작용이다.
㉢ 산화 작용 : 공기 중의 산소, 오존, 과산화수소 등에 의한 화학 작용이다.
㉣ 살균 작용 : 태양광선 중 자외선에 의한 살균 작용이다.
㉤ 탄소 동화 작용 : 식물에 의한 이산화탄소 교환 작용이다.

(2) 대기 오염

① 대기 오염의 발생 원인

　㉠ 산업의 다양화, 공업의 급진적 발전, 교통 기관의 증가 등이 원인이다.

　㉡ 각종 연료의 연소 과정, 화학 물질의 화학 반응 과정, 물질의 물리적 변화 과정에서 발생한다.

② 1차 오염 물질

　㉠ 입자상 물질 : 대기 중에 존재하는 미세한 크기의 고체 및 액체의 입자를 말한다.

　㉡ 분진(Dust) : 일반적으로 미세한 독립 상태의 액체 또는 고체상의 알맹이를 뜻한다.

　㉢ 매연(Smoke) : 연료가 연소할 때 완전히 타지 않고 남는 고체 물질이다.

　㉣ 미스트(Mist) : 가스나 증기의 응축에 의하여 생성된 대략 2~200㎛ 크기의 입자상 물질로 매연이나 가스상 물질보다 입자가 크다.

　㉤ 흄(Fume) : 보통 광물질의 용해나 산화 등의 화학 반응에서 증발한 가스가 대기 중에서 응축하여 생기는 0.001~1㎛의 고체 입자이다.

③ 2차 오염 물질

　㉠ 오존 : 무색의 자극성 기체로, 낮은 농도에서도 눈과 목에 자극 증상을 일으킬 수 있다.

　㉡ PAN류 : PAN, PPN, PBN 등이 있으며, 무색의 자극성 액체이다.

　㉢ 알데히드 : 강한 자극성이 있는 가스이다.

　㉣ 스모그 : 대기 중의 안개 모양으로 존재하는 대기 오염 상태이다.

> **Tip**
> - 열섬 현상 : 도심의 공기 상승으로 인해 찬바람이 지표로 유입되면서 먼지 등의 오염이 심한 도심 먼지 지붕 형태의 현상
> - 산성비 : 대기 중 산 농도가 pH 5.6 이하인 비를 말하며, 금속 부식, 석조 건물 부식, 농작물과 삼림을 황폐화시키는 주원인
> - 스모그 현상 : 바람이 불지 않는 상태가 지속될 때 주로 대도시나 공장 지대의 굴뚝에서 배출되는 연기 또는 자동차의 배기가스 등이 지표 가까이 쌓여 안개처럼 보이는 현상
> - 엘리뇨 현상 : 일종의 해수 온난화 현상으로, 수년마다 주기적으로 수온이 평소보다 높아지는 현상

(3) 일광

① 자외선(태양광선의 약 5%)

　㉠ 파장 범위 : 200~400nm(2,000~4,000Å)

　㉡ 살균 작용이 가장 강한 범위 : 260nm(2,600Å)

　㉢ 비타민 D 형성을 촉진시켜 구루병 예방, 적혈구·백혈구 생성 촉진, 혈소판 증가, 혈압 강하 작용을 한다.

　㉣ 피부의 멜라닌 색소 침착, 홍반, 피부암 등을 발생시키며, 결막염, 각막염을 유발한다.

　㉤ 수술실, 무균실, 조리실, 제약실, 이·미용실 기계 소독 등에 사용된다.

② 가시광선(태양광선의 약 34%)
- ㉠ 파장 범위 : 400~700nm(4,000~7,000Å)
- ㉡ 가장 강하게 느껴지는 범위 : 5,500Å
- ㉢ 망막을 자극하여 색채와 명암을 구별한다.

③ 적외선(열선, 태양광선의 약 52%)
- ㉠ 파장 범위 : 780nm(7,800Å) 이상
- ㉡ 강한 열 작용을 하여 열선이라고도 한다.
- ㉢ 지상에 복사열을 주어 온실 효과를 초래하고 백내장, 일사병(열사병), 열경련, 현기증 등을 유발한다.
- ㉣ 근적외선 : 75,000~15,000Å, 물 투과
- ㉤ 중적외선 : 15,000~3,0000Å, 유리 투과
- ㉥ 원적외선 : 30,000~1,000,000Å, 형석, 암염 투과

(4) 기후

① 기온(온도)
- ㉠ 쾌감 온도(18±2℃), 거실(18±2℃), 침실(15±2℃), 병실(21±2℃)
- ㉡ 일교차 : 내륙 > 해안 > 산림 지대
- ㉢ 연교차 : 한대 > 온대 > 열대
- ㉣ 적정 실내·외 온도차 : 5~7℃
- ㉤ 1일 최저 기온 : 일출 30분 전
- ㉥ 1일 최고 기온 : 오후 2시경
- ㉦ 최적 감각 온도 : 겨울 19℃, 여름 21.7℃
- ㉧ 가장 좋은 쾌감 기후 : 기온 18±2℃, 습도 60~65%
- ㉨ 체온의 정상 범위 : 36.1~37.2℃

> • 기온 역전 현상 : 대기층 온도는 보통 고도가 100m 상승할 때마다 1℃씩 낮아지나, 상부 기온이 하부 기온보다 높을 때 발생. 대기 오염의 주요 원인

② 기습(습도)
- ㉠ 쾌적 습도 : 40~70%
- ㉡ 습도가 높으면 피부 질환, 습도가 낮으면 호흡기 질환에 잘 걸린다.
- ㉢ 기온이 올라가면 습도가 떨어진다.
- ㉣ 불쾌지수(DI : Discomfort Index) : 기온과 기습의 영향으로 느껴지는 불쾌감을 숫자로 표시한 것이다.

불쾌지수	상태	불쾌지수	상태
DI 70 이하	10%의 사람이 불쾌감	DI 80 이하	거의 모든 사람이 불쾌감
DI 75 이하	50%의 사람이 불쾌감	DI 85 이하	견딜 수 없는 상태

③ 기류(공기의 흐름)

　㉠ 기온과 기압의 차이에 의해 발생하는 공기의 흐름이다.

　㉡ 수평 방향 공기의 흐름은 바람이라고 하고, 수직 방향의 공기의 흐름은 기류라고 한다.

최적기류			
0.2~0.3m/sec	실내	0.2~0.5m/sec	불감기류
1m/sec 전후	실외	1m/sec	쾌감기류
0.1m/sec	무풍		

④ 복사열

　㉠ 대류나 전도와 같은 현상을 거치지 않고 직접 열이 전달되는 것이다.

　㉡ 거리의 제곱에 비례해서 온도가 감소한다.

　㉢ 복사열을 측정해서 적외선의 강도를 구할 수 있다.

　㉣ 측정 : 흑구온도계(Globe)로 15~20분간

Tip

　• 기후의 3요소 : 기온(18±2℃), 기습(40~70%), 기류(1m/sec)
　• 4대 온열 인자 : 기온, 기습, 기류, 복사열
　• 등온지수 : 기온, 기습, 기류에 복사열을 가하여 얻는 온도
　• 감각 온도 : 온도, 습도, 기류가 인체에 주는 온감

3 수질 환경

(1) 수질 오염의 지표

① 대장균

　㉠ 상수(음용수) 오염의 지표이다.

　㉡ 100cc 중 한 마리도 검출되어서는 안 된다.

　㉢ 대장균 자체는 인체에 유해하지 않으나 오염원과 공존하므로 상수 오염의 지표로 삼는다.

　㉣ 검출 방법 : 정성 시험(대장균 유 · 무 판정), 정량 시험(얼마나 있는지에 대한 판정)

　㉤ 최확수법(MPN) : 존재 유무를 시험하여 확률적 대장균군의 수치를 산출하는 방법이다.

② 수소 이온 농도(pH) : 물질의 산성 또는 알칼리성의 정도를 나타내는 수치로, 수소 이온 활동도의 척도이다.

③ 용존산소(DO : Dissolved Oxgen)

　㉠ 물속에 녹아 있는 유리산소이다.

ⓒ 용존산소가 부족하다는 것은 수질 오염도가 높다는 뜻이다.

ⓒ 용존산소량 감소 : 적조 현상, 생물의 증식이 높을 경우

④ 생물학적 산소 요구량(BOD : Biochemical Oxygen Demand)

ⓐ 산소가 존재하는 상태에서 어떤 물속의 미생물이 유기물을 20℃에서 5일간 분해, 안정시키는 데 요구되는 산소량이다.

ⓑ 오염된 물속에서 산소가 결핍될 가능성이 높음을 나타내는 지표가 된다.

ⓒ 하천이나 도시하수의 오염도를 나타내는 지표이다.

ⓓ BOD가 높으면 수질 오염도가 높다는 의미이다.

- 깨끗한 물 : BOD가 낮고 DO가 높은 경우
- 오염된 물 : BOD가 높고 DO가 낮은 경우

⑤ 화학적 산소 요구량(COD : Chemical Oxygen Demand)

ⓐ 물속의 산화 가능한 물질 즉, 오염원이 될 수 있는 물질이 산화되어 주로 무기 산화물과 가스체가 되므로 소비되는 산화제에 대응하는 산소량을 ppm(1/1,000,000)으로 나타낸 것이다.

ⓑ COD가 높을수록 수질 오염도가 높다는 의미이다.

⑥ 부유 물질(SS : Suspended Solid) : 유기 물질과 무기 물질이 함유된 고형물이다.

⑦ 수질 오염에 따른 질병과 현상

ⓐ 미나마타병(Minamata Disease ; 수은 중독)

- 수은 중독으로 인해 발생하는 다양한 신경학적 증상과 징후를 특징으로 하는 증후군. 유기 수은이 포함된 조개 및 어패류를 섭취한 사람에게 발생

- 증상 : 사지ㆍ혀ㆍ입술의 떨림, 혼돈, 진행성 보행 실조, 발음 장애, 무기력, 피로, 우울증 등

ⓑ 이타이이타이병(Itai-Itai Disease ; 카드뮴 중독)

- 카드뮴이 유출되어 흘러들어간 강물을 식수나 농업용수로 사용한 주민들에게 발병

- 환자가 아픔을 호소할 때 '이타이 이타이(いたいいたい ; 아프다 아프다)'라고 하는 것에서 붙여진 병명

- 증상 : 골연화증, 보행 장애, 전신 통증, 허리와 관절에 심한 통증, 팔ㆍ늑골ㆍ골반ㆍ대퇴골 등의 골절, 칼슘 부족으로 뼈가 굽거나 금이 가기 때문에 기침만으로도 늑골이 골절될 수 있음

(2) 물

① 물의 개요

ⓐ 체중의 60~70%가 물로 구성되어 있다.

ⓑ 성인 1일 필요량은 2.0~2.5L이다.

ⓒ 10% 상실 시 생리적 이상이 발생하고, 20% 이상 상실 시 생명이 위험해진다.

ⓔ 물의 자정 작용 : 희석 작용, 침전 작용, 일광에 의한 살균 작용, 산화 작용, 생물의 식균 작용

ⓜ 물의 정수 작용 : 희석 작용, 침전 작용, 살균 작용, 자정 작용

ⓑ 경수(센물) : 칼슘, 마그네슘 등 무기물이 다량 함유된 물로서 비누 거품이 잘 일어나지 않는다. **예** 해수, 지하수, 우물물 등

ⓢ 연수(단물) : 칼슘, 마그네슘 등 무기물의 함량이 적은 물로서 비누 거품이 잘 일어난다. **예** 빗물, 증류수, 수돗물 등

ⓞ 우리나라 상수 수질 판정 기준

총 대장균 수	100mL 중 하나도 검출되지 않아야 함
일반 세균	1mL 중 100CFU를 넘지 않아야 함
pH	pH 5.8~8.5 범위
불소(F)	0.8~1.0ppm을 넘지 않아야 함(수중)
잔류염소(유리 잔류염소)	4.0mg/L을 넘지 않아야 함
색도, 탁도	색도 5도, 탁도 1NTU를 넘지 않아야 함
상태	투명한 무색, 무취, 무미여야 함

Tip
탁도 1도는 카올린 1mg을 정제수 1L에 혼화했을 때 흐린 정도이다.

② 상 · 하수도

㉠ 상수도

• 상수 처리 과정 : 취수 → 도수 → 정수 → (침사 → 침전 → 여과(가장 중요한 과정) → 소독) → 송수 → 배수 → 급수

• 소독 : 염소, 오존, 자외선, 브롬, 표백분 등을 사용

• 염소 소독의 장점 : 강한 소독력, 간편한 방법, 저렴한 가격, 큰 잔류성

• 염소 소독의 단점 : 냄새가 남, 독성 물질(THM) 생성

• 상수 및 수도전에서의 적정 유리 잔류 염소량 : 평상시 0.2ppm 이상, 비상시 0.4ppm 이상

• 일시 경수 : 물을 끓일 때 경도가 저하되어 연화되는 물(탄산염, 중탄산염 등)

• 영구 경수 : 물을 끓일 때 경도가 변화가 없는 물(황산염, 질산염, 염화염 등)

Tip
• 취수 : 수원지에서 물을 끌어옴
• 도수 : 취수한 물을 정수장까지 끌어옴
• 침사 : 모래를 가라앉히는 것

ⓛ 하수도

- 하수 처리 방법 : 예비 처리 → 본 처리 → 오니 처리
- 예비 처리 : 하수도 유입구에 제진망을 설치하여 큰 부유 물질이나 고형 물질을 제거 (스크린, 침사법, 침전법)
- 본 처리
  - 호기성 처리법 : 산소를 공급하여 호기성 균이 유기물을 분해하는 방법(활성 오니법, 산화지법, 관개법)
  - 혐기성 처리법 : 무산소 상태에서 혐기성 균이 유기물을 분해하는 방법
- 오니 처리 : 최종 하수 처리 후 남은 쓰레기 투기법(육상 투기, 소각 처리, 사상건조법, 소화법 등)
- 하수 처리 방식
  - 합류식 : 생활하수와 천수(눈, 비)를 같이 처리
  - 분류식 : 생활하수와 천수를 따로 처리
  - 혼합식 : 생활하수와 천수의 일부를 같이 처리

③ 오물 처리

㉠ 분뇨 처리

- 분뇨 처리 과정 : 부패조 → 여과조 → 산화조 → 소독조
- 화학적 소독 방법 : 생석회
- 처리 : 완전 부숙 기간은 여름 1개월, 겨울 3개월

㉡ 쓰레기(진개) 처리

- 2분법 : 주개와 잡개를 나누어 처리하는 방법으로 가정에서 처리하는 방법
- 매립법 : 땅에 묻는 방법으로 매립 경사 30°, 진개 두께 1~2m 이하, 복토의 두께 20cm 이상(최종 복토 60cm~1m가 적당)이 적당
- 소각법 : 가장 위생적이나 대기 오염의 원인이 되고, 처리 비용이 비쌈
- 비료화법(고속 퇴비화) : 음식물 처리에 가장 효과적인 방법으로 화학 분해하여 퇴비로 다시 사용하는 방법이며 농촌의 분뇨 처리로서 좋은 방법
- 재활용법 : 폐기물 예치금 제도(우리나라 : 생산자 부담 방식, OECD 국가 : 소비자 부담 방식)

4 주거 및 의복 환경

(1) 주거 환경

① 주택의 기본 조건 : 건강성, 안정성, 기능성, 쾌적성
② 냉방 및 난방

㉠ 실내 쾌적 온도는 18±2℃, 실내 쾌적 습도는 40~70%를 유지한다.

ⓛ 냉방
- 실내와 외부의 온도차는 5~7℃가 적당하며, 10℃ 이상 시 유해
- 국소 냉방기기 : 룸 에어컨, 에어 컨디셔너, 선풍기 등
- 중앙 냉방기기 : 캐리어시스템 등
ⓒ 난방
- 목표 온도는 18~22℃
- 국소 난방 : 열원을 실내에 두는 방법(난로), 실내 공기를 오염시킬 수 있고 화재 위험
- 중앙 난방 : 일정한 장소에 열원을 설치하는 방법, 시설비와 관리비가 많이 들어감 (공기 조절법, 온수 난방법, 증기 난방법, 지역 난방법 등)

③ 채광 및 조명
ⓣ 채광(자연 조명)
- 창의 면적
  - 거실 바닥 면적의 1/5~1/7 이상(14~15%), 벽 면적의 70%가 적당
  - 일반 주택 거실(1/7 이상), 학교·병원·진료소·기숙사 등(1/10 이상), 병원이나 진료소의 병실, 침실(1/7), 학교 교실(1/5 이상)
- 입사각은 28°, 개각은 4~5° 이상이 적당
- 창의 방향 : 남향이 가장 밝고 채광 시간이 길기 때문에 주택·거실은 남향, 조명의 평등을 요하는 작업실은 동북 또는 북향이 좋음
- 창의 높이 : 높을수록 좋고, 거실 안쪽의 길이는 바닥 면에서 창틀 상단까지 길이의 1.5배 이하로 함
ⓛ 조명(인공 조명)
- 조명 방법
  - 직접 조명 : 광원이 직접 비치는 것으로 조명 효율이 크고 경제적이나, 강한 음영으로 불쾌감을 줌(전구, 형광등)
  - 간접 조명 : 눈을 보호하기 위한 가장 좋은 방법이며, 광원을 다른 곳에 반사시키는 것으로 조명 효율이 낮고, 설비의 유지비가 많이 듦
  - 반간접 조명 : 직접 조명과 간접 조명의 절충식
- 부적당한 조명에 의한 문제
  - 가성 근시 : 조도가 낮을 때 모양근이 피로
  - 안정 피로 : 조도 부족이나 현휘가 심할 때 눈을 무리하게 사용
  - 안구진탕증 : 안구가 좌우상하로 부단히 동요
  - 백내장 : 용접, 고열 작업자에게 나타남
  - 전광성 안막, 작업 능률 저하 및 재해 발생 우려

④ 환기
　㉠ 자연 환기
　　• 실내 공기는 실내외 온도차, 기체 확산력, 외기의 풍력에 의해 자연 환기가 이루어짐
　　• 중성대가 천정 가까이에 형성되도록 하는 것이 환기 효과가 큼

　　　• 중성대 : 실내로 들어오는 공기와 나가는 공기 사이에 발생하는 압력 '0'의 지대를 말하며, 천정 근처에 형성되는 것이 좋음

　　• 환기에 필요한 창의 면적 : 거실 바닥 면적의 1/20 이상
　　• 환기량 : 1시간 내에 실내에서 교환되는 공기량으로 탄산 가스를 기준으로 측정한다.
　㉡ 인공 환기
　　• 송풍법 : 옥외의 신선한 공기를 실내로 공급하는 방법
　　• 배기법 : 실내의 오염된 공기를 실외로 배출하는 방법

(2) 의복 환경

① 의복의 기능 : 신체 보호 기능(체온 조절), 장식 기능, 개성 표현 기능, 직업 표시 기능, 신체의 청결 등
② 의복의 기후
　㉠ 쾌적한 의복 기후 범위 : 32±1℃
　㉡ 의복에 의한 체온 조절 범위 : 10~26℃
　㉢ 방한력의 단위 : CLO

　　1CLO : 기온 21℃, 기습 50% 이하, 기류 10cm/sec, 피부 온도 33℃ 유지

③ 의복의 구비 조건
　㉠ 함기성, 보온성, 통기성, 흡수성, 흡습성, 내열성, 오염성을 갖춰야 한다.
　㉡ 옅은 색일수록 반사열이 크고, 짙은 색일수록 열의 흡수성이 크다.
　㉢ 반사열의 순서 : 흰색 〉노란색 〉초록색 〉붉은색 〉회색 〉검은색

Chapter 06 식품 위생

1 식품 위생의 개념

(1) 식품 위생의 정의

① 세계보건기구(WHO)의 정의 : 식품 위생이란 식품 원료의 재배, 생산, 제조부터 유통 과정을 거쳐 최종적으로 사람에게 섭취되기까지의 모든 수단에 대한 위생을 말한다.

② 우리나라 식품위생법상의 정의 : 식품 위생이란 식품, 식품 첨가물, 기구 또는 용기·포장을 대상으로 하는 음식에 관한 위생을 말한다.

(2) 식품 위생의 목적

① 식품으로 인한 위생상의 위해를 방지하고 영양의 질적 향상을 도모한다.

② 식품에 관한 올바른 정보를 제공함으로써 국민보건의 향상과 증진에 기여한다.

(3) 식품의 변질

① 부패 : 단백질 성분이 미생물에 의해 분해되어 악취가 나고 인체에 유해한 물질이 생성되는 현상이다.

② 변패 : 탄수화물이나 지방이 미생물에 의해 분해되는 현상이다.

③ 발효 : 탄수화물이 미생물의 분해 작용을 받아 유기산, 알코올 등을 생성하는 현상이다.

④ 산패 : 유지가 산화되어 불쾌한 냄새가 나고 빛깔이 변하는 현상이다.

(4) 식품 위해 요소 중점 관리 기준(HACCP : Hazard Analysis and Critical Control Point)

이 기준은 「식품위생법」 제48조 및 같은 법 시행규칙 제62조부터 제68조까지, 「건강 기능 식품에 관한 법률」 제38조에 따른 위해 요소 중점 관리 기준과 그 적용·운영 및 교육·훈련 등에 관한 사항을 정함을 목적으로 한다.

① 식품의약품안전청장이 고시한다.

② 식품의 제조·가공 공장의 위해 요소 중점 관리 제도이다.

③ 식품에 혼입되거나 오염되는 것을 사전에 방지한다.

④ 사후 조치보다는 예방 조치를 중요시한다.

⑤ 식품 공급을 미생물학적, 화학적, 물리적 위해 요소로부터 보호 관리한다.

2 식중독의 개념

(1) 식중독의 정의

① 식품 섭취로 인하여 인체에 유해한 미생물 또는 유독 물질에 의해 발생했거나 발생한 것으로 판단되는 감염성 질환 또는 독소형 질환을 말한다.

② 식중독의 증식 온도 : 25~37℃, 여름철에 가장 많이 발생한다.

(2) 식중독의 발생 특징

급격히 집단적으로 발병하고, 발생 지역이 국한적이며, 여자보다 남자에게 많이 발생한다.

(3) 식중독의 분류

① 세균성 식중독(감염형, 독소형)

구분	종류	특징
감염형 식중독	살모넬라증	• 돼지 콜레라가 원인균(인수 공통 감염병) • 쥐, 소, 닭, 달걀, 분변 등에 광범위하게 분포 • 보균자에게서도 감염(어육, 유제품, 어패류 등) • 잠복기 : 평균 20시간 • 증상 : 오심, 구토, 설사, 발열(30~40℃) 등
	장염 비브리오균 식중독	• 호염균에 의한 식중독 • 어패류 생식, 오염 어패류에 접촉한 도마, 칼, 행주 등에 의한 2차 감염 • 잠복기 : 평균 12시간 • 증상 : 급성 위장염
	병원성 대장균 식중독	• 감염된 우유, 햄, 치즈, 두부 등의 섭취로 감염 • 잠복기 : 10~30시간 • 증상 : 심한 설사, 복통, 두통 등
	아리조나 식중독	• 파충류, 가금류(닭, 칠면조의 알)
독소형 식중독	보툴리누스 식중독	• 사망률이 가장 높은 식중독으로 신경 독소 뉴로톡신에 의해 감염 • 통조림·소시지 등 밀폐된 혐기성 상태의 식품에 의해 감염 • 잠복기 : 12~18시간 • 증상 : 신경 장애, 호흡 곤란, 시력 장애
	웰치균 식중독	• 육류와 가공품, 어패류 등에 의해 감염 • 잠복기 : 12~18시간 • 증상 : 복통, 설사
	포도상구균 식중독	• 균에서 생성되는 장 독소 엔테로톡신에 의해 감염 • 우리나라에 가장 많은 식중독, 잠복기가 가장 짧음 • 잠복기 : 평균 3시간 • 증상 : 급성 위장병

② 자연독 식중독(식물성, 동물성)

구분	종류	독성 물질
식물성	독버섯	무스카린, 필린, 아마니타톡신, 필지오린
	감자	솔라닌
	청매	아미그달린
	독미나리	시큐톡신
	맥각	에르고톡신
	목화씨	고시폴
	피마자	라신
	미치광이풀	아트로핀
동물성	복어	테트로도톡신
	섭조개, 대합	색시톡신
	모시조개, 굴, 바지락	베네루핀

③ 곰팡이 독

  ㉠ 아플라톡신 : 땅콩, 옥수수

  ㉡ 시트리닌 : 황변미, 쌀에 14~15% 이상 수분 함유 시 발생

  ㉢ 파툴린 : 부패된 사과나 사과 주스의 오염에서 볼 수 있는 신경독 물질

  ㉣ 루브라톡신 : 페니실륨 루브륨에 오염된 옥수수를 소나 양의 사료로 이용 시 발생

3 식품 보존법

(1) 물리적 보존법

① **가열법** : 식품에 부착된 미생물을 죽이거나 조직 내에 효소를 파괴하여 식품의 변질을 방지
하는 방법이다. 일반적으로 미생물은 80℃에서 30분간 가열하면 사멸하는데, 아포는 내열
성이므로 120℃에서 20분간 가열해야 완전 사멸한다.

② **냉동법** : 식품을 얼려서 보존하므로 식품에 변화를 주어 장기간 보존이 가능하므로 널리 이
용되며 0℃ 이하로 냉동한다.

③ **냉장법** : 식품을 0~4℃ 사이의 저온으로 보존하여 미생물의 활동을 정지시키는 방법이다.

④ **건조법** : 식품에 함유된 수분을 감소시켜서 미생물의 번식을 막아 식품을 보존하는 방법이다.

⑤ **자외선 살균법** : 자외선의 살균작용을 이용한 방법이다.

(2) 화학적 보존법

① 방부제 첨가법 : 식품에 사용하는 방부제는 독성이 없고 무취, 무미하며 식품에 변화를 주지 않는다.

② 염장법 : 고농도의 식염을 사용하는 방법으로 축산가공품 및 해산물의 저장, 채소, 육류에 널리 이용된다.

③ 당장법 : 설탕, 전화당을 사용해 저장하는 방법으로 잼, 젤리, 가당연유, 과실 등에 이용된다.

④ 훈연법 : 햄, 베이컨에 주로 사용되는 방법으로 수지가 적은 참나무, 떡갈나무 등을 불완전 연소시켜 연기를 내고 그 연기에 그을려서 미생물의 발육을 억제하고 수분을 건조해 식품의 저장성을 높이는 방법이다.

⑤ 산저장법 : 낮은 산을 이용하여 세균, 곰팡이, 효모와 같은 미생물의 발육을 억제하는 방법이다.

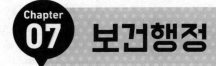

Chapter 07 보건행정

1 보건행정의 정의 및 체계

(1) 보건행정의 정의

공중보건의 목적을 달성하기 위해 공공의 책임 하에 수행하는 행정 활동으로 국민의 질병 예방, 생명 연장, 건강 증진을 도모하기 위해 국가 및 지방자치단체가 주도적으로 수행하는 공적인 행정 활동이다.

(2) 보건행정의 범위(WHO)

보건 통계 기록의 수집 · 분석 · 보존, 대중에 대한 보건 교육, 환경 위생, 감염병 관리, 모자보건, 의료 및 보건 간호

(3) 보건 계획 전개 과정

전제 → 예측 → 목표 설정 → 구체적 행동 계획

(4) 보건행정의 분류

구분	주관	대상	담당 업무
일반 보건행정	보건복지부	일반 주민	기생충 질환, 각종 감염병보건, 위생행정, 모자보건행정, 건강보험행정

| 산업보건행정 | 고용노동부 | 산업체 근로자 | 작업 환경 개선, 산업재해 예방, 근로자 건강 유지 및 증진, 근로자 복지 시설 관리 및 안전 교육 |
| 학교보건행정 | 교육과학기술부 | 학생과 교직원 | 학교 보건 사업, 학교 급식, 건강 교육, 학교 체육 |

(5) 우리나라 보건행정 체계

조직명	역할
보건복지부	국민 보건 복지 정책 수립 및 관장
식품의약품안전처	식품 · 의약품 등의 안전 관리를 위해 설립한 국무총리실 산하 행정 기관
질병관리청	국가 감염병 연구 및 관리, 생명과학 연구, 교육 훈련 기능 수행
국립검역소	감염병의 국내 침입 및 국외 전파 방지에 관한 사무 업무 담당
국립의료원	보건복지부 산하 중앙의료원으로서 환자 진료, 의료 수준 및 의료 기술 향상을 위한 조사 연구, 의료 요원 훈련 업무의 사무 담당

(6) 지방 보건행정 조직

① 시 · 도 보건행정 조직 : 복지여성국, 보건복지부 하에 의료 위생 복지 등의 업무 취급이다.

② 시 · 군 · 구 보건행정 조직 : 보건소

   ㉠ 우리나라 지방 보건행정의 최일선 조직으로 보건행정의 말단 행정 기관이다.

   ㉡ 영국의 리버풀 시에서 보건 간호 및 가정 방문 사업을 계획한 것이 시초(1895, William Rathbome)이다.

   ㉢ 우리나라는 1962년 9월 24일에 새로운 보건소법을 제정하고 전국에 보건소를 설치했다.

   ㉣ 2013년 기준 보건소 254개소, 보건지소 1,283개소, 보건진료소 1,895개를 운영한다.

   ㉤ 보건소의 주요 업무 : 국민 건강 증진 · 보건 교육 · 구강 건강 및 영양 관리, 감염병의 예방 · 관리 및 진료, 모자보건 및 가족 계획 사업, 노인보건 사업, 공중 위생 및 식품 위생, 의료인 및 의료 기관에 대한 지도, 의료기사 · 의무기록사 및 안경사에 대한 지도, 응급 의료, 공중보건 의사 · 보건진료원 및 보건진료소에 대한 지도, 약사에 관한 사항과 마약 · 향정신성 의약품의 관리, 보건에 관한 실험 또는 검사, 장애인의 재활 사업 또는 기타 보건복지부령이 정하는 사회 복지 사업, 기타 지역 주민 보건 의료의 향상 · 증진 및 이를 위한 연구 등에 관한 사업

> **Tip**
> • 고려시대 보건행정 : 대의감(의약관청), 상약국(궁 내 어약 담당), 혜민국(서민 의료 담당), 동서대비원(빈민 구제)
> • 조선시대 보건행정 : 전형사(예조판서 산하의 의약 담당), 내의원(왕실 의료 담당), 전의감(일반 의료행정 및 의고고시 담당), 의정부 6조(전의소무감 배치), 혜민서(의약 및 일반 서민 의료 담당), 활인서(서민 구료 및 감염병 담당), 위생국(근대적 의미의 최초의 보건행정 기관)

(1) 사회 보장(Social Security)

사회보장이란 국민이 안정적인 삶을 영위하는 데 위험이 되는 요소 즉, 빈곤이나 질병, 생활 불안 등에 대해 국가적인 부담 또는 보험 방법에 의하여 행하는 사회 안전망을 말한다.

① 사회 보장의 유형

구분	사회보험	공적 부조	공공 서비스
대상	전 국민	저소득층	보호가 필요한 국민
재원	보험료	조세	기부금, 국가보조금
주관 부서	국가	시·군·구	국가 또는 사회복지단체
정책 사례	연금, 실업보험, 산재보험, 고용보험	의료보험, 거택 보호, 시설 보호, 생활 보호, 교육 보호 등	상수도 사업, 보건 의료 서비스, 노인 복지, 장애인 복지, 아동 복지, 부녀 복지 등

② 건강보험

㉠ 1989년 전 국민에게 의료보험이 적용되었다.

㉡ 급여 대상 : 질병·부상에 대한 예방·진단·치료·재활과 출산·사망 및 건강 증진

- 최초의 사회보장 제도 : 1883년(독일 비스마르크)
- 최초의 사회보장법 : 1935년(미국, Social Security Act)
- 사회보장에 관한 별률 제정(한국) : 1963년
- 의료보험 실시(사회보험) : 1977년
- 4대 보험 : 국민연금, 건강보험, 산재보험, 고용보험

(2) 국제보건기구

① 국제보건 관련 기구 : 대표적인 보건기구로는 세계보건기구(WHO), 유엔환경계획(UNEP), 유엔식량농업기금(FAO), 국제연합아동긴급기금(UNICEF) 등이 있다.

② 국제공중보건사무국(International Office Public Health) : 감염병 예방을 위해 1851년 파리에서 논의되었다.

③ 범미보건기구(PAHO : Pan American Organization)

㉠ 1889년 워싱턴에서 국제회의로 개최되었고, 전염병 관리와 방역 등의 의견 교환을 위해서 1901년 멕시코 회의 때 창설되었다.

㉡ 1924년 국제연맹보건기구의 지역사무처로 되었다가, 1949년에 세계보건기구와 협력을 체결하여 세계보건기구의 미주지역기구 역할을 하기로 했다.

④ 세계보건기구(WHO : World Health Organization)
   ㉠ 1948년 4월 7일 발족. 본부는 스위스 제네바에 있다.
   ㉡ 우리나라는 1949년 필리핀 마닐라에 위치한 서태평양 지역에 65번째 회원국으로 가입했다.
⑤ 유니세프(UNICEF) : 주로 아동의 보건 및 복지 향상을 위한 원조 사업을 하며 아동의 권리 보호와 개발도상국에 대한 보건 사업 지원 등의 역할을 한다.

01 18세기 말 '인구는 기하급수적으로 늘고 생산은 산술급수적으로 늘기 때문에 체계적인 인구 조절이 필요하다'라고 주장한 사람은?
① 프랜시스 플레이스　② 에드워드 윈슬로우
③ 토마스 R. 말더스　④ 포베르토 코흐

02 보건행정에 대한 설명으로 가장 적합한 것은?
① 공중보건의 목적을 달성하기 위해 공공의 책임 하에 수행하는 행정 활동
② 개인보건의 목적을 달성하기 위해 공공의 책임 하에 수행하는 행정 활동
③ 국가 간 질병 교류를 막기 위해 공공의 책임 하에 수행하는 행정 활동
④ 공중보건의 목적을 달성하기 위해 개인의 책임 하에 수행하는 행정 활동

03 다음 괄호 안에 알맞은 말을 순서대로 나열한 것은?

> 세계보건기구(WHO)의 본부는 스위스 제네바에 있으며, 6개의 지역사무소를 운영하고 있다. 이 중 우리나라는 (　) 지역에, 북한은 (　) 지역에 소속되어 있다.

① 서태평양, 서태평양　② 동남아시아, 동남아시아
③ 동남아시아, 서태평양　④ 서태평양, 동남아시아

04 공중보건학의 범위 중 보건 관리 분야에 속하지 않는 사업은?
① 보건 통계　② 사회보장 제도
③ 보건행정　④ 산업보건

05 세계보건기구에서 규정한 보건행정의 범위에 속하지 않는 것은?
① 보건 관계 기록의 보존
② 환경 위생과 감염병 관리
③ 보건 통계와 만성병 관리
④ 모자보건과 보건 간호

01 ③
토마스 R. 말더스 : 영국의 경제학자로 저서 〈인구론〉에서 인구는 기하급수적으로 증가하나 식량은 산술급수적으로 증가하므로 인구와 식량 사이의 불균형이 필연적으로 발생할 수밖에 없으며, 기근·빈곤·악덕이 발생한다고 주장했다.

02 ①
보건행정은 공공성과 사회성을 지니며 봉사의 의미를 지닌다.

03 ④
우리나라는 서태평양 지역에, 북한은 동남아시아 지역에 소속되어 있다.

04 ④
보건 관리 분야 : 보건 교육, 보건 영양, 인구보건, 모자보건, 가족 계획

05 ③
보건행정의 범위 : 환경보건 분야, 질병 관리 분야, 보건 관리 분야

PART
4

소독학

Chapter 01 소독의 정의 및 분류

1 소독관련 용어정의

① **살균** : 미생물을 물리적, 화학적 작용에 의해 급속하게 죽이는 것이다.

② **멸균**

ㄱ 미생물 기타 모든 균을 죽이는 것이다.

ㄴ 병원성, 비병원성 미생물 및 포자를 가진 미생물 모두를 사멸 또는 제거하는 것이다.

③ **소독**

ㄱ 병원성 미생물의 생활력을 파괴, 멸살시켜서 감염 및 증식력을 없애는 것이다.

ㄴ 여러 가지 물리적, 화학적 방법으로 병원성 미생물을 가능한 한 제거하여 사람에게 감염의 위험이 없도록 하는 것이다.

ㄷ 비교적 약한 살균력을 작용시켜 병원 미생물의 생활력을 파괴하거나 감염의 위험성을 없애는 조작이다.

④ **방부** : 병원성 미생물의 발육과 그 작용을 제거하거나 정지시켜서 음식물의 부패나 발효를 방지하는 것이다.

⑤ **희석** : 미용용품이나 기구 등을 일차적으로 청결하게 세척하는 방법이다.

⑥ **가열** : 세균의 단백질 변성과 응고 작용에 의한 기전을 이용하여 살균하고자 할 때 주로 이용하는 방법이다.

⑦ **아포**

ㄱ 세균이 영양 부족, 건조, 열 등의 증식 환경이 부적당한 경우 균의 저항력을 키우기 위해 형성하게 되는 형태이다.

ㄴ 미생물의 증식을 억제하는 영양의 고갈과 건조 등이 불리한 환경 속에서 생존하기 위하여 세균이 생성하는 것이다.

⑧ **수용액** : 소독약 1g을 물에 녹이면 1%의 수용액이 된다.

⑨ **용액** : 용질(액체에 녹는 물질)+용매(용질을 녹이는 물질)이다.

2 소독기전

① **산화 작용** : 과산화수소, 오존, 염소, 과망간산칼륨

② **균체 단백의 응고 작용** : 석탄산, 알코올, 크레졸, 포르말린, 승홍수

③ **균체 효소의 불활성화 작용** : 알코올, 석탄산, 중금속염

④ **가수분해 작용** : 강산, 강알칼리, 열탕수

⑤ **탈수 작용** : 식염, 설탕, 알코올

⑥ 중금속염의 형성 작용 : 승홍, 머큐로크롬, 질산은
⑦ 핵산의 작용 : 자외선, 방사선, 포르말린, 에틸렌옥사이드
⑧ 세포막의 삼투성 변화 작용 : 석탄산, 중금속용, 역성비누 등

3 소독법의 분류

(1) 물리적 소독법

1) 건열에 의한 소독법

① 소각법
- ㉠ 불에 태워 멸균시키는 방법으로 가장 쉽고 안전한 소독법이다.
- ㉡ 객담이 묻은 휴지의 소독 방법으로 가장 좋은 방법이다.
- ㉢ 일반폐기물 처리 방법 중 가장 위생적인 방법이다.
- ㉣ 감염병 환자의 배설물 등을 처리하기 가장 적합한 방법이다.
- ㉤ 쓰레기, 환자 분뇨, 결핵 환자 객담 등을 대상으로 한다.

② 화염소독법
- ㉠ 알코올램프나 분젠 버너 불꽃에 20초 이상 접촉하는 방법이다.
- ㉡ 표면의 미생물 살균, 주사침, 백금선, 유리, 금속 제품 등을 대상으로 한다.

③ 건열멸균법
- ㉠ 건열 멸균기를 사용하여 150~170도에서 1~2시간 멸균 처리하는 방법이다.
- ㉡ 주사기, 유리, 글리세린, 분말 등을 대상으로 한다.

2) 습열에 의한 소독법

① 자비소독법
- 100도의 유통 증기를 30~60분간 24시간 간격으로 3회 가열하는 방법이다.
- 아포를 형성하는 내열성균도 사멸하는 완전 멸균법이다.
- 아놀드와 코흐 증기솥을 사용한다.

② 증기소독법(증기멸균법)
- ㉠ 유통증기멸균법
  - 100도의 유통 증기를 30~60분간 24시간 간격으로 3회 가열하는 방법이다.
  - 아포를 형성하는 내열성균도 사멸하는 완전 멸균법이다.
  - 아놀드와 코흐 증기솥을 사용한다.
- ㉡ 고압증기 멸균법
  - 100도~135도 고온의 수증기를 미생물과 아포 등을 접속해 가열 살균하는 방법이다.
  - 고압 증기 멸균기를 사용하여 아포를 포함한 모든 미생물을 완전히 멸균하는 가장 좋은 방법이다.
  - 소독 방법 중 완전 멸균으로 가장 빠르고 효과적인 방법이다.

- 10 LB(파운드) : 115도에서 30분간, 15 LB(파운드) : 121도에서 20분간, 20 LB(파운드) : 127도에서 15분간 소독한다.
- 기구, 의류, 고무 제품, 거즈, 약액 등을 대상으로 한다.

ⓒ 저온 멸균법(파스퇴르법)
- 근대 면역의 아버지로 불리는 프랑스의 세균학자 파스퇴르가 발명하였다.
- 보통 60~70도에서 약 30분간 가열하는 방법이다.
- 대장균은 저온 멸균으로 사멸되지 않는 균이다.
- 우유는 63도에서 30분간, 아이스크림은 80도에서 30분간 소독 시 병원균이 사멸된다.
- 우유, 과즙, 맥주 등의 액체 병조림 식품 등을 대상으로 한다.

3) 그 외 물리적 소독법

① 자외선소독법
  ㉠ 소독할 물건을 태양광선에 장기간 쪼이는 방법으로 결핵균, 장티푸스, 콜레라균 등을 사멸한다.
  ㉡ 이불, 플라스틱, 브러시, 빗, 도구 등을 대상으로 한다.
  ㉢ 소독 시 냄새가 없으며 물건을 상하지 않게 하고, 모든 균에 효과적으로 작용한다.
  ㉣ 오전 10시에서 오후 2시 사이의 조사가 가장 좋으며, 파장 2,000~2,800Å일 때 살균력이 가장 강하다.
  ㉤ 자외선 전기소독기 사용 시 가장 강한 파장 2,537Å에서 20분간 쬐어준다.

② 여과 멸균법
  ㉠ 가열할 수 없는 특수 물질을 여과기에 통과시키는 방법이다.
  ㉡ 미생물은 제거되지만 바이러스는 제거되지 않는다.
  ㉢ 특수 약품이나 혈청, 백신 등 열에 불안정한 액체를 대상으로 한다.

③ 에틸렌 옥사이드 가스 멸균법
  ㉠ 50~60도의 저온에서 멸균하는 방법으로 EO 가스의 폭발 위험성을 감소시키기 위해서 프레온 가스 또는 이산화탄소를 혼합한다.
  ㉡ 멸균 후 장기간 보존 가능하나 비용이 비교적 비싸다.
  ㉢ 고무장갑, 플라스틱, 전자 기기, 열에 불안정한 제품 등을 대상으로 한다.

④ 초음파 멸균법
  ㉠ 초음파 기기의 8,800Hz의 음파를 10분 정도 이용하는 방법이다.
  ㉡ 가청주파 영역을 넘는 주파수를 이용하여 미생물을 불활성화시킬 수 있는 방법이다.
  ㉢ 나선균은 초음파에 가장 예민한 세균이다.

(2) 화학적 소독법

소독약을 사용하여 균 자체에 화학 반응을 일으켜 세균의 생활력을 빼앗아 살균하는 방법이며, 농도에 가장 많은 영향을 준다.

1) 소독약의 구비조건
① 살균력이 강해야 하며 경제적이고 사용이 간편해야 한다.
② 물품의 부식성, 표백성이 없어야 한다.
③ 용해성이 높고, 안정성이 있어야 하며 침투력이 강해야 한다.
④ 인체에 무독해야 하며, 식품에 사용 후에도 씻어낼 수 있어야 한다.
⑤ 생산과 구입이 용이하고 냄새가 없어야 한다.

2) 소독약의 사용과 보관상의 주의 사항
① 모든 소독약은 사용할 때마다 제조해서 사용한다.
② 약품은 암냉장고에 보관하고 라벨이 오염되지 않도록 한다.
③ 소독 물체에 따라 적당한 소독약이나 소독 방법을 선정한다.
④ 병원 미생물이 종류, 저항성 및 멸균 · 소독의 목적에 의해서 그 방법과 시간을 고려한다.

3) 소독액의 농도 표시법
① 푼(分), 혼합비
   푼이라는 것은 몇 개로 등분한 것 중 하나를 가리키는 것이다. 혼합물에 대해서는 각각의 혼합비를 표시할 때 사용된다.
② 퍼센트(%)
   희석액 100 중에 포함된 소독약의 양을 말한다.

$$퍼센트(\%) = \frac{용질(소독약)}{용액(희석액)} \times 100(\%)$$

③ 퍼밀리(‰)
   소독액 1,000 중에 포함된 소독약의 양을 말한다.

$$퍼밀리(‰) = \frac{용질(소독약)}{용액(희석액)} \times 1,000(\%)$$

④ ppm
   용액량 100만 중에 포함된 용질량을 말한다.

$$피피엠(ppm) = \frac{용질(소독약)}{용액(희석액)} \times 1,000.000(ppm)$$

4) 소독액의 종류 및 특징

① 석탄산(페놀)

　㉠ 특징

- 살균력의 표준 지표로 사용하며, 승홍수의 1,000배의 살균력을 보유하고 있다.
- 염산 첨가 시 소독 효과가 상승하고 온도 상승에 따라 살균력도 비례하여 증가한다.
- 석탄산 살균 작용 기전 : 단백질의 응고 작용, 세포의 용해 작용, 균체 내 침투 작용
- 석탄산 계수 : 소독약의 살균력을 비교하기 위한 계수

$$석탄산계수 = \frac{특정\ 소독약의\ 희석배수}{석탄산의\ 희석배수}$$

　㉡ 장점

- 싼 가격, 경제적, 넓은 사용 범위, 화학 변화가 없다.
- 살균력이 안정적이고 모든 균에 효과적이다.
- 단백질을 응고시키지 않고 객담, 토사물에도 사용이 적합

　㉢ 단점

- 피부 점막에 대한 강한 자극성이 있고 금속을 부식시키고 냄새가 있다.
- 바이러스와 아포에 약하며, 저온에서는 효력이 낮아진다.
- 취기와 독성이 강하며 크레졸 용액보다 살균력이 낮다.

　㉣ 방법

- 석탄산 3% + 물 97% 사용한다.
- 10분 이상은 소독하지 않도록 주의한다.
- 보통 소독 농도(방역용) : 3% 수용액, 손 소독 : 2% 수용액
- 오염된 환자의 의류, 분비물, 용기, 오물, 변기 등에 적합

② 크레졸 비누액(크레졸)

　㉠ 특징

- 석탄에서 얻어지는 것으로 비누액을 사용한다.
- 물에 잘 녹지 않아 칼륨 비누액과 혼합하여 사용한다.

　㉡ 장점

- 경제적이고 모든 균에 효과가 있어 적용 범위가 넓다.
- 피부에 자극이 없고 유기 물질 · 세균 소독에 효과적이다.
- 소독력이 석탄산보다 2~3배 정도로 강하다.
- 결핵균에 대한 살균력이 강해서 객담 소독에 적합하다.

　㉢ 단점 : 냄새가 강하며, 바이러스에 대한 소독력이 약하다.

　㉣ 방법

- 크레졸 비누액 3% + 물 97% 사용, 10분 이상 담가 사용한다.
- 피부나 손의 소독은 1~2%, 바닥이나 화장실은 10% 용액을 사용한다.

- 수지, 오물, 객담, 고무제, 플라스틱제, 브러시, 변기, 의류, 침구, 피부 등의 소독 및 이·미용실 바닥, 실내 소독에 적합하다.

③ **포름알데히드**

　㉠ 메틸알코올을 산화시켜 만든 가스 상태의 소독약이다.

　㉡ B형간염 바이러스에 가장 유효한 소독제이다.

　㉢ 밀폐된 실내 소독, 내부 물건 소독을 대상으로 한다.

④ **포르말린**

　㉠ 포름알데히드가 37% 포함된 수용액으로 수증기를 동시에 혼합하여 사용한다.

　㉡ 온도가 높을수록 소독력이 강하며, 훈증 소독법으로도 사용한다.

　㉢ 세균의 포자를 사멸하는 방법이다.

　㉣ 의류, 금속 기구, 도자기, 나무 제품, 플라스틱, 고무 제품 등을 대상으로 한다.

⑤ **승홍수**

　㉠ 특징
- 무색, 무취하며, 살균력이 강하고 단백질을 응고시킨다.
- 온도가 높을수록 강한 살균력이 있어 가온하여 사용한다.
- 맹독성이 강하여 아무 데나 방치하면 위험하므로 착색(적색 또는 청색)하여 보관한다.

　㉡ 장점
- 적은 양으로도 살균력이 강하고 여러 가지 균에 효과적이다.
- 냄새가 없고 값이 저렴하다.

　㉢ 단점
- 금속을 부식시키고 독성이 강하다.
- 단백질을 응고시키므로 객담, 토사물, 분뇨 소독에는 부적합하다.
- 유기물에 대한 완전한 소독이 어렵다.
- 피부 점막에 자극성이 강하므로 상처 있는 피부에는 적합하지 않다.

　㉣ 방법
- 1,000배(0.1%)의 수용액을 사용한다.
- 조제법 : 승홍 1g + 식염 1g + 물 998ml
- 기구, 유리, 목제 등을 대상으로 한다.

⑥ **알코올제(에탄올)**

　㉠ 특징
- 에틴 알코올(에탄올)이 주로 소독에 이용된다.
- 단백질을 응고 시키고 세균의 활성을 방해한다.
- 50% 이하의 농도에서는 소독력이 약하고, 70~75% 농도에서 1시간 이상 소독해야 소독력이 강하다.

ⓛ 장점
- 사용이 간편하고 구입이 편리하다.
- 독성이 거의 없고 얼룩이 남지 않는다.
- 세균과 바이러스에 모두 효과적이며 인체에 무해하다.
ⓒ 단점
- 가격이 비싸고 고무나 플라스틱을 용해한다.
- 아포 형성균에는 효과가 없고 휘발성으로 인화의 위험이 있다.
ⓔ 방법
- 70~75%로 희석하여 사용한다.
- 칼이나 가위 등은 날이 무뎌지기 쉬우므로 거즈나 탈지면에 알코올을 묻혀 닦아 낸다.
- 가위, 브러시, 칼, 피부 소독, 미용 기구, 유리 제품 등을 대상으로 한다.

⑦ **계면활성제(역성비누, 양성비누)**
ⓐ 특징
- 유화, 침투, 세척, 분산, 기포 등의 특성을 가지고 있다.
- 염화벤젤코늄액과 염화벤젤토늄액이다.
- 연한 황색, 또는 무색의 액체로 이ㆍ미용실에서 많이 사용한다.
ⓛ 장점
- 강한 살균력과 침투력, 무색ㆍ무취로 자극이 적다.
- 무독성으로 금속을 부식시키지 않으며 물에 잘 녹는다.
ⓒ 단점
- 세정력이 약하고 값이 비싸다.
- 일반 비누와 사용하면 살균력이 떨어진다.
- 아포와 결핵균에 대해서는 효과가 없다.
ⓔ 방법
- 0.01~0.1%의 농도를 사용한다.
- 손 소독의 경우 10% 용액을 100~200배 희석하여 사용한다.
- 기구나 식기는 0.25~0.5% 수용액에 30분 이상 담근다.
- 수지, 식기, 기구, 손 소독, 식품 소독을 대상으로 한다.

⑧ **염소제(표백분, 클로르석회)**
ⓐ 균체에 염소가 직접 결합하거나 산화하여 효력이 발생한다.
ⓛ 염소(클로린, CI_2)
- 기체 상태로서는 살균력이 크고 자극성과 부식성이 강하다.
- 상수도, 하수도 소독과 같은 대규모 소독 이외에는 별로 사용되지 않는다.
ⓒ 표백분(클로르석회, $CaOCI_2$)
- 음료수나 수영장 소독 및 채소, 식기 소독에 사용한다.

- 음료수 소독 때는 0.2~0.4ppm 정도를 사용한다.

⑨ 생석회

　㉠ 냄새가 없는 백색의 고형이거나 분말 형태이다.

　㉡ 화장실, 분뇨, 토사물, 분뇨통, 쓰레기통, 하수도 주위 등에 대상으로 한다.

⑩ 과산화수소

　㉠ 2.5~3.5% 수용액으로 소독에 사용한다.

　㉡ 살균력과 침투성이 약하고 자극이 없다.

　㉢ 살균 및 탈취뿐만 아니라 특히 표백의 효과가 있어 두발 탈색제에도 사용된다.

　㉣ 발포 작용에 의해 인후염, 구내염, 구내 세척제, 창상 부위 소독 등을 대상으로 한다.

⑪ 요오드

　염소와 마찬가지로 바이러스, 세균, 포자, 곰팡이, 원충류 및 조류같이 광범위한 미생물에 대한 살균력을 갖고 페놀에 비해 강한 살균력을 갖는 반면 독성이 훨씬 적은 소독제이다.

⑫ 머큐로크롬

　㉠ 수은에 에오딘 색소를 결합한 것으로 분말이 녹아서 선홍색이 된다.

　㉡ 수용액 2%를 사용하고 피부 상처 및 점막 소독을 대상으로 한다.

(3) 소독 대상에 따른 소독법

① 대소변, 배설물, 토사물 : 소각법, 석탄산수, 크레졸수, 생석회 분말 등

② 의복, 침구류, 모직물 : 일광 소독, 증기 소독, 자비 소독, 크레졸수, 석탄산수 등

③ 초자기구, 목축제품, 도자기류 : 석탄산수, 크레졸수, 승홍수, 포르말린수, 증기 소독, 자비 소독 등

④ 고무 제품, 피혁 제품, 모피, 칠기 : 석탄산수, 크레졸수, 포르말린수 등

⑤ 분변, 쓰레기통, 하수구

　㉠ 분변 : 생석회 / 변기

　㉡ 변소 : 석탄산수, 크레졸수, 포르말린수 등

⑥ 음료수 : 자비 소독, 자외선, 염소, 표백분, 차아염소산나트륨 등

⑦ 채소, 과일 : 차아염소산나트륨, 표백분, 역성비누 등

⑧ 병실 : 석탄산수, 크레졸수, 포르말린수 등

⑨ 환자 및 환자 접촉자(손) : 석탄산수, 크레졸수, 승홍수, 역성비누

⑩ 미용실 실내 소독 : 포르말린, 크레졸

⑪ 미용실 기구 소독 : 크레졸, 석탄산

⑫ 미용실 내 타월 소독 : 자비 소독, 증기 소독, 역성비누, 일광 소독

⑬ 피부 관리실 내 기구 소독 : 알코올

⑭ 전염병 환자 퇴원 시 병원 소독 : 종말 소독

(4) 이·미용 기구의 소독 기준 및 방법(공중위생관리법 제5조, 일반 기준)

① 자외선 소독 : 1㎠당 85㎼ 이상의 자외선을 20분 이상 쬐어준다.

② 건열 멸균소독 : 섭씨 100℃ 이상의 건조한 열에 20분 이상 쐬어 준다.

③ 증기 소독 : 섭씨 100℃ 이상의 습한 열에 20분 이상 쐬어 준다.

④ 열탕 소독 : 섭씨 100℃ 이상의 물속에 10분 이상 끓여 준다.

⑤ 석탄산수 소독 : 석탄산수(석탄산 3%, 물 97%의 수용액)에 10분 이상 담가 둔다.

⑥ 크레졸 소독 : 크레졸수(크레졸 3%, 물 97%의 수용액)에 10분 이상 담가둔다.

⑦ 에탄올 소독 : 에탄올 수용액(에탄올이 70%인 수용액)에 10분 이상 담가 두거나 에탄올 수용을 머금은 면 또 거즈로 기구의 표면을 닦아준다.

Chapter 02 미생물 총론

1 미생물의 정의 및 역사

(1) 미생물의 정의

육안으로 보이지 않는 0.1㎛ 이하의 미세한 생물체의 4총칭으로 조류(Algae), 균류(Bacteria), 원생동물류(Protozoa), 사상균류(Mold), 효모류(Yeast), 바이러스(Virus) 등이 이에 속한다.

(2) 미생물의 역사

① 기원전 459~377년

㉮ 히포크라테스(Hippocrates)의 장기설 : '나쁜 바람이 병을 운반해 온다.'

㉯ 페스트, 천연두, 매독 유행

② 1632~1723년 : 네덜란드의 레벤후크(Leeuwenhoek)가 현미경 발견

③ 1822~1895년 : 파스퇴르(Pasteur)

㉮ 저온멸균법(미생물사멸)

㉯ S자 플라스크(외기의 침입방지로 장기간 보관)

㉰ 효모법 등의 발견

④ 1843~1910년 : 독일의 코흐(Kcoh)는 병원균(콜레라균, 결핵균, 탄저균) 발견으로 세균연구법 기초 확립

2 미생물의 분류 및 미생물의 증식

(1) 병원성 미생물
① 체내에 침입하여 병적인 반응을 일으키는 미생물
② 매독, 인도마마, 결핵, 수막염, 대장균, 세균성이질, 콜레라 등

(2) 비병원성 미생물
① 병원균이 침입하여도 반응이 없는 미생물
② 자연계의 항상성을 유지해주는 역할을 한다.

(3) 유익한 미생물
① 술, 간장, 된장, 기타 발효식품 등을 만드는 데 필요하다.
② 젖산균, 유산균, 효모균, 곰팡이균 등

(4) 미생물 증식곡선
① 잠복기 : 환경 적응 기간으로 미생물의 생장이 관찰되지 않는 시기
② 대수기 : 세포수가 2의 지수적으로 증가하는 시기
③ 정지기 : 세균수가 일정하고 최대치를 나타내는 시기
④ 사멸기 : 생존 미생물의 수가 점차로 줄어드는 시기

Chapter 03 병원성 미생물

1 병원성 미생물의 분류 및 특성

(1) 세균(Bacteria)
① 구균(Coccus, 세균의 형태가 구형이나 타원형인 것) : 포도상구균, 연쇄상구균, 단구균, 쌍구균 등
② 간균(Bacillus, 원통형 또는 막대기처럼 길쭉한 것) : 연쇄상간균(디프테리아균), 단균(장간균, 단간균)
③ 나선균(Spirochaeta, 세포벽이 얇고 탄력성이 있는 나선형, 코일모양인 것) : 콜레라균, 트레포네마 등

(2) 바이러스(Virus)
① 병원체 중 가장 작아서 전자현미경으로 측정
② 살아있는 세포 속에서만 생존

③ 열에 불안정(56℃에서 30분 가열하면 불활성 초래 – 간염바이러스 제외)

(3) 기생충(동물성 기생체)

1) 진균 : 광합성이나 운동성이 없는 생물

① 균사체로 구성된 사상균으로 버섯, 곰팡이, 효모 등이 해당한다.

② 두부백선, 조갑백선, 체부백선, 칸디다증(질염), 무좀의 원인균이다.

2) 리케차

① 세균보다 작고 살아있는 세포 안에서만 기생하는 특성(세균과 바이러스의 중간 크기)

② 절지동물(진드기, 이, 벼룩 등)을 매개로 질병에 걸리며, 발진성, 열성 질환을 일으킨다.

3) 클라미디아

① 세균보다 작고 살아있는 세포 안에서만 기생하나 균 체계 내에 생산계를 갖지 않는다.

② 트라코마, 앵무병, 서혜 림프 육아종 등

> **Tip**
> • 미생물의 크기 : 곰팡이 〉 효모 〉 세균 〉 리케차 〉 바이러스
> • 미생물의 성장과 사멸에 영향을 주는 요소
>   영양원, 온도와 산소농도, 물의 활성, 빛의 세기, 삼투압, pH

Chapter 04 소독방법

1 살균력 평가 및 주의사항

(1) 살균력 평가

① 소독제의 살균력을 평가하는 기준은 석탄산계수이다.

② 석탄산계수 $= \dfrac{\text{(다른)소독약의 희석배수}}{\text{석탄산의 희석배수}}$

예를 들어 석탄산계수가 2이고 석탄산 희석배수가 40인 경우 소독약품의 희석배수는 80이다.

(2) 소독 시 고려요인 및 주의사항

① 소독할 물건의 성질에 유의하여 적당한 소독약이나 소독법을 선택하여 실시한다.

② 병원미생물의 종류와 멸균, 살균 또는 소독의 목적과 방법, 그리고 시간을 미리 염두에 둔다.

③ 소독약은 사용할 때마다 필요한 양만큼 조금씩 새로 만들어서 쓴다.

④ 약품에 따라 밀폐해서 냉암소에 보존해 둔다.

Chapter 05 분야별 위생·소독

1 기구 및 도구의 위생·소독

(1) 가위

① 금속제품을 소독할 때는 부식되거나 날이 상하지 않도록 유의하며, 70% 에탄올을 이용하여 소독한다(70%의 알코올 용액에 20분간 침수시켜 소독).
② 고압증기멸균기를 사용할 때는 소독포에 싸서 소독하며, 소독하기 전 물이나 수건 등을 사용하여 이물질을 제거한다.

(2) 레이저

① 갈아 끼우는 부분에 때나 이물질이 끼어 소독 상태가 불완전하게 되는 경우가 많으므로 주의해야 한다.
② 고객마다 소독된 일회용 날을 사용해야 하며, 재사용해서는 안 된다.

(3) 헤어 클리퍼

① 사용 후 클리퍼 앞쪽을 분리한 후 머리카락을 털어 낸 다음 70% 알코올을 적신 솜으로 소독한다.
② 소독 후 건조한 다음 기름칠을 해야 하며, 주 1회 정도는 완전히 분해하여 소독을 꼼꼼하게 한다.

(4) 각종 빗류

① 미온수에 세제 및 샴푸를 풀어 빗 종류를 담근 후에 세척하여 물기를 제거한 후 자외선 소독기에서 소독한다.
② 플라스틱 빗 종류는 약액 및 열에 변형되기 쉬우므로 주의한다.

(5) 타월

① 염모제 전용 타월과 일반 타월, 색깔 있는 타월과 백색 타월을 구분하여 세탁한다.
② 타월 세탁 시에는 세제와 염소계통의 소독약을 넣어 세탁한다.

(6) 가운류

① 섬유제품 : 세탁할 때 염소계통의 소독약을 넣어 세탁한다.
② 비닐제품 : 샴푸, 염색용 케이프는 물을 전혀 흡수하지 않아 세탁하면 뒤처리가 곤란하므로 손세탁으로 씻어내고 소독한 후 그늘에서 건조한다.

(7) 로드, 고무줄, 세팅롤

약액이 남으면 다음 고객에게 사용할 때 악영향을 미칠 수 있으므로 약액이 남지 않도록 꼼꼼하게 세척한다.

(8) 퍼머용 고무장갑, 스펀지

미온수에 약액이 남지 않도록 깨끗하게 헹궈 그늘에서 건조한다.

(9) 핀과 클립

진균 등으로 인한 피부염을 방지하기 위해 70% 알코올 용액에 20분 정도 담가 소독한 후 사용한다. 단, 재질이 플라스틱일 경우에는 70%의 알코올을 적신 솜으로 닦아 준다.

2 이·미용기구 소독의 일반기준

- 자외선소독 : 1cm²당 85㎼ 이상의 자외선을 20분 이상 쬐어준다.
- 건열멸균소독 : 섭씨 100℃ 이상의 건조한 열에 20분 이상 쐬어 준다.
- 증기소독 : 섭씨 100℃ 이상의 습한 열에 20분 이상 쐬어 준다.
- 열탕소독 : 섭씨 100℃ 이상의 물속에 10분 이상 끓여준다.
- 석탄산수소독 : 석탄산수(석탄산 3%, 물 97%의 수용액)에 10분 이상 담가둔다.
- 크레졸소독 : 크레졸수(크레졸 3%, 물 97%의 수용액)에 10분 이상 담가둔다.
- 에탄올소독 : 에탄올수용액(에탄올이 70%인 수용액)에 10분 이상 담가두거나 에탄올수용액을 머금은 면 또는 거즈로 기구의 표면을 닦아준다.

예상문제

01 용질 10g에 용액 400mL가 녹아 있을 때 이 용액은 약 몇 % 용액인가?

① 80% ② 2.5%

③ 8%   ④ 0.25%

02 바이러스에 대한 설명으로 틀린 것은?

① 독감 인플루엔자를 일으키는 원인에 해당한다.

② 크기가 작아 세균 여과기를 통과한다.

③ 살아있는 세포 내에서 증식이 가능하다.

④ 유전자는 DNA와 RNA 모두로 구성되어 있다.

03 가청주파 영역을 넘는 주파수를 이용하여 미생물을 불활성화시킬 수 있는 소독 방법은?

① 전자파 멸균법

② 초음파 멸균법

③ 방사선 멸균법

④ 고압 증기 멸균법

04 소독 대상물의 용품이나 기구 등을 일차적으로 청결하게 세척하는 것은 다음의 소독 방법 중 어디에 해당하는가?

① 여과(Filtration)

② 정균(Microbiostasis)

③ 희석(Dilution)

④ 방부(Anitseptic)

05 다음 소독약 중 할로겐계가 아닌 것은?

① 표백분

② 석탄산

③ 차아염소산나트륨

④ 요오드

PART
5

화장품학

Chapter 01 화장품학 개론

1 화장품의 정의와 분류

(1) 화장품의 정의(화장품법 제2조 제1항)

인체를 청결 · 미화하여 매력을 더하고 용모를 밝게 변화시키거나 피부 · 모발의 건강을 유지 또는 증진하기 위하여 인체에 바르고 문지르거나 뿌리는 등 이와 유사한 방법으로 사용되는 물품으로서 인체에 대한 작용이 경미한 것을 말한다. 다만 약사법 제2조 제4항의 의약품에 해당하는 물품은 제외한다.

> **Tip**
> 우리나라는 1999년 9월 화장품법 제정, 2000년 7월부터 시행

(2) 화장품의 4대 요건 : 안전성, 안정성, 사용성, 유효성

(3) 화장품의 분류(형태에 따른 분류)

① 가용화제(Solution)
  ㉠ 계면활성제에 의해 물에 소량의 오일 성분이 투명하게 용해되는 제품
  ㉡ 화장수, 에센스, 헤어 토닉, 헤어 리퀴드, 향수 등
② 유화제(Emulsion)
  ㉠ 계면활성제에 의해 오일 성분이 물에 우윳빛으로 백탁화된 상태의 제품
  ㉡ 크림(W/O형), 로션(O/W형)
③ 산제(Powder)
  ㉠ 물 또는 오일 성분에 미세한 고체 입자가 계면활성제에 의해 균일하게 혼합된 상태의 제품
  ㉡ 파운데이션, 마스카라, 아이섀도, 트윈케이크 등

2 화장품의 성분과 원료

(1) 수성 원료

물, 에탄올, 보습제, 카보머 등이 해당한다.

(2) 유성 원료(오일, 왁스)

① 오일
  ㉠ 식물성 오일
    • 식물의 잎이나 열매에서 추출하며, 냄새는 좋으나 부패하기 쉬움
    • 동물성 오일에 비해 흡수력이 다소 떨어지나 피부에 안전성이 뛰어남

종류	특징
윗점 오일 (Wheat Germ Oil)	• 밀 배아에서 추출, 불포화지방산, 비타민 E 다량 함유 • 건성 피부, 노화 피부의 세포 재생에 효과적
그레이프시드 오일 (Grapeseed Oil)	• 포도 씨에서 추출, 비타민 E, F 다량 함유 • 흡수력이 뛰어나고 지성 피부, 알레르기 피부에 효과적
이브닝 프라임 로즈 오일 (Evening Prime Rose Oil)	• 달맞이꽃 씨앗에서 추출, 감마리놀렌산, 프로스타글라딘 풍부 • 상처 치료 촉진, 콜레스테롤 수치 조절, 혈압 강하 • 습진, 비듬, 건선, 과다 각질, 관절염에 효과적
헤이즐넛 오일 (Hazelnut Oil)	• 개암나무 열매에서 추출, 비타민 E 풍부 • 수렴 효과, 지성 피부, 복합성 피부에 효과적
카렌듈라 오일 (Calendula Oil)	• 금잔화 꽃에서 추출 • 염증 제거, 상처 치유, 림프절 염증 완화, 수렴 작용, 지혈 작용 • 아토피 피부, 알러지 피부, 탄력 저하 피부, 종기, 기저귀 발진, 찰과상, 습진, 건선, 멍에 효과적
호호바 오일 (Jojoba Oil)	• 호호바 종자(북미산 회양목과의 관목)를 압출하여 정제 • 피지 분비 조절, 보습 및 상처 치유 효과 • 지성 피부, 여드름 피부에 적합, 보존 안전성
아몬드 오일 (Almond Oil)	• 아몬드 핵에서 추출 • 유연 작용, 진정 작용, 퍼짐 작용이 우수
올리브 오일 (Olive Oil)	• 올리브 열매를 냉동 압착하여 추출 • 피부에 잘 흡수되며, 선탠 오일에 사용
아보카도 오일 (Avocado Oil)	• 아보카도 열매에서 추출, 비타민 A, B_2 함유 • 친화성과 퍼짐성이 우수, 건성 피부, 노화 피부에 콜라겐 증가
피마자 오일 (Castor Oil)	• 피마자(아주까리) 종자에서 추출 • 피부 침투력이 뛰어나며, 다른 성분들의 결합에 도움
코코넛 오일 (Coconut Oil)	• 야자의 종자에서 추출 • 비누의 원료, 연고, 마사지 크림, 자외선 차단 제품의 원료
로즈힙 오일 (Rosehip Oil)	• 야생 장미의 종자에서 추출 • 화상, 상처 치유, 노화 억제, 색소 침착 방지 효과
마카다미아 넛트 오일 (Macadamin Nut Oil)	• 마카다미아의 열매에서 추출 • 인체의 피지와 유사하여 피부의 친화성이 좋음
보리지 오일 (Borage Oil)	• 피부 재생 효과(감마리놀렌산 다량 함유) • 폐경기 증후군, 심장병 치료에 탁월, 냉장 보관
새플라워 오일 (Safflower Oil)	• 홍화에서 추출, 비타민과 미네랄 풍부 • 건조한 성질 때문에 아보카도 등의 식물 오일과 혼합해 사용

종류	특징
세사미 오일 (Sesame Oil)	• 참깨에서 추출, 비타민, 미네랄 풍부 • 산화 안정성이 높고 대사 기능 촉진 효과
아프리코 커널 오일 (Aprico Kernel Oil)	• 살구 씨에서 추출, 필수지방산, 비타민 등이 풍부 • 건조한 피부, 습진성 피부에 효과, 노화 방지, 탈수 현상 완화

　　ⓒ 동물성 오일
　　　• 동물의 피하 조직이나 장기에서 추출하며, 냄새가 강해서 그대로 화장품의 원료로 사용하기가 어려움
　　　• 종류 : 스쿠알렌(Squalene), 밍크 오일(Mink Oil)
　　ⓒ 광물성 오일(탄화수소류)
　　　• 탄소와 수소로 이루어진 화합물로 석유에서 추출하며 무색, 투명하고 피부 흡수율이 낮음
　　　• 종류 : 미네랄 오일(Mineral Oil), 바세린(Vaseline), 실리콘(Silicon)
　　ⓔ 고급 지방산(Fatty Acid)
　　　• 동물성 유지로, 탄소 수 C_{12} 이상의 포화지방산
　　　• 종류 : 팔미틴산(Palmitic Acid), 스테아린산(Stearic Acid), 라우르산(Lauric Acid), 미리스틴산(Myristic Acid), 올레인산(Oleic Acid)
　　ⓜ 고급 지방알코올(Fatty Alcohol)
　　　• 천연 유지와 석유에서 합성하여 얻음
　　　• 종류 : 세틸알코올(Cetyl Alcohol), 스테아릴알코올(Stearyl Alcohol), 올레이알코올(Oley Alcohol), 마리스틸알코올(Myristyl Alcohol)
　　ⓗ 에스테르(Ester)
　　　• 지방산과 지방알코올의 탈수 반응으로 생성
　　　• 노화 및 건성용 화장품에 많이 사용되나, 여드름을 유발할 수 있는 성분(Comedogenic)
　　　• 종류 : 부틸스테아레이트(Butyl Stearate), 이소프로필미리스테이트(Isopropyl Myristate), 이소프로필팔미테이트(Isopropyl Palmitate)
　② 왁스 : 기초 화장품이나 메이크업 화장품에 사용되는 고형의 유성 성분으로, 고급 지방산에 고급 알코올이 결합된 에스테르이며, 화장품의 굳기를 증가시킨다.
　　㉠ 동물성 왁스
　　　• 라놀린(Lanolin) : 양모에서 추출, 가열 압착하거나 용매로 추출하여 사용
　　　• 경납(Spermaceti) : 향유고래(머리 부분)에서 추출, 주성분은 세틸팔미테이트
　　　• 밀랍(Bees Wax) : 꿀벌의 벌집에서 추출, 가열 압착하거나 용매로 추출하여 사용
　　㉡ 식물성 왁스
　　　• 칸데릴라 왁스(Candelilla Wax) : 칸데릴라 식물의 줄기에서 얻은 왁스를 정제한 것
　　　• 카르나우바 왁스(Carnauba Wax) : 카르나우바 야자나무의 잎과 꼭지로부터 추출한 것

③ 계면활성제(Surface Active Agents) : 물에 녹기 쉬운 친수성 부분과 기름에 녹기 쉬운 소수성 부분을 가지고 있는 화합물이다.

　　㉠ 계면활성제의 작용
　　　• 기포 형성제, 세정제 : 비누, 샴푸, 클렌저
　　　• 유화제 : 로션, 크림
　　　• 가용화제 : 화장수, 헤어 토닉, 향수
　　　• 습윤제 : 메이크업 파우더

　　㉡ HLB(Hydrophilic Lipophilic Balance)
　　　• 계면활성제가 물에 잘 녹는지 잘 녹지 않는지를 나타내는 척도
　　　• HLB 값은 0~20으로 나타내며, HLB가 낮을수록 물에 잘 녹지 않고, HLB가 높을수록 물에 잘 녹는 성질

　　㉢ 미셀(Micell)
　　　• 계면활성제는 농도가 점점 증가하면 계면활성제의 분자나 이온들이 결합체를 형성
　　　• 모인 결합체로 물에 녹는 경우, 일정 농도 이상이 되면 소수성 부분이 핵을 형성하고 친수성 부분은 물에 닿는 표면을 형성

종류	특징	제품
양이온성 계면활성제	• 음이온성보다 약한 세정력 • 살균 · 소독 · 유연 작용, 정전기 발생 억제	헤어 린스, 헤어 트리트먼트, W/O 타입의 클렌징 크림 등
음이온성 계면활성제	• 가장 먼저 개발된 계면활성제 • 많은 피부 자극 • 세정 작용, 기포 형성 작용 • 세정력이 강해 피부가 거칠어짐	고형 비누, 샴푸, 클렌징 폼, O/W 타입의 크림 등
양쪽성 계면활성제	• 음이온성과 양이온성을 동시에 가지고 있으며, 피부 자극과 독성이 적음 • 세정 작용, 살균 작용, 정전기 발생 억제	저자극 샴푸, 베이비 샴푸, 헤어 린스
비이온성 계면활성제	• 물에 용해되어도 이온화되지 않음 • 적은 피부 자극	화장수의 가용화제, 분산제, 크림의 유화제, 클렌징 크림의 세정제

Tip
　• 계면활성제의 피부 자극 순서 : 양이온성 〉음이온성 〉양쪽이온성 〉비이온성
　• 계면활성제의 세정력이 강한 순서 : 음이온성 〉양쪽이온성 〉양이온성 〉비이온성

④ 보습제(Humectant)
　　㉠ 피부를 촉촉하게 하는 작용으로 피부의 건조함을 막아 주는 역할을 한다.
　　㉡ 조건 : 적절한 흡착력과 지속력, 피부 친화력이 있어야 하고, 휘발성이 없어야 한다.

ⓒ 종류 : 글리세린(Glycerin), 프로필렌글리콜(Propylene Glycol), 부틸렌글리콜(Butylene Glycol), 소르비톨(Sorbitol), 폴리에틸렌글리콜(Polyethlene Glycol), 소디움 PCA(Sodium Pyrrolidone Carboyxlic Acid), 천연보습인자(NMF)

⑤ 방부제(Preservatives)

ⓐ 미생물에 의한 화장품의 변질을 방지하기 위해서 세균의 성장을 억제 또는 방지할 목적으로 첨가하는 물질이다.

ⓑ 종류 : 파라벤류(Paraben ; 파라옥시향산에스테르), 이미다졸리디닐우레아(Imidazolidinyl Urea), 페녹시에탄올(Phenoxy Ethanol), 이소치아졸리논(Isothiazolinone)

⑥ 착색료(Colorants)

ⓐ 화장품에는 색을 입히는 착색료가 필요하다.

ⓑ 염료(Dye) : 물 또는 오일을 녹이는 색소이다.

ⓒ 안료(Pigment) : 물 또는 오일에 녹지 않는 색소이다.

ⓓ 천연색소 : 동·식물에서 추출한 것을 말한다.

⑦ 산화방지제(Antioxidant)

ⓐ 공기 중의 산소에 의해 화장품이 변질되는 것을 방지하기 위해서 첨가하는 물질이다.

ⓑ 화장품의 보관, 유통, 사용 단계에서 안정된 품질을 유지한다.

⑧ 금속 이온 봉쇄제(Sequestering Agent)

ⓐ 화장품 원료 중 중금속 이온이 들어 있으면 유성 원료의 산화를 촉진시킨다.

ⓑ 금속 이온의 불활성화를 목적으로 사용한다.

ⓒ EDTA(에틸렌디아민 4초산)의 나트륨염을 대표적으로 사용한다.

⑨ 완충제(Buffering Agent)

ⓐ 시트러스 계열(Citrus Fruit) : 화장품의 pH를 산성화한다.

ⓑ 암모늄 카보나이트(Ammonium Carbonate) : 화장품의 pH를 알칼리화한다.

⑩ 향료

ⓐ 화장품에 있어 향은 각종 원료의 냄새를 줄이고 화장품의 이미지를 높이기 위한 필수 성분이다.

ⓑ 향료는 천연 향료와 인공 향료로 구분되고, 일반 화장품은 주로 인공 향료를 사용하기 때문에 향에 의한 피부 독성과 자극이 생기기도 한다.

ⓒ 천연 향료 : 피부 자극이나 독성이 없고 안정하나 가격이 비싸다.

식물성 향료	• 약 1,500여 종	• 나무 껍질 : 시나몬
	• 꽃 : 장미, 재스민	• 전초 : 라벤더, 레몬글라스
	• 잎 : 제라늄, 패츄리	• 과피 : 레몬, 라임, 베르가못

동물성 향료	• 사향(Muck) : 사향 노루의 생식선 분비물을 건조한 암갈색 물질 • 영묘향(Civet) : 높은 고원에 서식하는 사향고양이의 암수 분비선 추출 • 헤리향(Castrium) : 시베리아 등지에 서식하는 비버의 암수 생식선 추출 • 용연향(Ambergris) : 사향고래의 장내에서 생기는 결석을 건조한 것

ⓒ 합성 향료 : 500~600여 종이 이용되며, 천연 물질이나 합성 물질로부터 화학적 과정을
   거쳐 얻는다.
   • 합성 향료 : 화학적으로 만들어진 향
   • 단리 향료 : 천연 향료에서 분리한 단일 성분으로 만들어진 향
ⓜ 조합 향료 : 천연 향료와 합성 향료의 배합에 의해 만들어진 향으로, 많을 때는 100여 종
   이상의 향료가 일정 비율로 혼합되어 좋은 냄새를 발하는 혼합체이다.

> 화장품 원료 등의 평가 과정(화장품법 제17조 제1항) : 확인 → 결정 → 평가 → 종합 결정
> • 위험성 확인 과정 : 위해 요소의 인체 내 독성을 확인하는 과정
> • 위험성 결정 과정 : 위해 요소의 인체 노출 허용량을 산출하는 과정
> • 노출 평가 과정 : 위해 요소가 인체에 노출된 양을 산출하는 과정
> • 위해도 결정 과정 : 앞의 결과를 종합하여 인체에 미치는 위해 영향을 판단하는 과정

3 화장품의 종류와 작용

(1) 기초 화장품

피부에 유해한 자외선, 바람, 산화로부터 피부를 보호하고 향상성을 유지시켜 언제나 건강하
고 아름다운 피부를 유지하는 역할을 한다.

① 화장수(Skin)

종류	특징	제품
유연 화장수	• pH 5.5 정도의 약산성 화장수 • 피부를 매끄럽게 하고 세균 등의 침투를 예방 • 보습제와 유연제가 함유되어 각질층을 부드럽고 촉촉하게 만듦	스킨 소프트너
수렴 화장수	• 모공 수축 작용이 목적, 각질층에 수분을 공급 • 알코올 함량이 많아 청량감이 있고, 소독 작용 • 목적에 따라 피지 억제 성분을 배합	스킨 토너, 아스트린젠트, 토닝 로션
세정용 화장수	• 메이크업 잔여물과 피지 등의 노폐물 제거 • 세정력을 높이기 위해 계면활성제와 에탄올 배합 • 가벼운 화장을 지울 때 사용	

② 로션(Lotion)
  ㉠ 수분이 약 60~80%, 유분이 30% 이하인 O/W형의 유화제이다.
  ㉡ 피부에 퍼짐성이 좋고, 빨리 흡수되며, 사용감이 가볍고, 수분과 유분을 공급해 준다.
③ 크림(Cream)
  ㉠ 유분과 보습제가 다량 함유되어 있어 피부의 보습, 유연 기능을 갖게 한다.
  ㉡ 약유성 크림(바니싱 크림) : 지성 피부에 사용하면 효과적이다.

  • O/W형(Oil in Water) : 수분 내에 기름이 분산된 수중유형으로 보통 약유성과 중유성 크림 두 종류
    이며, O/W형 크림은 사용감이 산뜻하고 퍼짐성이 좋음
  • W/O형(Water in Oil) : 기름 중에 물이 분산된 유중수형으로 보통 유성의 함유량이 50% 이상이며,
    W/O형 크림은 O/W형 크림에 비해 퍼짐성은 낮으나 수분의 손실이 적어 지속성이 좋음

④ 에센스(Essence)
  ㉠ 고농축 화장품으로 각종 보습 성분과 유효 성분이 다량 함유되어 있다.
  ㉡ 앰플, 컨센트레이트, 세럼이라고 한다.
⑤ 팩과 마스크(Pack & Mask)
  ㉠ 적당한 두께로 발라 일정 시간 외부로부터 공기를 차단하여 원하는 효과를 얻는다.
  ㉡ 마스크의 종류

종류	특징
고무 마스크	• 팩을 개어서 얼굴에 붙인 뒤에 마르면 떼어내는 형태의 필 오프 타입 • 외부와 공기를 차단시킴으로써 모공이 확장되어 영양 성분들이 피부 속으로 흡수됨 • 알긴 성분이 주성분으로 굳으면 탄성이 생겨 고무 형태 형성 • 여드름 등 민감성 피부도 사용 가능
콜라겐 벨벳 마스크	• 얼굴의 유분기를 완전히 제거한 상태에서 도포 • 토너나 증류수를 이용하여 얼굴의 크기나 모양에 맞게 자른 벨벳을 덮고 기포가 생기지 않도록 도포 • 피부 탄력 증진, 잔주름 완화 효과, 모든 피부에 사용 적합
석고 마스크	• 분말 형태의 석고를 물에 개어 사용 • 석고 밑에 도포하는 앰플과 크림의 성분에 따라 효과 • 건성 피부, 노화 피부에 효과적, 민감성 피부는 부적합

메이크업 화장품

1 메이크업 화장품

(1) 베이스 메이크업(Base Make-Up) 화장품의 종류와 작용

① 메이크업 베이스(Make-Up Base) : 파운데이션의 피부 흡수를 막고 파운데이션의 밀착성과 발림성을 좋게 만들어 지속성을 유지시킨다.

색상	특징
베이지색	피부색과 유사하기 때문에 자연스럽고 무난
분홍색	유난히 창백하고 혈색이 없는 피부에 사용
보라색	노란기가 도는 동양인의 피부색을 화사하게 표현
파란색	여드름이나 혈관의 확장으로 인한 붉은 피부에 사용
녹색	얼굴색이 어둡거나 기미나 잡티가 많은 피부에 사용
흰색	피부 톤을 한 톤 밝게 표현하여 맑은 느낌을 주고 싶은 경우 사용

② 파운데이션(Foundation) : 피부의 결점을 감추고, 피부를 보호해 준다.

종류	특징
리퀴드 파운데이션 (Liquid Foundation)	• O/W형으로 오일의 양이 10% 정도이며, 사용감이 가벼움 • 자연스러운 메이크업을 완성, 건성 피부에 적합
크림 파운데이션 (Cream Foundation)	• W/O형으로 사용감이 무겁고 퍼짐성이 낮음 • 피부에 윤기와 탄력을 주며 커버력이 좋음 • 땀이나 물에 쉽게 지워지지 않음
스킨 커버 (Skin Cover)	• 오일과 왁스의 양이 50~60% 정도로 사용감이 뻑뻑함 • 기미, 여드름 자국 등을 커버, 커버력이 우수 • 사진 촬영, 무대 분장, 특수 화장 시 사용
트윈 케이크 (Twin Cake)	• 안료에 오일을 압축시킨 형태 • 친유 처리 안료가 배합되어 뭉침이 없고 지속력이 좋음
스틱 파운데이션 (Stick Foundation)	• 스킨 커버와 유사한 기능, 피부 결점을 효과적으로 커버 • 커버스틱(Cover Stick), 컨실러(Concealer) 등

③ 파우더(Powder) : 피부의 결함 또는 땀이나 오일 성분 등으로 피부가 번들거리는 것을 감추어 보송보송한 피부 상태를 만들어 준다.

ⓖ 루즈 파우더(Loose Powder) : 가루 형태의 파우더

ⓛ 프레스트 파우더(Pressed Powder) : 압축형 파우더, 콤팩트 파우더

> • 블루밍 효과 : 보송보송하고 투명감 있는 피부 표현법으로 파우더에서 얻을 수 있는 효과

(2) 포인트 메이크업(Point Make-Up) 화장품

① 아이섀도(Eye Shadow) : 눈두덩에 색채와 음영을 주어 입체감을 부여한다.

② 아이브로우(Eye Brow) : 눈썹 모양을 그리고 눈썹 색을 조정하기 위해 사용한다.

③ 아이라이너(Eye Liner) : 눈의 윤곽을 뚜렷하게 만든다.

④ 마스카라(Mascara) : 속눈썹을 짙고 길게 보이도록 만들며, 눈동자가 또렷해 보인다.

⑤ 블러셔(Blusher) : 볼에 도포하여 음영과 입체감을 부여한다.

2 모발용 화장품

(1) 모발용 화장품의 정의

모발을 청결히 유지하고 원하는 스타일을 연출하기 위해 사용하는 화장품이다.

(2) 모발용 화장품의 종류

① 세정용 : 헤어 샴푸, 헤어 린스

② 정발용 : 헤어 오일 · 무스 · 스프레이 · 젤 · 리퀴드 · 포마드 · 로션 · 크림

3 전신용 화장품

용도	목적	종류
세정용	피부 표면의 먼지, 노폐물을 제거해 청결한 상태 유지	비누, 바디 샴푸, 버블 바스
보습제	건조함을 예방하고 촉촉한 피부 유지	바디 로션, 바디 오일
탄력제	전신 피부의 탄력 유지	• 형태 : 유액, 크림 • 성분 : 레티놀, 콜라겐, 엘라스틴 등
노폐물 배출 및 지방 분해제	신체의 혈액순환을 도와 노폐물을 배출하고 셀룰라이트가 생기기 쉬운 부위의 예방과 관리	천연소금, 미네랄 함유 목욕제, 아로마 함유 제품 등
손, 발 전용	손, 발이 거칠어지는 것을 예방	유액, 크림 타입
선탠용	자외선에 균일하게 그을리게 하여 갈색의 건강한 피부 표현	선탠 오일
액취 방지제	신체의 불쾌한 냄새를 없애거나 방지	데오도란트

(1) 향수(Perfume)

① 정의 : 어원인 라틴어 'per fumum'은 '연기를 통한다'는 의미이며, 향수는 인류가 최초로 사용한 화장품이라고 볼 수 있다.

② 역사

    ㉠ 약 5,000년 전의 고대 사람들이 종교적 의식, 곧 신과 인간과의 교감을 위한 매개체로 사용한 데서부터 시작되었다.

    ㉡ 고대 인도에서 처음 향나무 등을 태워 냄새를 이용한 것이 시초라 할 수 있다.

    ㉢ 키피(Kyphi) : 클레오파트라의 고체 향수

    ㉣ 헝가리워터(Hungary Water)

        • 현대 향수의 시초

        • 1370년 헝가리에서 만들어진 엘리자베스 여왕을 위한 로즈마리와 알코올을 이용한 화장수 형태의 향수

    ㉤ 오데코롱(Eau de Cologue) : 18세기 초 이태리 향수 수집상인 요한 마리나 파리나에 의해 만들어졌다.

③ 향의 농도에 따른 분류

종류	부향률	지속 시간	특징
퍼퓸	15~30%	6~7시간	• 향이 매우 강하므로 포인트에만 적용 • 농후한 분위기를 연출하고 파티에 적합
오드퍼퓸	9~12%	5~6시간	• 퍼퓸에 비해 부향률이 조금 낮음 • 비교적 지속 시간이 길고 향의 깊이가 있음
오드트왈렛	6~8%	3~5시간	• 현재 가장 많이 사용 • 상쾌하면서도 풍부한 향
오데코롱	3~5%	1~2시간	• 향수를 처음 사용할 때 적합 • 가볍고 상쾌한 느낌
샤워코롱	1~3%	약 1시간	• 바디용 방향 제품으로 운동 및 목욕 후 사용 • 매우 가볍고 신선한 느낌

※ 향수의 농도 : 퍼퓸 〉 오드퍼퓸 〉 오드트왈렛 〉 오데코롱 〉 샤워코롱

④ 향의 휘발 속도에 따른 분류

단계		내용
1단계	탑 노트 (Top Note)	• 향수를 뿌린 후 처음 맡을 때 느껴지는 첫 느낌 • 휘발성이 강한 향료들로 이루어짐

2단계	미들 노트 (Middle Note)	• 향의 중간 느낌, 알코올이 휘발된 후 나타나는 향기 • 주로 꽃과 과일 향으로 이루어짐
3단계	베이스 노트 (Base Note)	• 향의 마지막 느낌, 자신의 체취와 어우러져 나는 향기 • 휘발성이 낮은 향료들로 이루어짐

※ 향의 발산 단계 : 탑 노트 → 미들 노트 → 베이스 노트(라스트 노트)

향수 사용법
• 향수를 바르는 부위에 햇빛이 노출되면 기미가 생길 수 있으므로 햇빛에 노출되지 않는 부위에 사용
• 체온이 높은 곳에 뿌리면 순하게 향을 냄

(2) 아로마(Aroma)

① 아로마테라피(Aromatherapy)

㉠ Aroma(향)와 Therapy(치료, 요법)의 합성어이다.

㉡ 방향성 오일을 이용하여 마사지, 흡입법, 입욕법 등의 방법을 이용하는 향기 요법의 자연 치유 방법이다.

㉢ 식물의 꽃, 잎, 줄기, 열매, 뿌리 등에서 추출한다.

㉣ 아로마테라피의 역사

• 아로마테라피의 시작 : BC 4,500~5,000년경 인도와 중국에서 시작
• 이집트 : 몰약과 송진의 액을 죽은 시체에 발라 미라를 만듦
• 그리스 : 히포크라테스가 치료용 식물에 대해 저술
• 로마 : 이집트와 그리스를 통해 향료에 대한 문화가 수입됨
• 르네상스 시대 : 아로마테라피의 전성기

• 가테포세(Gatterfosse) : 20세기 프랑스의 화학자이자 아로마테라피의 아버지로 1937년 아로마테라피에 관한 책을 저술했고, 이후 의학적 영역에서도 아로마테라피가 이용되기 시작함

② 아로마 오일(Aroma Oil)

㉠ 식물의 꽃, 잎, 줄기, 열매, 껍질, 뿌리에서 추출한 오일을 말한다.

㉡ 고농축 상태의 오일인 에센셜 오일(Essential Oil ; 정유)과 이것을 희석시켜 사용하는 캐리어 오일(Carrier Oil)로 구분한다.

㉢ 에센셜 오일(Essential Oil)

• 식물의 꽃, 잎, 줄기, 열매, 껍질, 뿌리에서 추출한 100% 휘발성 오일을 말하며, '정유'라고 함
• 지용성으로 지방과 오일에 잘 녹음

- 빛이나 열에 약하므로 갈색 유리병에 담아 냉암소에 보관
- 캐리어 오일과 희석하여 사용
- 에센셜 오일의 분류

구분	종류	특징
허브류	로즈마리(Rosemary)	기억력 증진, 두통 해소, 혈액순환, 진통 작용
	마죠람(Marjoram)	혈액순환 촉진, 멍든 피부
	페퍼민트(Peppermint)	청량감, 피로 회복, 졸음 방지
수목류	주니퍼(Juniper)	체내 독소 배출, 지성 피부에 효과적
	유칼립투스(Eucalyptus)	호흡기 질환(감기, 천식), 피로 회복
	시더우드(Cedarwood)	수렴, 살균 작용, 지성 및 여드름 피부 사용
꽃류	라벤더(Lavender)	불면증, 스트레스, 긴장 완화, 상처 치유 효과적
	캐모마일(Chamomile)	진정 효과, 보습, 가려움증 완화
	쟈스민(Jasmine)	산모의 모유 분비 촉진, 정서적 안정
감귤류	오렌지(Orange)	상쾌함, 비만 치유, 주름 억제
	베르가못(Bergamot)	피지 제거 효과
	레몬(Lemon)	살균, 미백 효과, 부스럼 치유, 상쾌한 느낌

- 오일 추출법

구분	특징
증기증류법	• 가장 보편적으로 사용하는 방법으로 식물의 꽃, 가지, 잎을 증기에 쐬어 증류하는 방법 • 오염 없이 보존 가능 • 라벤더, 로즈마리
냉각압착법	• 열매 껍질의 내피를 짜내 추출하는 방법 • 압착할 때 향의 성분이 파괴되는 것을 막기 위해 냉각 후 압착 • 오렌지, 라임, 베르가못, 레몬, 만다린 등 시트러스 계열
용매추출법 (솔벤트추출법)	• 솔벤트를 이용하여 비교적 낮은 온도에서 천연향을 추출하는 방법 • 휘발성 용매추출법 : 휘발성 용매에 식물의 꽃을 일정 기간 냉암소에서 침적시킨 후 향기 성분을 녹여내는 방법 • 비휘발성 용매추출법(흡수법) : 지방이나 지방유가 꽃향기 성분을 잘 흡수한다는 성질을 이용해 추출하는 방법 • 냉침법 : 온도를 가하지 않는 방법 • 온침법 : 따뜻한 동물 또는 식물 지방유에 꽃을 넣어 교반하여 향기 성분을 흡수시키는 방법

• 오일 사용법

구분	특징
마사지법	• 가장 효과적인 방법 • 피부에는 장시간에 영향을 주고 후각으로는 감정 상태에 영향 • 마사지 시 심장에서 먼 곳부터 가볍게 마사지 • 에센셜 오일을 호호바 오일 등에 1~3% 희석해서 사용
흡입법	• 초보자에게 가장 편하고 손쉬운 방법 • 흡입 시 호흡기 감염, 기침, 감기, 멀미, 두통 등에 효과적 • 증기 흡입법 : 끓인 물에 오일을 떨어뜨려 코로 들이마시는 방법 • 건조 흡입법 : 오일을 손수건이나 거즈에 떨어뜨려 코로 들이마시는 방법 • 램프확산법 : 아로마 램프를 이용하여 흡입하는 방법
목욕법	• 에센셜 오일 10~20방울을 떨어뜨린 욕조에 15~20분 정도 몸을 담그는 방법 • 근육과 신경 완화에 효과적 • 전신욕, 반신욕, 족욕, 좌욕 등에 적용
습포법	• 에센셜 오일 5~10방울을 수건에 떨어뜨린 다음 뜨거운 물 또는 찬물로 적셔 부위별로 찜질해 주는 방법 • 혈액순환 개선, 통증 완화, 울혈 제거, 염증 개선에 효과적 • 온습포 : 근육통, 생리통, 신경통 등 만성 통증에 효과적 • 냉습포 : 두통, 발열, 편두통, 인대 손상, 뼈 손상 등 급성 질환에 효과적
스팀법	• 얼굴에 아로마 증기를 쏘여 피부에 흡수시키는 방법 • 혈액순환 촉진, 피부 수분 공급, 노폐물 제거, 딥 클렌징 효과

• 에센셜 오일 사용 시 주의사항
  – 반드시 희석해서 적정 용량으로 사용해야 함
  – 민감 피부는 패치테스트 후 실시하고 눈 부위는 직접 닿지 않도록 함
  – 임산부나 고혈압 환자, 간질환자 등은 적용 범위와 성분 파악 후 정확히 사용
ⓡ 캐리어 오일(베이스 오일) : 에센셜 오일이 매우 강하므로 도포 시 희석시켜서 효과적으로 침투시키기 위해 사용하는 오일

종류	특징
호호바 오일	• 피부의 피지와 거의 유사하여 피부에 쉽게 흡수 • 산화 방지 효과, 항 박테리아 작용, 액상의 왁스 타입 • 여드름 피부, 모든 피부에 사용 가능
아몬드 오일	• 피부 보습, 세포 호흡 작용 활성화 • 가려움증, 염증 해소, 습진 피부에 효과적
헤이즐넛 오일	• 지성, 복합성 피부의 마사지 오일 • 피부 재생 효과

윗점 오일	• 비타민 A, 비타민 E 풍부, 항산화 효과 • 건성 피부, 습진, 임신선에 효과적, 피부 탄력, 재생 효과
아보카도 오일	• 비타민 A, 비타민 E 함유 • 유분감이 많고 보습 효과, 노화 피부, 건성 피부에 효과적
그레이프시드 오일	• 피부에 자극 없이 부드럽게 흡수 • 지성 피부 사용

  ⓗ 아로마 오일 보관 방법
- 블랜딩한 오일은 반드시 암갈색 유리병에 담아 냉장 보관
- 블랜딩한 오일은 6개월 정도 사용 가능
- 산화되기 쉬운 캐리어 오일은 항산화 작용이 강한 맥아 오일 등을 10% 정도 비율로 혼합하여 사용
- 1~2일 전에 에센셜 오일을 만들어 둔 후 캐리어 오일과 사용하면 더욱 효과적

5 기능성 화장품

기능성 화장품 표시 및 기재사항 : 제품의 명칭, 내용물의 용량 및 중량, 제조 번호

(1) 미백 화장품
① 알부틴, 코직산, 상백피 추출물, 닥나무 추출물, 감초 추출물은 티로시나아제의 작용을 억제한다.
- 알부틴 : 진달래과의 월귤나무의 잎에서 추출한 하이드로 퀴논 배당페로 멜라닌 활성을 도와주고 티로시나아제 효소의 작용을 억제하는 미백 화장품 성분이다.
② 비타민 C는 도파의 산화를 억제한다.
③ 하이드로 퀴논은 멜라닌 세포를 사멸한다.

(2) 자외선 차단 제품
① 자외선 차단지수(SPF)
- 자외선으로부터 차단되는 시간의 정도를 수치로 나타낸 것이다.
- 제품을 사용했을 때 홍반을 일으키는 자외선의 양을 제품을 사용하지 않았을 때 홍반을 일으키는 자외선의 양으로 나눈값이다.
② 자외선 차단제의 효과는 자신의 멜라닌 색소의 양과 자외선 민감도에 따라 달라질 수 있다.
③ 자외선 산란제(물리적 차단제) : 이산화티탄, 산화아연, 탈크, 카올린 등
- 이산화티탄 : 피부 표면에 물리적인 장벽을 만들어 자외선을 반사하고 분산하는 자외선 차단 성분이다.
④ 자외선 흡수제(화학적 차단제) : 살리실산계, 벤조페논계, 벤조트리아졸계

(3) 주름 방지 및 노화 방지 제품

① 주름 방지 성분 : 비타민 A(세포 생성 촉진), 레티노이드(콜라겐과 엘라스틴의 회복 촉진)

② 보습 성분과 항산화제

- 보습 성분 : NMF(천연보습인자), 세라마이드, 무코다당류(하아루론산, 콘드로이친황산)
- 항산화제 : 비타민 C, 비타민 E

(4) 바세린 : 피부를 데었을 때(화상) 치료 약품으로 사용한다.

(5) 새니타이저 : 손을 대상으로 하는 제품 중 알코올을 주 베이스로 하며, 청결 및 소독이 주된 목적인 제품이다.

01 현대 향수의 시초라고 할 수 있는 헝가리워터(Hungary Water)가 개발된 시기는?

① 970년경
② 1370년경
③ 1570년경
④ 1770년경

02 다음 중 블루밍 효과의 설명으로 가장 적당한 것은?

① 피부색을 고르게 보이도록 하는 것
② 보송보송하고 투명감 있는 피부 표현
③ 파운데이션의 색소 침착을 방지하는 것
④ 밀착성을 높여 화장의 지속성을 높게 함

03 피부의 피지막은 보통 어떤 유화 상태로 존재하는가?

① W/O 유화
② O/W 유화
③ W/S 유화
④ S/W 유화

04 다음 중 진정 효과를 가진 성분이 아닌 것은?

① 캐모마일
② 아쥴렌
③ 알긴산
④ 코직산

05 다음 중 피부상재균의 증식을 억제하는 항균 기능을 가지고 있고, 발생한 체취를 억제하는 기능을 가진 것은?

① 바디 샴푸
② 데오도란트
③ 샤워코롱
④ 오드트왈렛

01 ②
헝가리워터 : 1370년 헝가리 엘리자베스 여왕을 위한 로즈마리와 알코올을 이용한 화장수 형태의 향수이다.

02 ②
블루밍 효과 : 파우더의 보송보송한 피부 표현 효과이다.

03 ①
피지막은 보통 W/O 유화 상태로 존재한다.

04 ④
코직산 : 누룩에서 추출한 미백 성분이다.

05 ②
데오도란트 : 액취 방지제로 신체의 불쾌한 냄새를 없애거나 방지하기 위하여 사용한다.

PART 6

공중위생관리법규

공중위생관리법

1 공중위생관리법의 목적과 정의

(1) 공중위생관리법의 목적(공중위생관리법 제1조)
공중이 이용하는 영업과 시설의 위생 관리 등에 관한 사항을 규정함으로써 위생 수준을 향상시켜 국민의 건강 증진에 기여함을 목적으로 한다.

(2) 공중위생관리법의 정의(공중위생관리법 제2조)
① 공중위생영업 : 다수인을 대상으로 위생 관리 서비스를 제공하는 영업으로서 숙박업 · 목욕장업 · 이용업 · 미용업 · 세탁업 · 건물위생관리업을 말한다.
② 이용업 : 손님의 머리카락 또는 수염을 깎거나 다듬는 등의 방법으로 손님의 용모를 단정하게 하는 영업을 말한다.
③ 미용업 : 손님의 얼굴 · 머리 · 피부 등을 손질하여 손님의 외모를 아름답게 꾸미는 영업을 말한다.

2 영업의 신고 및 폐업

(1) 영업의 신고
① 공중위생영업을 하고자 하는 자는 공중위생영업의 종류별로 보건복지부령이 정하는 시설 및 설비를 갖추고 시장 · 군수 · 구청장에게 신고해야 하며, 보건복지부령이 정하는 중요사항을 변경하고자 하는 때에도 같다.
② 영업신고 시 첨부서류 : 영업시설 및 설비개요서, 교육필증(미리 교육 시)
③ 미용업의 시설 · 설비 기준 : 공중위생영업의 시설 및 설비 기준(개정 2017.07.28.)
　　㉠ 미용기구는 소독을 한 기구와 소독을 하지 아니한 기구를 구분하여 보관할 수 있는 용기를 비치해야 한다.
　　㉡ 소독기 · 자외선살균기 등 미용기구를 소독하는 장비를 갖추어야 한다.
　　㉢ 작업장소, 응접장소, 상담실 등을 분리하기 위해 칸막이를 설치할 수 있으나, 설치된 칸막이에 출입문이 있는 경우 출입문의 3분의 1 이상을 투명하게 하여야 한다. 다만, 탈의실의 경우에는 출입문을 투명하게 하여서는 아니 된다.
　　㉣ 작업장소 내 베드와 베드 사이에 칸막이를 설치할 수 있으나, 설치된 칸막이에 출입문이 있는 경우 그 출입문의 3분의 1 이상은 투명하게 하여야 한다.

(2) 변경 신고
① 영업 신고사항의 변경 시 보건복지부령이 정하는 중요사항의 변경인 경우에는 시장·군수·구청장에게 변경 신고를 해야 한다.

② 보건복지부령이 정하는 중요사항 : 영업소의 명칭 또는 상호, 영업소의 주소, 신고한 영업장 면적의 3분의 1 이상의 증감, 대표자의 성명 또는 생년월일, 미용업 업종 간 변경

③ 영업 신고사항 변경 신고 시 제출 서류 : 영업신고증(신고증을 분실하여 영업 신고사항 변경신고서에 분실 사유를 기재하는 경우 첨부하지 않음), 변경사항을 증명하는 서류

(3) 폐업 신고 및 영업의 승계

① 영업의 폐업 : 폐업한 날로부터 20일 이내에 시장 · 군수 · 구청장에게 신고해야 한다. 다만, 법에 따른 영업정지 등의 기간 중에는 폐업 신고를 할 수 없다.

② 영업의 승계
　㉠ 지위를 승계한 자는 1월 이내에 보건복지부령이 정하는 바에 따라 시장 · 군수 · 구청장에게 신고해야 한다.
　㉡ 공중위생영업자가 그 공중위생영업을 양도하거나 사망한 때 또는 법인의 합병이 있을 때는 그 양수인, 상속인 또는 합병 후 존속하는 법이나 합병에 의해 설립되는 법인은 그 공중위생영업자의 지위를 승계한다.
　㉢ 민사집행법에 의한 경매 「채무자 회생 및 파산에 관한 법률」에 의한 환가나 국세 징수법, 관세법 또는 「지방세 징수법」에 의한 압류재산의 매각 그밖에 이에 준하는 절차에 따라 공중위생영업 관련 시설 및 설비의 전부를 인수한 자는 이 법에 의한 그 공중위생영업자의 지위를 승계한다.
　㉣ 이용업 또는 미용업의 경우 제6조의 규정에 의한 면허를 소지한 자에 한하여 공중위생영업자의 지위를 승계할 수 있다.

(4) 영업장의 준수사항

① 미용업자의 위생 관리 의무
　㉠ 의료기구와 의약품을 사용하지 아니하는 순수한 화장 또는 피부미용을 할 것
　㉡ 미용기구는 소독을 한 기구와 소독을 하지 않은 기구로 분리하여 보관하고, 면도기는 1회용 면도날만을 손님 1인에 한하여 사용할 것(미용기구의 소독 기준 및 방법은 보건복지부령이 정함)
　㉢ 미용사면허증을 영업소 안에 게시할 것

② 이 · 미용업자의 위생 관리 기준
　㉠ 점 빼기, 귓불 뚫기, 쌍꺼풀 수술, 문신, 박피술, 그밖에 이와 유사한 의료 행위를 해서는 안 된다.
　㉡ 피부미용을 위하여 「약사법」에 따른 의약품 또는 「의료기기법」에 따른 의료기기를 사용해서는 안 된다.
　㉢ 미용기구 중 소독을 한 기구와 소독을 하지 아니한 기구는 각각 다른 용기에 넣어 보관해야 한다.

ⓔ 1회용 면도날은 손님 1인에 한하여 사용해야 한다.

ⓜ 영업장 안의 조명도는 75룩스(Lux) 이상이 되도록 유지해야 한다.

ⓗ 영업소 내부에 미용업 신고증 및 개설자의 면허증 원본을 게시해야 한다.

ⓢ 영업소 내부에 최종지불요금표를 게시 또는 부착해야 한다.

ⓞ 신고한 영업장 면적이 66제곱미터 이상인 영업소의 경우 영업소 외부에도 손님이 보기 쉬운 곳에 「옥외광고물 등 관리법」에 적합하게 최종지불요금표를 게시 또는 부착하여야 한다. 이 경우 최종지불요금표에는 일부항목(5개 이상)만을 표시할 수 있다.

ⓩ 3가지 이상의 미용서비스를 제공하는 경우에는 개별 미용서비스의 최종 지불가격 및 전체 미용서비스의 총액에 관한 내역서를 이용자에게 미리 제공하여야 한다. 이 경우 미용업자는 해당 내역서 사본을 1개월간 보관하여야 한다.

③ 공중위생영업자의 불법카메라 설치 금지 : 공중위생영업자는 영업소에 「성폭력범죄의 처벌 등에 관한 특례법」 제14조 제1항에 위반되는 행위에 이용되는 카메라나 그 밖에 이와 유사한 기능을 갖춘 기계장치를 설치해서는 아니 된다.

Chapter 02 이·미용의 면허

1 이·미용의 면허

(1) 면허 발급 기준(공중위생관리법 제6조)

이용사 또는 미용사가 되고자 하는 자는 보건복지부령이 정하는 바에 의하여 시장·군수·구청장의 면허를 받아야 한다.

① 전문대학 또는 이와 같은 수준 이상의 학력이 있다고 교육부장관이 인정하는 학교에서 이용 또는 미용에 관한 학과를 졸업한 자

② 「학점인정 등에 관한 법률」에 따라 대학 또는 전문대학을 졸업한 자와 같은 수준 이상의 학력이 있는 것으로 인정되어 이용 또는 미용에 관한 학위를 취득한 자

③ 고등학교 또는 이와 같은 수준의 학력이 있다고 교육부장관이 인정하는 학교에서 이용 또는 미용에 관한 학과를 졸업한 자

④ 초·중등교육법령에 따른 특성화고등학교, 고등기술학교나 고등학교 또는 고등기술학교에 준하는 각종 학교에서 1년 이상 이용 또는 미용에 관한 소정의 과정을 이수한 자

⑤ 국가기술자격법에 의한 이용사 또는 미용사의 자격을 취득한 자

(2) 면허 신청 시 첨부서류

이용사 또는 미용사의 면허를 받으려는 자는 면허신청서(전자문서로 된 신청서 포함)와 함께

다음의 서류를 첨부하여 시장·군수·구청장에게 제출해야 한다.

① 졸업증명서 또는 학위증명서 1부

② 이수증명서 1부

③ 미용사 면허를 받을 수 없는 자(공중위생관리법 제6조)에 해당되지 아니함을 증명하는 최근 6개월 이내의 의사의 진단서 1부

④ 법에 따른 정신질환자에 해당하나 전문의가 이용사 또는 미용사로서 적합하다고 인정하는 경우 이를 증명할 수 있는 전문의의 진단서 1부

⑤ 최근 6개월 이내에 찍은 가로 3.5cm 세로 4.5cm의 탈모 정면 상반신 사진 1장 또는 전자적 파일 형태의 사진

(3) 미용사 면허를 받을 수 없는 자(공중위생관리법 제6조)

① 피성년후견인

② 「정신건강증진 및 정신질환자 복지서비스 지원에 관한 법률」에 따른 정신질환자(단, 전문의가 적합하다고 인정하는 사람은 제외)

③ 공중의 위생에 영향을 미칠 수 있는 감염병 환자로서 보건복지부령으로 정하는 자

④ 마약 기타 대통령령으로 정하는 약물 중독자

⑤ 면허가 취소된 후 1년이 경과되지 아니한 자

(4) 면허의 정지 및 취소

① 시장·군수·구청장은 이용사 또는 미용사가 다음에 해당하는 때는 그 면허를 취소하거나 6월 이내의 기간을 정하여 그 면허의 정지를 명할 수 있다.

ⓐ 공중위생관리법 제6조에 따라 미용사 면허를 받을 수 없는 자에 해당하게 된 때(면허 취소)

ⓑ 면허증을 다른 사람에게 대여한 때

ⓒ 국가기술자격법에 따라 자격이 취소된 때

ⓓ 국가기술자격법에 따라 자격 정지 처분을 받은 때

ⓔ 이중으로 면허를 취득한 때(나중에 발급받은 면허를 말한다)

ⓕ 면허 정지 처분을 받고도 그 정지 기간 중 업무를 한 때

ⓖ 「성매매 알선 등 행위의 처분에 관한 법률」이나 「풍속영업의 규제에 관한 법률」을 위반하여 관계 행정 기관의 장으로부터 그 사실을 통보받은 때

② 면허 취소·정지 처분의 세부적인 기준은 그 처분의 사유와 위반한 정도 등을 감안하여 보건복지부령으로 정한다.

(5) 면허증 반납

① 면허가 취소되거나 면허의 정지 명령을 받은 자는 지체 없이 관할 시장·군수·구청장에게 면허증을 반납해야 한다.

② 면허의 정지 명령을 받은 자가 반납한 면허증은 그 면허 정지 기간 동안 관할 시장·군수·구청장이 보관해야 한다.

(6) 면허증의 재교부

① 이용사 또는 미용사는 면허증의 기재사항에 변경이 있는 때, 면허증을 잃어버린 때, 또는 면허증이 헐어 못쓰게 된 때는 면허증의 재교부를 신청할 수 있다.

② 면허증의 재교부 신청을 하고자 하는 자는 신청서와 함께 다음의 서류(전자문서 신청서 및 첨부서류 포함)를 첨부하여 시장 · 군수 · 구청장에게 제출해야 한다.
  ㉠ 면허증 원본(기재사항이 변경되거나 헐어 못쓰게 된 경우에 한함)
  ㉡ 최근 6개월 이내에 찍은 가로 3.5cm 세로 4.5cm의 탈모 정면 상반신 사진 1장 또는 전자적 파일 형태의 사진

(7) 수수료(공중위생관리법 제19조)

① 이용사 또는 미용사 면허를 받고자 하는 자는 대통령령이 정하는 바에 따라 수수료를 납부해야 한다.

② 수수료는 지방자치단체의 수입 중지 또는 정보통신망을 이용한 전자화폐 · 전자결제 등의 방법으로 시장 · 군수 · 구청장에게 납부해야 하며, 그 금액은 다음과 같다.
  ㉠ 이용사 또는 미용사 면허를 신규로 신청하는 경우 : 5,500원
  ㉡ 이용사 또는 미용사 면허증을 재교부받고자 하는 경우 : 3,000원

2 이·미용의 업무 범위

(1) 이 · 미용사의 업무

① 이용사 또는 미용사의 면허를 받은 자가 아니면 이용업 또는 미용업을 개설하거나 그 업무에 종사할 수 없다. 다만, 이용사 또는 미용사의 감독을 받아 이용 또는 미용 업무의 보조를 행하는 경우에는 그러하지 아니하다.

② 이용 및 미용의 업무는 영업소 외의 장소에서 행할 수 없다. 다만, 보건복지부령이 정하는 특별한 사유가 있는 경우에는 그러하지 아니하다.
  ㉠ 질병이나 그 밖의 사유로 영업소에 나올 수 없는 자에 대하여 이 · 미용을 하는 경우
  ㉡ 혼례나 그 밖의 의식에 참여하는 자에 대하여 그 의식 직전에 이 · 미용을 하는 경우
  ㉢ 「사회복지사업법」에 따른 사회복지시설에서 봉사활동으로 이 · 미용을 하는 경우
  ㉣ 방송 등의 촬영에 참여하는 사람에 대하여 그 촬영 직전에 이 · 미용을 하는 경우
  ㉤ 특별한 사정이 있다고 시장 · 군수 · 구청장이 인정하는 경우

③ 이용사 및 미용사의 업무 범위와 이용 · 미용의 업무보조 범위에 관하여 필요한 사항은 보건복지부령으로 정한다.

(2) 이 · 미용사의 업무 범위

① 이용사의 업무 범위 : 이발 · 아이론 · 면도 · 머리 피부 손질 · 머리카락 염색 및 머리 감기

② 미용사의 업무 범위 : 2016년 1월 1일 이후 법에 따라 미용사(일반) 자격을 취득한 자로서 미

용사 면허를 받은 자는 파마 · 머리카락 자르기 · 머리카락 모양내기 · 머리 피부 손질 · 머리
카락 염색 · 머리 감기, 의료기기나 의약품을 사용하지 아니하는 눈썹 손질을 할 수 있다.

③ 이 · 미용의 업무보조 범위
  ㉠ 이 · 미용 업무를 위한 사전 준비에 관한 사항
  ㉡ 이 · 미용 업무를 위한 기구 · 제품 등의 관리에 관한 사항
  ㉢ 영업소의 청결 유지 등 위생 관리에 관한 사항
  ㉣ 그 밖에 머리감기 등 이용 · 미용 업무의 조력(助力)에 관한 사항

Chapter 03 영업자 준수사항

1 행정 지도 · 감독

(1) 영업소 출입 검사

① 영업소 보고 및 출입 검사
  ㉠ 특별시장 · 광역시장 · 도지사(시 · 도지사) 또는 시장 · 군수 · 구청장은 공중위생 관리상
    필요하다고 인정하는 때에는 공중위생영업자에 대하여 필요한 보고를 하게 하거나 소속
    공무원으로 하여금 영업소 · 사무소 등에 출입하여 공중위생영업자의 위생 관리 의무 이
    행 등에 대하여 검사하게 하거나 필요에 따라 공중위생영업 장부나 서류를 열람하게 할
    수 있다.
  ㉡ 시 · 도지사 또는 시장 · 군수 · 구청장은 공중위생영업자의 영업소에 설치가 금지되는 카
    메라나 기계장치가 설치되었는지를 검사할 수 있다. 이 경우 공중위생영업자는 특별한
    사정이 없으면 검사에 따라야 한다.
  ㉢ 시 · 도지사 또는 시장 · 군수 · 구청장은 관할 경찰관서의 장에게 협조를 요청할 수 있다.
  ㉣ 시 · 도지사 또는 시장 · 군수 · 구청장은 영업소에 대하여 검사 결과에 대한 확인증을 발
    부할 수 있다.
  ㉤ 관계공무원은 그 권한을 표시하는 증표를 지녀야 하며, 관계인에게 이를 내보여야 한다.

(2) 영업 제한

시 · 도지사는 공익상 또는 선량한 풍속을 유지하기 위하여 필요하다고 인정하는 때에는 공중
위생영업자 및 종사원에 대하여 영업 시간 및 영업 행위에 관한 필요한 제한을 할 수 있다.

(3) 영업의 폐쇄

① 공중위생영업소의 폐쇄

ⓐ 시장·군수·구청장은 공중위생영업자가 다음의 어느 하나에 해당하면 6월 이내의 기간을 정하여 영업의 정지 또는 일부 시설의 사용 중지를 명하거나 영업소 폐쇄 등을 명할 수 있다.

- 영업 신고를 하지 아니하거나 시설과 설비 기준을 위반한 경우
- 변경 신고를 하지 아니한 경우
- 지위승계 신고를 하지 아니한 경우
- 공중위생영업자의 위생 관리 의무 등을 지키지 아니한 경우
- 공중위생영업자의 불법카메라 설치 금지를 위반하여 카메라나 기계장치를 설치한 경우
- 영업소 외의 장소에서 이용 또는 미용 업무를 한 경우
- 법에 따른 보고를 하지 아니하거나 거짓으로 보고한 경우 또는 관계 공무원의 출입, 검사 또는 공중위생영업 장부 또는 서류의 열람을 거부·방해하거나 기피한 경우
- 법에 따른 개선 명령을 이행하지 아니한 경우
- 「성매매알선 등 행위의 처벌에 관한 법률」, 「풍속영업의 규제에 관한 법률」, 「청소년 보호법」, 「아동·청소년의 성보호에 관한 법률」, 「의료법」을 위반하여 관계 행정기관의 장으로부터 그 사실을 통보받은 경우

ⓑ 시장·군수·구청장은 법에 따른 영업 정지 처분을 받고도 그 영업 정지 기간에 영업을 한 경우에는 영업소 폐쇄를 명할 수 있다.

ⓒ 시장·군수·구청장은 다음의 어느 하나에 해당하는 경우에는 영업소 폐쇄를 명할 수 있다.

- 공중위생영업자가 정당한 사유 없이 6개월 이상 계속 휴업하는 경우
- 공중위생영업자가 법에 따라 관할 세무서장에게 폐업 신고를 하거나 관할 세무서장이 사업자 등록을 말소한 경우

ⓓ 법에 따른 행정처분의 세부 기준은 그 위반 행위의 유형과 위반 정도 등을 고려하여 보건복지부령으로 정한다.

ⓔ 시장·군수·구청장은 공중위생영업자가 영업소 폐쇄 명령을 받고도 계속하여 영업을 하는 때에는 관계 공무원으로 하여금 당해 영업소를 폐쇄하기 위하여 다음의 조치를 하게 할 수 있다. 법에 위반하여 신고를 하지 아니하고 공중위생영업을 하는 경우에도 또한 같다.

- 당해 영업소의 간판 기타 영업표지물의 제거
- 당해 영업소가 위법한 영업소임을 알리는 게시물 등의 부착
- 영업을 위하여 필수불가결한 기구 또는 시설물을 사용할 수 없게 하는 봉인

ⓕ 시장·군수·구청장은 봉인을 한 후 봉인을 계속할 필요가 없다고 인정되는 때와 영업자 등이나 그 대리인이 당해 영업소를 폐쇄할 것을 약속하는 때 및 정당한 사유를 들어 봉인의 해제를 요청하는 때에는 그 봉인을 해제할 수 있다(게시물 등의 제거 요청의 경우도 같음).

② 동일한 영업 금지

　　㉠ 공중위생영업자의 불법카메라 설치 금지, 「성매매알선 등 행위의 처벌에 관한 법률」, 「아동·청소년의 성보호에 관한 법률」, 「풍속영업의 규제에 관한 법률」 또는 「청소년보호법」 등을 위반하여 폐쇄 명령을 받은 자(법인의 경우 그 대표자 포함)는 그 폐쇄 명령을 받은 후 2년이 경과하지 아니한 때에는 같은 종류의 영업을 할 수 없다.

　　㉡ 「성매매알선 등 행위의 처벌에 관한 법률」 등 외의 법률을 위반하여 폐쇄 명령을 받은 자는 그 폐쇄 명령을 받은 후 1년이 경과하지 아니한 때에는 같은 종류의 영업을 할 수 없다.

　　㉢ 「성매매알선 등 행위의 처벌에 관한 법률」 등의 위반으로 폐쇄 명령이 있은 후 1년이 경과하지 아니한 때에는 누구든지 그 폐쇄 명령이 이루어진 영업 장소에서 같은 종류의 영업을 할 수 없다.

　　㉣ 「성매매알선 등 행위의 처벌에 관한 법률」 등 외의 법률의 위반으로 폐쇄 명령이 있은 후 6개월이 경과하지 아니한 때에는 누구든지 그 폐쇄 명령이 이루어진 영업 장소에서 같은 종류의 영업을 할 수 없다.

(4) 공중위생감시원의 업무

① 공중위생감시원

　　㉠ 관계 공무원의 업무를 행하게 하기 위하여 특별시·광역시·도 및 시·군·구에 공중위생감시원을 둔다.

　　㉡ 공중위생감시원의 자격·임명·업무범위 기타 필요한 사항은 대통령령으로 정한다.

② 공중위생감시원의 자격 및 임명(공중위생관리법 시행령 제8조)

　　㉠ 시·도지사 또는 시장·군수·구청장은 다음에 해당하는 소속공무원 중에서 공중위생감시원을 임명한다.

　　　• 위생사 또는 환경기사 2급 이상의 자격증이 있는 사람

　　　• 「고등교육법」에 의한 대학에서 화학·화공학·환경공학 또는 위생학 분야를 전공하고 졸업한 사람 또는 법령에 따라 이와 같은 수준 이상의 학력이 있다고 인정되는 사람

　　　• 외국에서 위생사 또는 환경기사의 면허를 받은 사람

　　　• 1년 이상 공중위생 행정에 종사한 경력이 있는 사람

　　㉡ 시·도지사 또는 시장·군수·구청장은 공중위생감시원의 인력 확보가 곤란하다고 인정되는 때에는 공중위생 행정에 종사하는 사람 중 공중위생 감시에 관한 교육 훈련을 2주 이상 받은 사람를 공중위생 행정에 종사하는 기간 동안 공중위생감시원으로 임명할 수 있다.

③ 공중위생감시원의 업무 범위(공중위생관리법 시행령 제9조)

　　㉠ 시설 및 설비의 확인

　　㉡ 공중위생영업 관련 시설 및 설비의 위생 상태 확인·검사, 공중위생영업자의 위생 관리 의무 및 영업자 준수사항 이행 여부의 확인

　　㉢ 위생 지도 및 개선 명령 이행 여부의 확인

    ⓔ 공중위생영업소의 영업 정지, 일부 시설의 사용 중지 또는 영업소 폐쇄 명령 이행 여부의 확인
    ⓜ 위생 교육 이행 여부의 확인
  ④ 명예공중위생감시원
    ㉠ 시 · 도지사는 공중위생의 관리를 위한 지도 · 계몽 등을 행하게 하기 위해 명예공중위생감시원을 둘 수 있다.
    ㉡ 명예공중위생감시원의 자격 및 위촉 방법, 업무 범위 등에 관하여 필요한 사항은 대통령령으로 정한다.
  ⑤ 명예공중위생감시원의 자격 등(공중위생관리법 시행령 제9조) : 명예공중위생감시원(이하 '명예감시원')은 시 · 도지사가 다음에 해당하는 자 중에서 위촉한다.
    ㉠ 공중위생에 대한 지식과 관심이 있는 자
    ㉡ 소비자단체, 공중위생 관련 협회 또는 단체의 소속 직원 중에서 당해 단체 등의 장이 추천하는 자
  ⑥ 명예감시원의 업무
    ㉠ 공중위생감시원이 행하는 검사 대상물의 수거 지원
    ㉡ 법령의 위반 행위에 대한 신고 및 자료 제공
    ㉢ 그밖에 공중위생에 관한 홍보 · 계몽 등 공중위생 관리 업무와 관련하여 시 · 도지사가 따로 정하여 부여하는 업무

2   업소 위생 등급

(1) 위생 평가(위생 서비스 수준의 평가)

  ① 시 · 도지사는 공중위생영업소의 위생 관리 수준을 향상시키기 위해 위생 서비스 평가 계획을 수립하여 시장 · 군수 · 구청장에게 통보해야 한다.
  ② 시장 · 군수 · 구청장은 평가 계획에 따라 관할지역별 세부 평가 계획을 수립한 후 공중위생영업소의 위생 서비스 수준을 평가해야 한다.
  ③ 시장 · 군수 · 구청장은 위생 서비스 평가의 전문성을 높이기 위해 필요하다고 인정하는 경우에는 관련 전문 기관 및 단체로 하여금 위생 서비스 평가를 실시하게 할 수 있다.
  ④ 위생 서비스 평가의 주기 · 방법, 위생 관리 등급의 기준 기타 평가에 관하여 필요한 사항은 보건복지부령으로 정한다.

(2) 위생 등급

  ① 위생 관리 등급 공표
    ㉠ 시장 · 군수 · 구청장은 보건복지부령이 정하는 바에 의해 위생 서비스 평가의 결과에 따른 위생 관리 등급을 해당 공중위생영업자에게 통보하고 이를 공표해야 한다.
    ㉡ 공중위생영업자는 시장 · 군수 · 구청장으로부터 통보받은 위생 관리 등급의 표지를 영업

소의 명칭과 함께 영업소의 출입구에 부착할 수 있다.

ⓒ 시·도지사 또는 시장·군수·구청장은 위생 서비스 평가의 결과 위생 서비스의 수준이 우수하다고 인정되는 영업소에 대하여 포상을 실시할 수 있다.

ⓔ 시·도지사 또는 시장·군수·구청장은 위생 서비스 평가의 결과에 따른 위생 관리 등급별로 영업소에 대한 위생 감시를 실시해야 한다. 이 경우 영업소에 대한 출입·검사와 위생 감시의 실시 주기 및 횟수 등 위생 관리 등급별 위생 감시 기준은 보건복지부령으로 정한다.

② 위생 관리 등급의 구분
ⓐ 최우수 업소(녹색 등급)
ⓑ 우수 업소(황색 등급)
ⓒ 일반 관리 업소(백색 등급)

3 영업자 위생 교육

(1) 위생 교육

① 공중위생영업자는 매년 위생 교육을 받아야 하며, 위생 교육은 3시간으로 한다.

② 공중위생영업의 신고를 하고자 하는 자는 미리 위생 교육을 받아야 한다. 다만, 보건복지부령으로 정하는 부득이한 사유로 미리 교육을 받을 수 없는 경우에는 영업 개시 후 6개월 이내에 위생 교육을 받을 수 있다.

③ 위생 교육을 받아야 하는 자 중 영업에 직접 종사하지 아니하거나 2개 이상의 장소에서 영업을 하는 자는 종업원 중 영업장별로 공중위생에 관한 책임자를 지정하고 그 책임자로 하여금 위생 교육을 받게 해야 한다.

④ 위생 교육은 보건복지부장관이 허가한 단체 또는 제16조에 따른 단체가 실시할 수 있다.

⑤ 위생 교육의 방법·절차 등 위생 교육에 관하여 필요한 사항은 보건복지부령으로 정한다.

(2) 위생 교육 기관

① 시장·군수·구청장은 위생 교육의 전문성을 높이기 위해 필요하다고 인정하는 경우에는 관련 전문 기관 또는 관련 단체로 하여금 위생 교육을 실시하게 할 수 있다.

② 위생 교육 실시 단체는 미리 교육 교재를 편찬하여 교육 대상자에게 배부해야 한다.

③ 위생 교육 실시단체는 위생 교육을 수료한 자에게 수료증을 교부해야 하며, 교육 실시 결과를 교육 후 1개월 이내에 시장·군수·구청장에게 통보하고, 수료증 교부대장 등 교육에 관한 기록을 2년 이상 보관·관리해야 한다.

④ 시장·군수·구청장은 교육 대상자 중 교육 참석이 어렵다고 인정되는 도서·벽지 등의 영업자에 대하여 교육 교재를 배부하여 이를 숙지 활용하도록 함으로써 교육을 대신할 수 있다.

Chapter 04 행정처분, 벌칙, 양벌규정 및 과태료

1 벌칙(징역 또는 벌금)

(1) 1년 이하의 징역 또는 1천만 원 이하의 벌금
① 시장 · 군수 · 구청장에게 규정에 의한 공중위생영업의 신고를 하지 아니한 자
② 영업 정지 명령 또는 일부 시설의 사용 중지 명령을 받고도 그 기간 중에 영업을 하거나 그 시설을 사용한 자 또는 영업소 폐쇄 명령을 받고도 계속하여 영업을 한 자

(2) 6월 이하의 징역 또는 5백만 원 이하의 벌금
① 공중위생영업의 변경 신고를 하지 아니한 자
② 공중위생영업자의 지위를 승계한 자로서 규정에 의한 신고를 하지 아니한 자
③ 건전한 영업 질서를 위하여 공중위생영업자가 준수해야 할 사항을 준수하지 아니한 자

(3) 3백만 원 이하의 벌금
① 면허 취소 또는 정지 중에 이용 또는 미용업을 행한 자
② 면허를 받지 아니하고 이용 또는 미용업을 개설하거나 그 업무에 종사한 자
③ 다른 사람에게 면허증을 빌려주거나 빌리거나 이를 알선한 자

2 과징금 처분

(1) 과징금 부과 및 납부
① 시장 · 군수 · 구청장은 영업 정지가 이용자에게 심한 불편을 주거나 그밖에 공익을 해할 우려가 있는 경우에는 영업 정지 처분에 갈음하여 1억 원 이하의 과징금을 부과할 수 있다. 다만, 공중위생영업자의 불법카메라 설치 금지, 「성매매알선 등 행위의 처벌에 관한 법률」, 「아동 · 청소년의 성보호에 관한 법률」, 「풍속영업의 규제에 관한 법률」 또는 이에 상응하는 위반 행위로 인하여 처분을 받게 되는 경우를 제외한다.
② 과징금을 부과하는 위반 행위의 종별 · 정도 등에 따른 과징금의 금액 등에 관하여 필요한 사항은 대통령령으로 정하며, 과징금의 금액은 위반 행위의 종별 · 정도 등을 감안하여 보건복지부령이 정하는 영업 정지 기간에 과징금 산정 기준을 적용하여 산정한다.
③ 통지를 받은 날부터 20일 이내에 시장 · 군수 · 구청장이 정하는 수납기관에 과징금을 납부해야 한다. 다만, 천재, 지변 그 밖의 부득이한 사유로 인하여 그 기간 내에 과징금을 납부할 수 없을 때에는 그 사유가 없어진 날부터 7일 이내에 납부해야 한다.
④ 시장 · 군수 · 구청장은 규정에 의한 과징금을 납부해야 할 자가 납부기한까지 이를 납부하지 아니한 경우에는 대통령령으로 정하는 바에 따라 과징금 부과 처분을 취소하고 영업 정

지 처분을 하거나 「지방세외수입금의 징수 등에 관한 법률」에 따라 이를 징수한다.

※ 독촉장 발부 : 과징금을 납기일까지 납부하지 않을 때에는 납기일이 경과한 날부터 15일 이내(은행 납인 경우 50일 이내)에 10일 이내의 납부기한을 정하여 독촉장이 발부된다.

⑤ 과징금 징수 절차는 보건복지부령으로 정한다.

(2) 과징금의 귀속

시장 · 군수 · 구청장이 부과 · 징수한 과징금은 당해 시 · 군 · 구에 귀속된다.

3 과태료, 양벌규정

(1) 3백만 원 이하의 과태료

① 규정에 따른 보고를 하지 아니하거나 관계 공무원의 출입 · 검사, 기타 조치를 거부 · 방해 또는 기피한 자

② 개선 명령에 위반한 자

③ 이용업 신고를 하지 아니하고, 이용업소 표시등을 설치한 자

(2) 2백만 원 이하의 과태료

① 이 · 미용업소의 위생 관리 의무를 지키지 아니한 자

② 영업소 외의 장소에서 이용 또는 미용 업무를 행한 자

③ 위생 교육을 받지 아니한 자

(3) 과태료의 부과 · 징수

① 규정에 따른 과태료는 대통령령으로 정하는 바에 따라 보건복지부장관 또는 시장 · 군수 · 구청장이 부과 · 징수한다.

② 시장 · 군수 · 구청장은 위반 행위의 정도, 위반 횟수, 위반 행위의 동기와 그 결과 등을 고려하여 그 해당 금액의 1/2 범위에서 경감하거나 가중할 수 있다.

(4) 청문

시장 · 군수 · 구청장은 신고사항의 직권 말소, 면허 취소 · 정지, 영업 정지 명령, 일부 시설의 사용 중지 또는 영업소 폐쇄 명령에 해당하는 처분을 하려면 청문을 실시해야 한다.

(5) 양벌규정

법인의 대표자나 법인 또는 개인의 대리인, 사용인, 그 밖의 종업원이 그 법인 또는 개인의 업무에 관하여 위반 행위를 할 때는 행위자를 벌하는 외에 그 법인 또는 개인에 대해서도 동조의 벌금형을 과한다(다만, 법인 또는 개인이 그 위반 행위를 방지하기 위해 주의와 감독을 한 경우에는 예외이다).

(6) 행정처분

위반 행위	행정처분 기준			
	1차 위반	2차 위반	3차 위반	4차 이상 위반
1. 영업 신고를 하지 않거나 시설과 설비 기준을 위반한 경우				
가. 영업신고를 하지 않은 경우	영업장 폐쇄 명령			
나. 시설 및 설비 기준을 위반한 경우	개선 명령	영업 정지 15일	영업 정지 1월	영업장 폐쇄 명령
2. 변경 신고를 하지 않은 경우				
가. 신고를 하지 않고 영업소의 명칭 및 상호, 미용업 업종간 변경 또는 영업장 면적의 3분의 1 이상을 변경한 경우	경고 또는 개선 명령	영업 정지 15일	영업 정지 1월	영업장 폐쇄 명령
나. 신고를 하지 아니하고 영업소의 소재지를 변경한 경우	영업정지 1월	영업정지 2월	영업장 폐쇄명령	
3. 지위승계 신고를 하지 않은 경우	경고	영업 정지 10일	영업 정지 1월	영업장 폐쇄 명령
4. 공중위생영업자의 위생 관리 의무 등을 지키지 않은 경우				
가. 소독을 한 기구와 소독을 하지 않은 기구를 각각 다른 용기에 넣어 보관하지 않거나 1회용 면도날을 2인 이상의 손님에게 사용한 경우	경고	영업 정지 5일	영업 정지 10일	영업장 폐쇄 명령
나. 피부미용을 위하여 「약사법」에 따른 의약품 또는 「의료기기법」에 따른 의료기기를 사용한 경우	영업 정지 2월	영업 정지 3월	영업장 폐쇄 명령	
다. 점 빼기 · 귓불 뚫기 · 쌍꺼풀 수술 · 문신 · 박피술, 그밖에 이와 유사한 의료 행위를 한 경우	영업 정지 2월	영업 정지 3월	영업장 폐쇄 명령	
라. 미용업 신고증 및 면허증 원본을 게시하지 않거나 업소 내 조명도를 준수하지 않은 경우	경고 또는 개선 명령	영업 정지 5일	영업 정지 10일	영업장 폐쇄 명령
마. 개별 미용서비스의 최종 지불가격 및 전체 미용서비스의 총액에 관한 내역서를 이용자에게 미리 제공하지 않은 경우	경고	영업 정지 5일	영업 정지 10일	영업 정지 1월
5. 불법카메라 설치 금지를 위반하여 카메라나 기계장치를 설치한 경우	영업정지 1월	영업정지 2월	영업장 폐쇄명령	

위반 행위		행정처분 기준			
		1차 위반	2차 위반	3차 위반	4차 이상 위반
6. 면허 정지 및 면허 취소 사유에 해당하는 경우					
가. 미용사의 면허를 받을 수 없는 경우에 해당하게 된 경우		면허 취소			
나. 면허증을 다른 사람에게 대여한 경우		면허 정지 3월	면허 정지 6월	면허 취소	
다. 「국가기술자격법」에 따라 자격이 취소된 경우		면허 취소			
라. 「국가기술자격법」에 따라 자격 정지 처분을 받은 경우(「국가기술자격법」에 따른 자격 정지 처분 기간에 한정한다)		면허 정지			
마. 이중으로 면허를 취득한 경우(나중에 발급받은 면허를 말한다)		면허 취소			
바. 면허 정지 처분을 받고도 그 정지 기간 중 업무를 한 경우		면허 취소			
7. 영업소 외의 장소에서 미용 업무를 한 경우		영업 정지 1월	영업 정지 2월	영업장 폐쇄 명령	
8. 보건복지부장관, 시 · 도지사, 시장 · 군수 · 구청장이 하도록 한 필요한 보고를 하지 않거나 거짓으로 보고한 경우 또는 관계 공무원의 출입, 검사 또는 공중위생영업 장부 또는 서류의 열람을 거부 · 방해하거나 기피한 경우		영업 정지 10일	영업 정지 20일	영업 정지 1월	영업장 폐쇄 명령
9. 개선명령을 이행하지 않은 경우		경고	영업 정지 10일	영업 정지 1월	영업장 폐쇄 명령
10. 「성매매알선 등 행위의 처벌에 관한 법률」, 「풍속영업의 규제에 관한 법률」, 「청소년 보호법」, 「아동 · 청소년의 성보호에 관한 법률」 또는 「의료법」을 위반하여 관계 행정기관의 장으로부터 그 사실을 통보받은 경우					
가. 손님에게 성매매알선 등 행위 또는 음란 행위를 하게 하거나 이를 알선 또는 제공한 경우	영업소	영업 정지 3월	영업장 폐쇄 명령		
	미용사	면허 정지 3월	면허 취소		
나. 손님에게 도박 그밖에 사행 행위를 하게 한 경우		영업 정지 1월	영업 정지 2월	영업장 폐쇄 명령	

위반 행위	행정처분 기준			
	1차 위반	2차 위반	3차 위반	4차 이상 위반
다. 음란한 물건을 관람·열람하게 하거나 진열 또는 보관한 경우	경고	영업 정지 15일	영업 정지 1월	영업장 폐쇄 명령
라. 무자격안마사로 하여금 안마사의 업무에 관한 행위를 하게 한 경우	영업 정지 1월	영업 정지 2월	영업장 폐쇄 명령	
11. 영업 정지 처분을 받고도 그 영업 정지 기간에 영업을 한 경우	영업장 폐쇄 명령			
12. 공중위생영업자가 정당한 사유 없이 6개월 이상 계속 휴업하는 경우	영업장 폐쇄 명령			
13. 관할 세무서장에게 폐업 신고를 하거나 관할 세무서장이 사업자 등록을 말소한 경우	영업장 폐쇄 명령			

01 개선을 명할 수 있는 경우에 해당하지 않는 사람은?

① 공중위생영업의 종류별 시설 및 설비 기준을 위반한 공중위생영업자

② 위생 관리 의무 등을 위반한 공중위생영업자

③ 공중위생영업자의 지위를 승계한 자로서 신고를 아니한 자

④ 위생 관리 의무를 위반한 공중위생 시설의 소유자

02 행정법상 의무 위반에 대한 제재로 대통령령이 정하는 바 시장·군수·구청장이 부과·징수하는 절차는 무엇인가?

① 과태료   ② 벌금

③ 과징금   ④ 벌칙

03 영업 정지가 이용자에게 심한 불편을 주거나 그밖에 공익을 해할 우려가 있는 경우에 시장·군수·구청장이 영업 정지 처분에 갈음한 과징금을 부과할 수 있는 금액 기준은?(단, 예외의 경우는 제외한다)

① 1천만 원 이하   ② 2천만 원 이하

③ 1억 원 이하   ④ 4천만 원 이하

04 시·도지사 또는 시장·군수·구청장은 공중위생관리상 필요하다고 인정하는 때에 공중위생영업자 등에 대하여 필요한 조치를 취할 수 있다. 이 조치에 해당하는 것은?

① 보고   ② 청문

③ 감독   ④ 협의

05 이·미용업 영업 신고를 하면서 신고인이 확인에 동의하지 아니하는 때 첨부하여야 하는 서류는 무엇인가?

① 영업 시설 및 설비개요서

② 사업자등록증

③ 이·미용사 자격증

④ 면허증

---

01 ③

시장·군수·구청장 또는 시·도지사는 다음에 해당하는 자에 대해 즉시 또는 일정 기간 개선을 명할 수 있다.

• 공중위생영업의 종류별 시설 및 설비 기준을 위반한 공중위생영업자

• 위생 관리 의무 등을 위반한 공중위생영업자

• 위생 관리 의무를 위반한 공중위생시설의 소유자 등

02 ①

• 과태료 : 행정법상 의무 위반에 대한 금전 부과·징수 절차

• 벌금 : 재산형 형벌로 미부과 시 노역 유치 가능

• 과징금 : 행정법상 의무 위반 시 발생된 경제적 이익을 금전 부담으로 징수하는 절차

• 과료 : 벌금과 같은 재산형으로 일정한 금액의 지불 의무를 요구하지만 경범죄처벌법과 같이 벌금형에 비해 주로 경미한 범죄에 대해 부과하는 절차

• 판사 – 벌금, 과료
행정관청 – 과태료, 과징금

03 ③

1억 원 이하의 과징금을 부과할 수 있다.

04 ①

공중위생영업 등에 대하여 필요한 조치는 보고부터 이루어진다.

05 ①

영업 신고 시 첨부서류 : 영업 시설 및 설비개요서, 교육필증(미리 교육 시)

PART
7

적중 예상 모의고사

01 조선시대에 사람 머리카락으로 만든 가체를 얹은 머리형은?

① 큰머리　　② 쪽진머리
③ 귀밑머리　　④ 조짐머리

> 가체를 얹은 머리형은 큰머리에 해당한다.

02 공기의 자정 작용 현상이 아닌 것은?

① 산소, 오존, 과산화수소 등에 의한 산화 작용
② 태양 광선 중 자외선에 의한 살균 작용
③ 식품의 탄소 동화 작용에 의한 CO_2의 생산 작용
④ 공기 자체의 희석 작용

> **공기 정화 작용** : 공기 자체의 강력한 희석력, 강우에 의한 용해성, 가스의 용해 흡수, 부유성 미립물의 세척, 산소·오존 등에 의한 산화 작용, 태양광선에 의한 살균 정화 작용, 식물의 이산화탄소 흡수, 산소 배출에 의한 정화 작용

03 화약 약품만의 작용에 의한 콜드 웨이브를 처음으로 성공시킨 사람은?

① 마셀 그라또우　　② 조셉 메미어
③ J. B. 스피크먼　　④ 찰스 네슬러

> 1936년 영국의 스피크먼(J. B. Speakman)이 화학 약품만을 이용한 콜드 웨이브를 창안했다.
> • 마셀 그라또우 : 아이론의 열을 이용하여 일시적 웨이브를 고안
> • 조셉 메이어 : 크로키놀식 퍼머넌트 웨이브를 창안
> • 찰스 네슬러 : 스파이럴식 퍼머넌트 웨이브를 창안

04 두피 상태에 따른 스캘프 트리트먼트(Scalp Teratment)의 시술 방법이 잘못된 것은?

① 지방이 부족한 두피 상태 – 드라이 스캘프 트리트먼트
② 지방이 과잉된 두피 상태 – 오일리 스캘프 트리트먼트
③ 비듬이 많은 두피 상태 – 핫 오일 스캘프 트리트먼트
④ 정상 두피 상태 – 플레인 스캘프 트리트먼트

> 비듬성 두피에는 댄드러프 스캘프 트리트먼트가 적당하다.

05 현재 우리나라 근로기준법상에서 보건상 유해하거나 위험한 사업에 종사하지 못하도록 규정되어 있는 대상은?

① 임신 중인 여성과 18세 미만인 자
② 산후 1년 6개월이 지나지 아니한 여성
③ 여성과 18세 미만인 자
④ 13세 미만인 어린이

> 임신 중이거나 산후 1년 미만인 여성과 18세 미만자는 도덕상·보건상 유해하거나 위험한 사업에 종사하지 못하도록 규제하고 있다.

06 다음 중 바이러스성 피부 질환은?

① 모낭염　　② 절종
③ 용종　　④ 단순포진

> 단순포진은 헤르페스 바이러스성 질환이라고도 한다.

07 폐흡충증의 제2중간 숙주에 해당하는 것은?

① 잉어　　② 다슬기
③ 모래무지　　④ 가재

> **폐흡충증(페디스토마)** : 제1 중간 숙주 : 다슬기 → 제2 중간 숙주 : 참게, 참가재

08 원랭스(One Length) 커트에 해당하지 않는 것은?

① 평행보브형(Parallel Bob Style)
② 이사도라형(Isadora Style)
③ 스파니엘형(Spaniel Style)
④ 레이어형(Layer Style)

---

01 ①　**02** ③　**03** ③　**04** ③　**05** ①　**06** ④　**07** ④　**08** ④

원랭스 커트는 모발에 층을 주지 않고 동일선상으로 가지런히 자르는 커트 기법이다. 예 패러렐 보브(평행 보브), 스파니엘(콘 케이브형, 전대각 커트), 이사도라(컨벡스형, 후대각 커트), 머쉬룸 등

09 베이스(Base)는 컬 스트랜드의 근원에 해당한다. 다음 중 오블롱(Oblong) 베이스는 어느 것인가?

① 오형 베이스   ② 정방형 베이스
③ 장방형 베이스   ④ 아크 베이스

오블롱 베이스(Oblong Base) : 장방형 베이스로, 베이스가 길어 헤어 라인으로부터 멀어진 웨이브를 만들며, 측두부에 많이 사용한다.

10 퍼머넌트 웨이브의 제2제 주제로서 취소산나트륨과 취소산칼륨은 몇 %의 적정 수용액을 만들어서 사용하는가?

① 1~2%   ② 3~5%
③ 5~7%   ④ 7~9%

퍼머넌트 웨이브의 제2제 주성분은 대개 과산화수소와 3~5%의 브롬산나트륨(취소산나트륨) 및 브롬산칼륨(취소산칼륨) 등이 사용된다.

11 신징(Singeing)의 목적에 해당하는 것은?

① 불필요한 두발을 제거하고 건강한 두발의 순조로운 발육을 조장한다.
② 잘리거나 갈라진 두발로부터 영양 물질이 흘러나오는 것을 막는다.
③ 양이 많은 두발의 숱을 쳐내는 것이다.
④ 온열 자극으로 두부의 혈액순환을 촉진한다.

신징(Singeing) : 신징 왁스나 신징기 등으로 모발을 적당히 그슬리거나 지져 모발 끝이 갈라지는 것을 방지하는 모발 손상 관리를 위한 방법이다.

12 다음 중 공기의 접촉 및 산화와 관계있는 것은?

① 흰 면포   ② 검은 면포
③ 구진   ④ 팽진

개방 면포(Open Comedo, Black Head ; 블랙 헤드) : 화이트헤드가 시간이 지나면서 덩어리가 커져 구멍이 열리고 끝이 공기와 접촉하여 검은색으로 변한다.

13 무기질의 설명으로 틀린 것은?

① 조절 작용을 한다.
② 수분과 산, 염기의 평형을 조절한다.
③ 뼈와 치아를 형성한다.
④ 에너지 공급원으로 이용된다.

열량 영양소에는 탄수화물, 단백질, 지방이 있다.

14 피부 표면에 물리적인 장벽을 만들어 자외선을 반사하고 분산하는 자외선 산란제 성분은?

① 옥틸메톡시신나메트
② 아보벤존
③ 이산화티탄
④ 벤조페논

산란제 : 이산화티탄, 산화아연, 티타늄옥사이드, 징크옥사이드, 카오린 등

15 모발을 태우면 노린내가 나는 것은 어떤 성분 때문인가?

① 나트륨   ② 이산화탄소
③ 유황   ④ 탄소

모발의 주성분인 케라틴을 구성하는 18가지 아미노산 중 시스틴 아미노산은 주성분이 유황으로 이루어져 태울 때 노린내를 발산한다.

16 다음 중 습열 멸균법에 속하는 것은?

① 자비 소독법   ② 화염 멸균법
③ 여과 멸균법   ④ 소각 소독법

습열 멸균법 : 자비 소독법, 저온 소독법(파스퇴르법), 고압 증기 멸균법, 초고온 순간 멸균법, 유통 증기 멸균법(간헐 멸균법)

09 ③   10 ②   11 ①   12 ②   13 ④   14 ③   15 ③   16 ①

17 자외선의 파장 중 가장 강한 범위는?

① 200~220nm ② 260~280nm

③ 300~320nm ④ 360~380nm

> 자외선은 200~400nm 파장의 범위로, 특히 260nm (2,537Å) 부근에서 가장 강한 살균력을 갖는다.

18 다음 중 배설물의 소독에 가장 적당한 것은?

① 크레졸 ② 오존

③ 염소 ④ 승홍

> 배설물 소독 : 소각법(완전 소독 방법), 석탄산수, 크레졸수, 생석회 등

★19 다음 중 인수 공통 감염병이 아닌 것은?

① 페스트 ② 우형 결핵

③ 나병 ④ 야토병

> 인수 공통 감염병 : 동물과 사람 간에 상호 전파되는 병원체에 의해 발생하는 감염병을 말한다. ◉ 광견병(개), 결핵(소), 탄저(양, 말, 소), 페스트(쥐), 야토병(산토끼) 등

20 퍼머넌트 직후의 처리로 옳은 것은?

① 플레인 린스 ② 샴푸

③ 테스트컬 ④ 테이퍼링

> 퍼머넌트 직후에는 모발의 알칼리 성분을 중화시켜 주기 위한 산성 린스나 38~40℃의 미지근한 물로만 헹구어 내는 플레인 린스가 적당하다.

21 고대 미용의 발상지로 가발을 이용하고 진흙으로 두발에 컬을 만들었던 국가는?

① 그리스 ② 프랑스

③ 이집트 ④ 로마

> 고대 미용의 발상지인 이집트는 나일강 주변의 진흙을 이용해 두발에 컬을 만들어 퍼머넌트 웨이브의 기원을 이루었고, 뜨거운 태양열을 피하기 위해 가발을 즐겨 썼다.

★22 다음 중 그라데이션(Gradation)에 대한 설명으로 옳은 것은?

① 모든 모발이 동일한 선상에 떨어진다.

② 모발의 길이에 변화를 주어 무게(Weight)를 더해 줄 수 있는 기법이다.

③ 모든 모발의 길이를 균일하게 잘라 모발의 무게(Weight)를 덜어 줄 수 있는 기법이다.

④ 전체적인 모발의 길이 변화 없이 소수 모발만을 제거하는 기법이다.

> 그라데이션(Gradation) 커트 : 일반적으로 45° 각도를 이용해 작은 단차가 생기며 네이프에서 톱 부분으로 올라갈수록 모발의 길이가 점점 길어지는 커트로 안정감이 있다.

23 쿠퍼로즈(Couperose)라는 용어는 어떠한 피부 상태를 표현하는 데 사용하는가?

① 거친 피부

② 매우 건조한 피부

③ 모세혈관이 확장된 피부

④ 피부의 pH 밸런스가 불균형인 피부

> 쿠퍼로즈(Coupe Rose ; 모세혈관 확장) : 모세혈관의 확장은 피부가 붉게 충혈되어 피부 표면에 작은 혈관의 선들과 파열된 모세혈관이 보이며 외부의 온도 변화에 민감한 반응을 나타낸다.

24 헤어 컬링(Hair Curling)에서 컬(Curl)의 목적과 관계가 가장 먼 것은?

① 웨이브를 만들기 위해서

② 머리 끝의 변화를 주기 위해서

③ 텐션을 주기 위해서

④ 볼륨을 만들기 위해서

> 컬의 목적 : 웨이브(Wave), 볼륨(Volume), 플러프(Fluff ; 머리 끝의 변화)

---

17 ② 18 ① 19 ③ 20 ① 21 ③ 22 ② 23 ③ 24 ③

25 우리나라 고대 여성의 머리 장식품 중 재료의 이름을 붙여서 만든 비녀로만 짝지어진 것은?

① 산호잠, 옥잠
② 석류잠, 호두잠
③ 국잠, 금잠
④ 봉잠, 용잠

> 산호잠 : 산호로 만듦 / 옥잠 : 옥으로 만듦

26 헤어스타일에 다양한 변화를 줄 수 있는 뱅(Bang)은 주로 두부의 어느 부위에 하는가?

① 앞이마
② 네이프
③ 양 사이드
④ 크라운

> 뱅(Bang ; 앞머리 연출법) : 일명 애교머리로 이마의 장식머리 또는 늘어뜨린 앞머리를 말한다.

★
27 가위의 선택 방법으로 옳은 것은?

① 양날의 견고함이 동일하지 않아도 무방하다.
② 만곡도가 큰 것을 선택한다.
③ 협신에서 날 끝으로 내곡선상으로 된 것을 선택한다.
④ 만곡도와 내곡선상을 무시해도 사용상 불편함이 없다.

> 가위 선택법
> • 날의 두께는 얇지만 튼튼해야 하며, 양날의 견고함은 동일한 것
> • 협신에서 날 끝으로 갈수록 약간 내곡선인 것
> • 나사 부위의 조임이 적당한 것

28 퍼머넌트 웨이브를 하기 전의 조치사항 중 틀린 것은?

① 필요시 샴푸를 한다.
② 정확한 헤어 디자인을 한다.
③ 린스 또는 오일을 바른다.
④ 두발의 상태를 파악한다.

> 린스 또는 오일의 유성 성분이 피막을 형성하여 퍼머넌트 웨이브의 저해 요인이 된다.

29 브러시의 종류에 따른 사용 목적으로 옳지 않은 것은?

① 덴멘 브러시는 열에 강하여 모발에 텐션과 볼륨감을 주는 데 사용한다.
② 롤 브러시는 롤의 크기가 다양하고 웨이브를 만들기에 적합하다.
③ 스켈톤 브러시는 여성의 헤어스타일이나 긴 머리 헤어스타일 정돈에 주로 사용된다.
④ S 브러시는 바람머리 같은 방향성을 살린 헤어스타일 정돈에 적합하다.

> 스켈톤 브러시(Skeleton Brush) / 벤트 브러시(Vent Brush) : 몸통에 구멍이 있거나 빗살이 엉성하게 생긴 브러시이다. 모발을 건조시킴과 동시에 모근에 볼륨감을 형성하는 브러시로 남성 스타일이나 쇼트 스타일에 효과적이다.

★
30 콜드 퍼머넌트 웨이빙(Cold Permanent Waving) 시 비닐 캡(Vinayl Cap)을 씌우는 목적 및 이유에 해당하지 않는 것은?

① 라놀린(Lanolin)의 약효를 높여 주므로 제1제의 피부염 유발 위험을 줄인다.
② 체온의 방산을 막아 솔루션(Soultion)의 작용을 촉진한다.
③ 퍼머넌트액의 작용이 모발에 골고루 진행되도록 돕는다.
④ 휘발성 알칼리(암모니아 가스)의 휘산작용을 방지한다.

> 비닐 캡(Vinyl Cap)의 작용
> • 체온에 의해 약액의 침투를 용이하게 하고, 솔루션의 작용을 촉진한다.
> • 두상 전체에 솔루션이 골고루 균일하게 침투하도록 유도한다.
> • 제제의 증발을 막아 일정한 pH를 유지시킨다.
> • 비닐 캡에 의해 모발이 지나치게 눌리면 단모의 우려가 있으며, 급성 피부염을 유의해야 한다.

25 ①　26 ①　27 ③　28 ③　29 ③　30 ①

31 물결상이 극단적으로 많은 웨이브로 곱슬곱슬하게 된 퍼머넌트의 두발에서 주로 볼 수 있는 것은?

① 와이드 웨이브

② 섀도 웨이브

③ 내로 웨이브

④ 마셀 웨이브

> 웨이브의 종류
> • 내로 웨이브(Narrow Wave) : 고저가 뚜렷하며 강한 웨이브
> • 섀도 웨이브(Shadow Wave) : 고저가 뚜렷하지 못한 느슨한 웨이브
> • 와이드 웨이브(Wide Wave) : 섀도 웨이브와 내로 웨이브의 중간으로 자연스러운 웨이브
> • 스월 웨이브(Swirl Wave) : 물결이 소용돌이치는 듯한 웨이브
> • 마셀 웨이브(Marcel Wave) : 헤어 아이론의 열을 이용하여 모발 구조를 일시적으로 변화시켜 만든 부드러운 S자 형의 물결 모양이 연속되어 있는 웨이브

32 블런트 커트와 같은 뜻을 가진 것은?

① 프레 커트

② 애프터 커트

③ 클럽 커트

④ 드라이 커트

> 블런트 커트(Blunt Cut) / 클럽 커트 : 특별한 기교 없이 직선으로 커트하는 방법이다.

33 고대 중국 당나라시대의 메이크업과 가장 거리가 먼 것은?

① 백분, 연지로 얼굴형 부각

② 액황을 이마에 발라 입체감을 살림

③ 10가지 종류의 눈썹 모양으로 개성을 표현

④ 일본에서 유입된 가부키 화장이 서민에게까지 성행

> 가부키 화장이 서민에게까지 성행했다는 내용은 거리가 멀다.

34 마셀 웨이브에서 건강모인 경우 아이론의 적정 온도는?

① 80~100℃

② 100~120℃

③ 120~140℃

④ 140~160℃

> 마셀 웨이브 작업 시 적정 온도는 120~140℃이다.

35 다량의 유성 성분을 물에 일정 기간 동안 안전한 상태로 균일하게 혼합시키는 화장품 제조 기술은?

① 유화

② 경화

③ 분산

④ 가용화

> 유화 : 물과 오일을 균일하게 혼합하는 방법이다.

36 인공조명을 할 때의 고려사항으로 틀린 것은?

① 광색은 주광색에 가깝고, 유해 가스의 발생이 없어야 한다.

② 열의 발생이 적고, 폭발이나 발화의 위험이 없어야 한다.

③ 균등한 조도를 위해 직접 조명이 되도록 해야 한다.

④ 충분한 조도를 위해 빛은 좌 상방에서 비추어야 한다.

> 직접 조명은 눈이 부시고 강한 음영으로 불쾌감을 줄 수 있다.

37 하수 오염이 심할수록 BOD는 어떻게 되는가?

① 수치가 낮아진다.

② 수치가 높아진다.

③ 아무런 영향이 없다.

④ 높아졌다가 낮아지기를 반복한다.

> BOD가 높은 것은 수질 오염도가 높다는 것을 의미한다.
> • BOD가 낮고 DO가 높은 경우 : 깨끗한 물
> • BOD가 높고 DO가 낮은 경우 : 오염된 물

38 어류인 송어, 연어 등을 날로 먹었을 때 주로 감염될 수 있는 것은?

① 갈고리촌충

② 긴촌충

③ 폐디스토마

④ 선모충

> • 갈고리촌충(유구조충) : 돼지고기를 생식했을 때
> • 폐디스토마(폐흡충증) : 민물참게, 가재를 생식했을 때
> • 선모충 : 감염된 돼지고기를 생식했을 때

31 ③ 32 ③ 33 ④ 34 ③ 35 ① 36 ③ 37 ② 38 ②

39 소음이 인체에 미치는 영향으로 가장 거리가 먼 것은?

① 불안증 및 노이로제

② 청력 장애

③ 중이염

④ 작업 능률 저하

> 중이염은 귀 고막의 안쪽 부분인 이관(유스타키오관)에 바이러스나 세균이 감염되어 생긴 염증으로 어린 아이들일수록 면역력이 약하고 이관의 길이가 성인보다 짧고 평평해 잘 걸린다.

★
40 한 국가나 지역사회 간의 보건 수준을 비교하는 데 사용되는 대표적인 3대 지표는?

① 영아 사망률, 비례사망지수, 평균 수명

② 영아 사망률, 사인별 사망률, 평균 수명

③ 유아 사망률, 모성 사망률, 비례사망지수

④ 유아 사망률, 사인별 사망률, 영아 사망률

> 한 국가 또는 지역사회의 보건 수준 비교 3대 지표 : 영아 사망률, 평균 수명, 비례사망지수

41 다음 중 음용수 소독에 사용되는 약품은?

① 석탄산

② 액체 염소

③ 승홍

④ 알코올

> 우리나라 상수도(음용수) 소독은 주로 액체 염소를 사용하며 우물 소독은 표백분을 사용한다.

42 소독법의 구비 조건에 부적합한 것은?

① 장시간에 걸쳐 소독의 효과가 서서히 나타나야 한다.

② 소독 대상물에 손상을 입혀서는 안 된다.

③ 인체 및 가축에 해가 없어야 한다.

④ 방법이 간단하고 비용이 적게 들어야 한다.

> 소독약의 구비 조건 : 강한 살균력과 침투력, 경제적, 사용의 간편성, 소독 대상의 안정성(부식성, 표백성이 없을 것), 소독약의 높은 용해성 및 안정성, 무취인 것

43 자력으로 의료 문제를 해결할 수 없는 생활 무능력자 및 저소득층을 대상으로 공적 의료를 보장하는 제도는?

① 의료보험

② 의료 보호

③ 실업보험

④ 연금보험

> 생활 무능력자나 저소득층은 의료 보호를 받아야 할 권리가 주어진다.

★
44 즉시 색소 침착 작용을 하는 광선으로 인공 선탠에 사용되는 것은?

① UV−A

② UV−B

③ UV−C

④ UV−D

> 피부를 태우는 선번(Sun Burn)에 이용되는 광선은 UV−B(자외선 B)이고, 피부를 그을리는 선텐(Sun Tan)에 이용되는 광선은 UV−A(자외선 A)이다.

★
45 피부에서 땀과 함께 분비되는 천연 자외선 흡수제는?

① 우로칸산

② 글리콜산

③ 글루탐산

④ 레틴산

> 우로칸산(Urocanic Acid) : 자외선 흡수 작용을 하고, 천연보습인자(NMF)의 생산을 증가시켜 밝고 부드러운 피부의 균형을 유지시켜 준다.

★
46 피지 분비와 가장 관계가 있는 호르몬은?

① 에스트로겐

② 프로게스트론

③ 인슐린

④ 안드로겐

> 남성 호르몬인 안드로겐은 피지 분비를 증가시킨다.

★
47 핑거 웨이브의 종류 중 큰 움직임을 보는 것 같은 웨이브는?

① 스웰 웨이브(Swirl Wave)

② 스윙 웨이브(Swing Wave)

③ 하이 웨이브(High Wave)

④ 덜 웨이브(Dull Wave)

> 큰 움직임을 보는 것 같은 웨이브는 스윙 웨이브(Swing Wave)이다.

---

39 ③　40 ①　41 ②　42 ①　43 ②　44 ①　45 ①　46 ④　47 ②

48 다음 질병 중 병원체가 바이러스(Virus)인 것은?

① 장티푸스   ② 쯔쯔가무시병

③ 폴리오   ④ 발진열

> 폴리오(소아마비) : 바이러스 / 장티푸스 : 세균 / 쯔쯔가무시병, 발진열 : 리케차

49 일명 도시형, 유입형이라고도 하며, 생상층 인구가 전체 인구의 50% 이상이 되는 인구 구조성의 유형은?

① 별형(Star Form)

② 항아리형(Pot Form)

③ 농촌형(Guitar Form)

④ 종형(Bell Form)

> • 피라미드형(후진국형, 인구 증가형) : 출생률이 높고 사망률이 낮은 형
> • 종형(이상형, 인구 정지형) : 출생률과 사망률이 모두 낮은 형
> • 방추형(선진국형, 인구 감소형) : 평균 수명이 높고 인구가 감소하는 형
> • 별형(도시형, 인구 유입형) : 생산층 인구가 증가하는 형
> • 표주박형(농촌형, 인구 유출형) : 생산층 인구가 감소하는 형

50 고도가 상승함에 따라 기온도 상승하여 상부의 기온이 하부의 기온보다 높게 되어 대기가 안정화되고 공기의 수직 확산이 일어나지 않게 되며, 대기 오염이 심화되는 현상은?

① 고기압   ② 기온 역전

③ 엘리뇨   ④ 열섬

> 대기층의 온도는 100m 상승할 때마다 1℃씩 낮아지나 상부의 기온이 하부의 기온보다 높을 때 기온 역전이 발생한다.

51 위생 서비스 평가의 결과에 따른 조치에 해당하지 않는 것은?

① 이 · 미용업자는 위생 관리 등급 표지를 영업소 출입구에 부착할 수 있다.

② 시 · 도시자는 위생 서비스의 수준이 우수하다고 인정되는 영업소에 대한 포상을 실시할 수 있다.

③ 시장 · 군수는 위생 관리 등급별로 영업소에 대한 위생 감시를 실시할 수 있다.

④ 구청장은 위생 관리 등급의 결과를 세무서장에게 통보할 수 있다.

> 시장 · 군수 · 구청장은 보건복지부령이 정하는 바에 의하여 위생 서비스 평가의 결과에 따른 위생 관리 등급을 해당 공중위생영업자에게 통보하고 이를 공표해야 한다.

52 이 · 미용의 업무를 영업소 이외에서 행하였을 때에 대한 처벌 기준은?

① 3년 이하의 징역 또는 1천만 원 이하의 벌금

② 500만 원 이하의 과태료

③ 200만 원 이하의 과태료

④ 100만 원 이하의 벌금

> **200만 원 이하의 과태료 사항**
> • 이 · 미용업소의 위생 관리 의무를 지키지 아니한 자
> • 영업소 외의 장소에서 이용 또는 미용 업무를 행한 자
> • 위생 교육을 받지 아니한 자

53 영업소 안에 면허증을 게시하도록 '위생관리 의무 등'의 규정에 명시된 자는?

① 이 · 미용업을 하는 자

② 목욕장업을 하는 자

③ 세탁업을 하는 자

④ 위생관리용역업을 하는 자

> 이 · 미용사는 면허증을 영업소 안에 게시해야 한다.

---

48 ③ **49** ① **50** ② **51** ④ **52** ③ **53** ①

54 이·미용업 영업소에서 손님에게 음란한 물건을 관람·열람하게 한 때에 대한 1차 위반 시 행정처분 기준은?

① 영업정지 15일　② 영업정지 1월
③ 영업장 폐쇄 명령　④ 경고

> 1차 경고, 2차 영업 정지 15일, 3차 영업 정지 1월, 4차 영업장 폐쇄 명령

55 이·미용업자에게 과태료를 부과·징수할 수 있는 처분권자에 해당하지 않는 자는?

① 보건복지부장관　② 시장
③ 군수　④ 구청장

> 과태료는 대통령령이 정하는 바에 의하여 시장·군수·구청장(처분권자)이 부과·징수한다.

56 관계 공무원의 출입·검사 기타 조치를 거부·방해 또는 기피했을 때의 과태료 부과 기준은?

① 300만 원 이하　② 200만 원 이하
③ 100만 원 이하　④ 50만 원 이하

> **300만 원 이하의 과태료 사항**
> • 보고를 하지 아니하거나 관계 공무원의 출입·검사 기타 조치를 거부·방해 또는 기피한 자
> • 개선 명령을 위반한 자
> • 이용업 신고를 하지 아니하고, 이용업소 표시등을 설치한 자

57 위법 사항에 대하여 청문을 시행할 수 없는 기관장은?

① 경찰서장　② 구청장
③ 군수　④ 시장

> 시장·군수·구청장은 공중위생영업의 정지 또는 일부 시설의 사용 중지 등의 처분을 하고자 하는 경우 청문을 실시해야 한다.

58 이·미용업 영업과 관련하여 과태료 부과 대상이 아닌 사람은?

① 위생 관리 의무를 위반한 자
② 위생 교육을 받지 않은 자
③ 무신고 영업자
④ 관계 공무원 출입 및 검사 방해자

> 신고를 하지 않고 영업을 개시한 자는 벌금형이다.

59 이·미용업의 영업장 실내 조명 기준은?

① 30Lux 이상　② 50Lux 이상
③ 75Lux 이상　④ 120Lux 이상

> 이·미용 영업소 안의 조명도는 75룩스(Lux) 이상이 되도록 유지해야 한다.

60 이·미용 영업소 안에 면허증 원본을 게시하지 않은 경우 1차 행정처분 기준은?

① 경고 또는 개선 명령
② 영업 정지 5일
③ 영업 정지 10일
④ 영업 정지 15일

> 미용업 신고증 및 면허증 원본을 게시하지 아니한 때의 행정처분 기준은 1차 경고 또는 개선 명령, 2차 영업 정지 5일, 3차 영업 정지 10일, 4차 영업장 폐쇄 명령이다.

54 ④　55 ①　56 ①　57 ①　58 ③　59 ③　60 ①

01 퍼머넌트 웨이브 후 두발이 자지러지는 원인이 아닌 것은?

① 사전 커트 시 두발 끝을 심하게 테이퍼한 경우

② 로드의 굵기가 너무 가는 것을 사용한 경우

③ 와인딩 시 텐션을 주지 않고 느슨하게 한 경우

④ 오버 프로세싱을 하지 않은 경우

> **퍼머넌트 웨이브 후 두발 끝이 자지러지는 이유**
> • 사전 커트 시 모발 끝을 심하게 테이퍼링한 경우
> • 굵기가 너무 가는 로드를 사용한 경우
> • 와인딩 시 텐션을 주지 않고 느슨하게 만 경우
> • 오버 프로세싱한 경우(제1제 처리 후 너무 오래 방치 시간을 둔 경우)
> • 너무 강한 용액을 사용한 경우

02 헤어 블리치제의 산화제로서 오일 베이스제는 무엇에 유황유가 혼합된 것인가?

① 과붕산나트륨

② 탄산마그네슘

③ 라놀린

④ 과산화수소수

> 헤어 블리치제 산화제는 과산화수소 6% 용액을 주로 사용한다.

03 물의 살균에 많이 이용되고 있으며 산화력이 강한 것은?

① 포름알데히드(Formaldehyde)

② 오존(O₃)

③ EO(Ethylene Oxide) 가스

④ 에탄올(Ethanol)

> **오존** : 산소원자 3개로 이루어져 있고, 상온 대기압에서는 푸른빛의 기체이며, 오존이 가지고 있는 강력한 산화력은 하수의 살균 · 악취에서도 유용하게 이용된다.

04 광노화와 거리가 먼 것은?

① 피부 두께가 두꺼워진다.

② 섬유아세포 수의 양이 감소한다.

③ 콜라겐이 비정상적으로 늘어난다.

④ 점다당질이 증가한다.

> 광노화에 의해 비정상적으로 변성되어 증가하는 것은 엘라스틴이다.

05 여드름 피부에 맞는 화장품 성분으로 가장 거리가 먼 것은?

① 캄퍼

② 로즈마리 추출물

③ 알부틴

④ 하마멜리스

> 알부틴은 멜라닌 색소의 형성을 방해하므로 피부 미백 화장품에 사용되는 원료이다.

06 스트로크 커트(Stroke Cut) 테크닉에 사용하기 가장 적합한 것은?

① 리버스 시저스(Reverse Scissors)

② 미니 시저스(Mini Scissors)

③ 직선날 시저스(Cutting Scissors)

④ 곡선날 시저스(R-Scissors)

> **스트로크 커트(Stroke Cut)** : 가위에 의한 테이퍼링으로 곡선 날의 시저스가 적당하다.

07 조선 중엽 상류사회 여성들이 얼굴의 밑화장으로 사용한 기름은?

① 동백기름   ② 콩기름

③ 참기름   ④ 파마자기름

> 조선시대 중엽부터 신부화장에 분을 사용하고 얼굴에는 연지곤지를 찍고 눈썹을 그렸으며 밑화장으로 참기름을 사용했다.

---

01 ④   **02** ④   **03** ②   **04** ③   **05** ③   **06** ④   **07** ③

08 퍼머넌트 웨이브 시술 시 산화제의 역할이 아닌 것은?

① 퍼머넌트 웨이브의 작용을 계속 진행시킨다.

② 제1제의 작용을 정지시킨다.

③ 시스틴 결합을 재결합시킨다.

④ 제1제가 작용한 형태의 컬로 고정시킨다.

> **퍼머넌트 웨이브 제2제(산화제)**
> • 고정제, 정착제 또는 뉴트럴라이저(Neutralizer)라고도 한다.
> • 제1제에 의해 환원 절단된 시스틴 결합을 산화하여 변형된 형태로 재결합시켜 원래의 모발 구조로 고정시키는 역할을 한다.
> • 제2제의 주성분은 대개 과산화수소와 3~5%의 브롬산나트륨(취소산나트륨) 및 브롬산칼륨(취소산칼륨) 등이 사용된다.

09 헤어 컬링 시 사용되는 색상환에 있어 적색의 보색은?

① 보라색

② 청색

③ 녹색

④ 황색

> 보색은 색상환에서 서로 반대쪽에 있는 색으로, 빨간색(적색) – 초록색(녹색), 노란색(황색) – 보라색, 파란색(청색) – 주황색은 상호 보색 관계이다. 헤어 컬러링 시 보색을 이용해 색을 중화시킬 수 있다.

10 다음 중 모발의 성장 단계를 바르게 나타낸 것은?

① 성장기 → 휴지기 → 퇴화기

② 휴지기 → 발생기 → 퇴화기

③ 퇴화기 → 성장기 → 발생기

④ 성장기 → 퇴화기 → 휴지기

> **모발의 성장 주기(Hair Life Cycle)** : 성장기 → 퇴화기 → 휴지기

11 스탠드업 컬에 있어 루프가 귓바퀴 반대 방향으로 말린 컬은?

① 플랫 컬

② 포워드 스탠드업 컬

③ 리버스 스탠드업 컬

④ 스컬프처 컬

> • 리버스 스탠드업 컬 : 루프가 두피에 세워져 귓바퀴 반대 방향으로 향하고 있는 컬
> • 플랫 컬 : 루프가 두피에 0°로 납작하게 누워 있는 컬
> • 포워드 스탠드업 컬 : 루프가 두피에 세워져 귓바퀴 방향으로 향하고 있는 컬
> • 스컬프처 컬 : 모발 끝에서 시작하여 모근 쪽으로 말아가는 경우

12 삼한시대의 머리형에 관한 설명으로 틀린 것은?

① 포로나 노비는 머리를 깎아서 표시했다.

② 수장급은 모자를 썼다.

③ 일반인은 상투를 틀게 했다.

④ 귀천의 차이가 없이 자유로운 머리 모양을 했다.

> 삼한시대에는 신분에 따라 두발형에 차이를 두었다. 포로나 노예는 두발을 깎았고, 수장급들은 관모를 썼다. 〈후한서〉에는 마한의 일반 남성들은 상투를 틀었고 계급의 식별을 위한 문신을 했다는 기록도 있다.

13 완성된 두발선 위를 가볍게 다듬어 커트하는 방법은?

① 테이퍼링(Tapering)

② 틴닝(Thinning)

③ 트리밍(Trimming)

④ 싱글링(Shingling)

> • 테이퍼링(Tapering) : 레이저로 모발 끝을 붓 모양처럼 점차 가늘게 저며서 긁어내는 듯한 커트 방법
> • 틴닝(Thinning) : 틴닝 가위를 사용하여 양이 많은 두발 숱을 쳐내는 기법
> • 싱글링(Shingling) : 빗을 천천히 위쪽으로 이동시키면서 가위의 개폐 속도를 빠르게 하여 빗에 끼어 있는 두발을 잘라 나가는 커팅 기법

08 ①　09 ③　10 ④　11 ③　12 ④　13 ③

14 레이저(Razor)에 대한 설명 중 가장 거리가 먼 것은?

① 셰이핑 레이저를 이용하여 커팅하면 안정적이다.

② 초보자는 오디너리 레이저를 사용하는 것이 좋다.

③ 솜털 등을 깎을 때 외곡선상의 날이 좋다.

④ 녹이 슬지 않게 관리를 한다.

> **셰이핑 레이저(Shaping Razor)**
> • 칼날 부위에 보호 장치가 있다(초보자용).
> • 잘리는 모발의 부위가 좁아 작업 속도가 느리다.
> • 시술자의 손이 다칠 우려가 적고 안전하다.

15 ★ 다공성 모발에 대한 설명으로 틀린 것은?

① 두발의 간층 물질이 소실되어 두발의 조직 중에 공동이 많고 보습 작용이 줄어들어 두발이 건조해지기 쉬운 손상모를 말한다.

② 다공성 모발은 두발이 얼마나 빨리 유액을 흡수하느냐에 따라 그 정도가 결정된다.

③ 다공성의 정도에 따라서 콜드 웨이빙의 프로세싱 타임과 웨이빙 용액의 정도가 결정된다.

④ 다공성의 정도가 클수록 모발의 탄력이 약하므로 프로세싱 타임을 길게 잡는다.

> 다공성의 정도가 클수록 모발의 탄력이 작으므로 프로세싱 타임을 짧게 해야 모발 손상도를 최소화할 수 있다.

16 ★ 콜드 웨이브의 제2제에 관한 설명으로 옳은 것은?

① 두발의 구성 물질을 환원시키는 작용을 한다.

② 약액은 티오글리콜산염이다.

③ 형성된 웨이브를 고정시켜 준다.

④ 시스틴의 구조를 변화시켜 모발 구조를 갈라지게 한다.

> 콜드 웨이브의 제2제는 과산화수소 및 3~5%의 브롬산나트륨과 브롬산칼륨 등이 주성분인 산화제이다. 제2제는 제1제에 의해 환원 절단된 시스틴 결합을 산화하여 변형된 형태로 재결합시켜 원래의 모발 구조로 고정시키는 역할을 한다.

17 우리나라에서 현대 미용의 시초라고 볼 수 있는 시기는?

① 조선 중엽

② 강제 한일합병조약 이후

③ 해방 이후

④ 6.25전쟁 이후

> 1910년 강제 한일합병조약 이후에는 현대 미용의 시초로 미의 기준이 변화함에 따라 다양한 헤어스타일과 화장이 유행했다.

18 ★ 헤어 틴트 시 패치 테스트를 반드시 해야 하는 염모제는?

① 글리세린이 함유된 염모제

② 합성 왁스가 함유된 염모제

③ 파라페닐렌디아민이 함유된 염모제

④ 과산화수소가 함유된 염모제

> **패치 테스트(Patch Test)**
> • 염색 전에 파라페닐렌디아민 성분에 대한 알레르기 반응을 조사하기 위한 것이다.
> • 피부 반응 검사, 피부 첩포 시험, 스킨 테스트, 알레르기 테스트라고도 한다.
> • 사용하고자 하는 동일 염모제를 귀 뒤나 팔 안쪽에 동전 크기만큼 바르고, 24~48시간 후의 반응을 확인한다.

14 ② **15** ④ **16** ③ **17** ② **18** ③

19 루프가 귓바퀴를 따라 말리고 두피에 90°로 세워져 있는 컬은?

① 리버스 스탠드업 컬

② 포워드 스탠드업 컬

③ 스컬프처 컬

④ 플랫 컬

> 루프가 귓바퀴를 따라 말리고 두피에 90°로 세워져 있는 컬은 포워드 스탠드업 컬이다.

20 염모제를 바르기 전에 스트랜드 테스트(Strand Test)를 하는 목적이 아닌 것은?

① 색상 선정이 올바르게 이루어졌는지 알기 위해서

② 원하는 색상을 시술할 수 있는 정확한 염모제의 작용 시간을 추정하기 위해서

③ 염모제에 의한 알레르기성 피부염이나 접촉성 피부염 등의 유무를 알아보기 위해서

④ 퍼머넌트 웨이브나 염색, 탈색 등으로 모발이 단모나 변색될 수 있는지 여부를 알기 위해서

> 스트랜드 테스트(Strand Test) : 희망 색상이 모발에 나타나는지와 정확한 소요 시간 등을 확인하는 테스트로 목덜미 안쪽의 모발에 시술한다.

21 윈슬로우가 정의한 공중보건의 정의로서 조작된 지역사회의 공동 노력을 통해 질병 예방, 생명 연장과 함께 증진해야 할 항목으로 설정한 것은?

① 예방의학

② 사회적 활동력

③ 육체적, 정신적 효율

④ 질병 예방

> 공중보건학 : 질병 예방, 생명 연장, 신체적 · 정신적 효율을 증가시키는 과학기술이다.

22 강철을 연결시켜 만든 것으로 협신부(鋏身部)는 연강으로 되어 있고 날 부분은 특수강으로 되어 있는 것은?

① 착강 가위   ② 전강 가위

③ 틴닝 가위   ④ 레이저

> 전강 가위는 전체가 특수강으로 만들어져 있다. 착강 가위의 협신부(손잡이)는 강철을 단련시켜 만든 연강으로, 날은 특수강으로 만들어져 있다.

23 다음 중 파리가 옮기지 않는 병은?

① 장티푸스   ② 이질

③ 콜레라   ④ 유행성 출혈열

> 유행성 출혈열은 들쥐의 배설물을 통해 전파된다.

24 다음 영양소 중 인체의 생리적 조절 작용에 관여하는 조절소는?

① 단백질   ② 비타민

③ 지방질   ④ 탄수화물

> 조절소 : 체내 생리 기능과 대사 조절 등의 보조 작용을 하며, 무기질, 비타민, 물 등을 말한다.

25 잠함병의 직접적인 원인은?

① 혈중 CO_2 농도 증가

② 체액 및 혈액 속의 질소 기포 증가

③ 혈중 O_2 농도 증가

④ 혈중 CO 농도 증가

> 잠함병 : 고압의 작업 후 급속히 감압이 이루어질 때 체내에 녹아 있던 질소 가스가 체액 및 혈중으로 배출되어 발생하는 질환이다.

26 다음 중 살모넬라균의 예방 대책이 아닌 것은?

① 식품의 가열 처리

② 화농된 사람의 식품 취급

③ 도축장의 위생 검사 철저

④ 파리 및 서족 금지

> ②는 포도상구균의 예방 대책이다.

19 ②　20 ③　21 ③　22 ①　23 ④　24 ②　25 ②　26 ②

27 모발 위에 얹어지는 힘 혹은 당김을 의미하는 말은?

① 엘레베이션(Elevation)

② 웨이트(Weight)

③ 텐션(Tension)

④ 텍스처(Texture)

> **텐션(Tension)**
> • 와인딩 시 모발을 당겨 주는 듯한 긴장력을 의미한다.
> • 모발의 물리적 특성인 탄력성을 이용하여 약액의 모발 침투를 용이하게 하는 방법이다.
> • 와인딩 시 모발을 너무 당겨 말면 웨이브가 형성되지 않으므로 주의해야 한다.

28 헤어 컬의 목적이 아닌 것은?

① 볼륨(Volume)을 만들기 위해서

② 컬러(Color)를 표현하기 위해서

③ 웨이브(Wave)를 만들기 위해서

④ 플러프(Fluff)를 만들기 위해서

> **컬의 목적** : 웨이브(Wave), 볼륨(Volume), 플러프(Fluff ; 새털처럼 가볍게 부풀린 스타일)

★
29 핫 오일 샴푸에 대한 설명 중 잘못된 것은?

① 플레인 샴푸 전에 실시한다.

② 오일을 따뜻하게 데워서 바르고 마사지한다.

③ 핫 오일 샴푸 후 펌을 시술한다.

④ 올리브유 등의 식물성 오일이 좋다.

> **핫 오일 샴푸(Hot Oil Shampoo)**
> • 고급 식물성 오일(올리브유, 아몬드유, 춘유 등)을 따뜻하게 데워서 바르고 마사지하는 방법이다.
> • 건성 모발에 적합하며, 플레인 샴푸하기 전에 실시한다.

30 우리나라 고대 미용에 대한 설명 중 틀린 것은?

① 고구려시대 여인의 두발 형태는 여러 가지였다.

② 신라시대 부인들은 금, 은, 주옥으로 꾸민 가체를 사용했다.

③ 백제에서는 기혼녀는 머리를 틀어 올리고 처녀는 땋아 내렸다.

④ 계급에 상관없이 부인들은 모두 머리 모양이 같았다.

> 두발 형태로 신분 차이를 표현했다.

31 여러 가지 꽃 향이 혼합된 세련되고 로맨틱한 향으로 아름다운 꽃다발을 안고 있는 듯 화려하면서도 우아한 느낌을 주는 향수 타입은?

① 싱글 플로랄(Single Floral)

② 플로랄 부케(Floral Bouquet)

③ 우디(Woody)

④ 오리엔탈(Oriental)

> • 싱글 플로랄 : 한 가지 꽃에서 느껴지는 단일한 향
> • 우디 : 초원의 이끼, 풀, 사더우드, 샌달우드 등의 복합적인 향
> • 오리엔탈 : 발삼, 우디 등이 혼합된 화려하고 세련된 향

32 노화 피부의 전형적인 증세는?

① 지방이 과다 분비되어 번들거린다.

② 항상 촉촉하고 매끈하다.

③ 수분이 80% 이상이다.

④ 유분과 수분이 부족하다.

> ①은 지성 피부, ②, ③은 중성 피부에 해당하며, 노화 피부는 유분과 수분이 부족하여 건조한 피부가 일반적이다.

---

27 ③ **28** ② **29** ③ **30** ④ **31** ② **32** ④

33 피지선에 대한 설명으로 틀린 것은?

① 진피층에 위치하는 피지를 분비하는 선이다.

② 손바닥에는 피지선이 전혀 없다.

③ 피지의 1일 분비량은 10~20g 정도이다.

④ 피지선이 많은 부위는 코 주위이다.

> 피지는 하루 평균 약 1~2g 분비하고, 피지막을 형성해 피부를 보호한다.

34 표피에서 자외선에 의해 합성되며, 칼슘과 인의 대사를 도와주고, 발육을 촉진시키는 비타민은?

① 비타민 A   ② 비타민 C

③ 비타민 E   ④ 비타민 D

> 비타민 D는 자외선에 의해 합성된다.

35 사마귀(Wart, Verruca)의 원인은?

① 바이러스   ② 진균

③ 내분비 이상   ④ 당뇨병

> **바이러스 질환** : 사마귀, 단순포진, 대상포진 등

36 다음 중 객담이 묻은 휴지의 소독 방법으로 가장 알맞은 것은?

① 고압 멸균법   ② 소각 소독법

③ 자비 소독법   ④ 저온 소독법

> **소각 소독법**
> • 미생물에 의해 오염된 대상을 불에 태워 멸균시키는 방법으로 가장 안전한 방법이다.
> • 재생 불가능한 물건, 동물 사체, 환자 분뇨, 결핵환자 객담과 같은 감염될 우려가 많은 물건의 소독에 적합하다.

37 섭씨 100~135℃ 고온의 수증기를 미생물, 아포 등과 접속시켜 가열 살균하는 방법은?

① 간헐 멸균법   ② 건열 멸균법

③ 고압 증기 멸균법   ④ 자비 소독법

> • **고압 증기 멸균법** : 고압 증기 멸균기(Autoclave)를 사용하여 아포를 포함한 모든 미생물을 완전히 멸균하는 가장 좋은 소독 방법이다(기구, 의류, 고무 제품, 거즈, 약액 등).
> • **간헐 멸균법(유통 증기 멸균법)** : 100℃의 유통 증기를 30~60분간, 24시간 간격으로 3회 가열하며, 그 사이 쉬는 시간의 실내 온도를 20℃로 유지하면서 실시하는 멸균법이다(아포 사멸 가능).
> • **건열 멸균법** : 건열 멸균기에 소독 물품을 넣어 160~170℃에서 1~2시간 가열하여 멸균시키는 방법이다(유리 제품이나 주사기는 적합, 종이나 천은 변색 우려로 부적합).
> • **자비 소독법** : 100℃의 물에 소독 물품을 담가 20분 이상 끓이는 방법이다(식기, 주사기, 의류, 도자기 등).

38 양이온 계면활성제의 장점이 아닌 것은?

① 물에 잘 녹는다.

② 색과 냄새가 거의 없다.

③ 결핵균에 효력이 있다.

④ 인체에 독성이 적다.

> **양이온 계면활성제**
> • 살균, 소독, 유연 작용을 하고, 정전기 발생을 억제한다.
> • 무미, 무해하여 식품 소독 및 피부 소독에 적합하다.
> • 헤어 트리트먼트제, 헤어 린스 등

39 천연보습인자(NMF)에 속하지 않는 것은?

① 아미노산   ② 암모니아

③ 젖산염   ④ 글리세린

> **천연보습인자(NMF)** : 아미노산, 요소, 젖산염, 피롤리돈 카르본산염, 암모니아, 나트륨, 칼슘, 칼륨, 마그네슘 등

40 비타민에 대한 설명 중 틀린 것은?

① 비타민 A가 결핍되면 피부가 건조해지고 거칠어진다.

② 비타민 C는 교원질 형성에 중요한 역할을 한다.

③ 레티노이드는 비타민 A를 통칭하는 용어이다.

④ 많은 양의 비타민 A가 피부에서 합성된다.

> 피부에서 합성되는 비타민은 비타민 D이다.

---

33 ③　34 ④　35 ①　36 ②　37 ③　38 ③　39 ④　40 ④

41 피부가 느낄 수 있는 감각 중 가장 예민한 감각은?

① 통각   ② 냉각

③ 촉각   ④ 압각

> 피부 면적 1cm²당 온점 1~2개, 압점 6~8개, 냉점 12개, 촉점 25개, 통점 100~200개의 비율로 통점이 가장 많이 분포되어 있어 감각 중 통점을 통한 통각을 가장 크게 느낀다.

42 손 소독에 가장 적당한 크레졸수의 농도는?

① 1~2%   ② 0.1~0.3%

③ 4~5%   ④ 6~8%

> 크레졸수를 이용한 손 소독은 1~2%, 일반 소독은 3% 수용액이 적당하다.

43 운동성을 지닌 세균의 사상부속기관은 무엇인가?

① 아포   ② 편모

③ 원형질막   ④ 협막

> 운동성을 가진 부속기관은 편모이다.

44 다음 중 2도 화상에 속하는 것은?

① 햇볕에 탄 피부

② 진피층까지 손상되어 수포가 발생한 피부

③ 피하 지방층까지 손상된 피부

④ 피하 지방층 아래의 근육까지 손상된 피부

> • 1도 화상(홍반성) : 국소적으로 빨갛고, 약간 따끔거리며, 자국이 남지 않고 치유된다.
> • 2도 화상(수포성) : 물집이 생기며, 치료에 따라 자국이 남지 않고 치유된다.
> • 3도 화상(괴사성) : 증상이 심해 궤양을 만들고, 부상 부위에 따라 운동 기능 장애가 발생할 우려가 있다.

45 액취증의 원인이 되는 아포크린 한선이 분포되어 있지 않은 곳은?

① 배꼽 주변   ② 겨드랑이

③ 사타구니   ④ 발바닥

> 손바닥과 발바닥은 소한선인 에포크린 한선이 분포되어 있으며, 소한선은 손 · 발바닥 〉 이마 〉 등 순으로 분포되어 있다.

46 백반증에 관한 내용 중 틀린 것은?

① 멜라닌 세포의 과다한 증식으로 일어난다.

② 백색 반점이 피부에 나타난다.

③ 후천적 탈색소 질환이다.

④ 원형, 타원형 또는 부정형의 흰색 반점이 나타난다.

> **백반증(Vitiligo) :** 후천적 난치성 피부병변으로 멜라닌 세포가 파괴되어 멜라닌이 감소 및 소실됨으로써 피부, 모발, 눈 등에 백색의 반점이 생겨 점차 커지는 저색소 침착 증상이다.
> ※ 멜라닌세포의 과다한 증식으로 인한 과색소 침착 질환은 점, 기미, 주근깨, 검버섯 등이 있다.

47 EO 가스의 폭발 위험성을 감소시키기 위해 흔히 혼합하여 사용하는 물질은?

① 질소   ② 산소

③ 아르곤   ④ 이산화탄소

> **에틸렌옥사이드(EO : Ethylene Oxide) 가스 멸균법**
> • 50~60℃의 저온에서 멸균한다.
> • EO 가스의 폭발 위험성을 감소시키기 위해 프레온 가스 또는 이산화탄소를 혼합하여 사용한다.
> • 고무장갑, 플라스틱 등

48 음용수 소독에 사용할 수 있는 소독제는?

① 요오드   ② 페놀

③ 염소   ④ 승홍수

> 우리나라 상수(음용수) 소독은 주로 염소 소독을 하고 우물 소독은 표백분을 사용한다.

49 자비 소독 시 금속 제품이 녹스는 것을 방지하기 위하여 첨가하는 물질이 아닌 것은?

① 2% 붕소

② 2% 탄산나트륨

③ 5% 알코올

④ 2~3% 크레졸 비누액

> 자비 소독 시 붕사 2%, 탄산나트륨(NaCO₃) 1~ 2%, 크레졸 비누액 2~3%를 첨가한다. 5% 석탄산 첨가 시 금속 부식 방지 및 소독력 상승 효과가 있다.

---

41 ①   **42** ①   **43** ②   **44** ②   **45** ④   **46** ①   **47** ④   **48** ③   **49** ③

50 승홍수의 설명으로 틀린 것은?

① 금속을 부식시키는 성질이 있다.

② 피부 소독에는 0.1%의 수용액을 사용한다.

③ 염화칼륨을 첨가하면 자극성이 완화된다.

④ 일반적으로 살균력이 약한 편이다.

> **승홍수(염화제2수은)**
> • 0.1%의 농도로 사용(승홍 1g + 식염 1g + 물 998mL 비율)한다.
> • 맹독성으로 강한 금속 부식성이 있어 식기류, 피부 소독에는 부적합하다.
> • 온도가 높을수록 강한 살균력이 있어 가온하여 사용한다.

51 영업소 이외의 장소에서 예외적으로 이·미용 영업을 할 수 있도록 규정한 법령은?

① 대통령령   ② 국무총리령

③ 보건복지부령   ④ 시·군·구령

> 이·미용의 업무는 영업 장소 이외의 장소에서 행할 수 없다. 다만, 보건복지부령이 정하는 특별한 사유가 있는 경우에는 그러하지 아니하다.

52 이·미용 업무의 보조를 할 수 있는 자는?

① 이·미용사의 감독을 받는 자

② 이·미용사 응시자

③ 이·미용학원 수강자

④ 시·도지사가 인정한 자

> 이·미용사의 면허를 받은 자가 아니면 이·미용업을 개설하거나 그 업무에 종사할 수 없다. 다만, 이·미용사의 감독을 받아 이용 또는 미용 업무의 보조를 행하는 경우에는 그러하지 아니하다.

53 과징금을 기한 내에 납부하지 아니한 경우에 이를 징수하는 방법은?

① 지방세 체납처분의 예에 의하여 징수

② 부가가치세 체납처분의 예에 의하여 징수

③ 법인세 체납처분의 예에 의하여 징수

④ 소득세 체납처분의 예에 의하여 징수

> 과징금을 납부하지 아니한 경우는 지방세 체납처분에 의하여 과태료를 징수한다.

54 위생 교육에 대한 설명으로 틀린 것은?

① 공중위생영업 신고를 하고자 하는 자는 미리 위생 교육을 받아야 한다.

② 공중위생영업자는 매년 위생 교육을 받아야 한다.

③ 위생 교육에 관한 기록을 1년 이상 보관, 관리해야 한다.

④ 위생 교육을 받지 아니한 자는 200만 원 이하의 과태료에 처한다.

> 위생 교육 실시 단체의 장은 위생 교육을 수료한 자에게 수료증을 교부하고, 교육 실시 결과를 교육 후 1개월 이내에 시장·군수·구청장에게 통보해야 하며, 수료증 교부대장 등 교육에 관한 기록을 2년 이상 보관·관리해야 한다.

55 영업소에서 무자격 안마사로 하여금 손님에게 안마 행위를 하였을 때 2차 위반 시 행정처분은?

① 영업 정지 15일

② 영업 정지 1개월

③ 영업 정지 2개월

④ 영업장 폐쇄 명령

> 1차 영업 정지 1개월, 2차 영업 정지 2개월, 3차 영업장 폐쇄 명령

56 영업자의 위생 관리 의무가 아닌 것은?

① 영업소에서 사용하는 기구는 소독한 것과 소독하지 않은 것을 분리 보관한다.

② 영업소에서 사용하는 1회용 면도날은 손님 1인에 한하여 사용한다.

③ 자격증을 영업소 안에 게시한다.

④ 면허증을 영업소 안에 게시한다.

> 영업소 안에 게시해야 하는 것은 면허증이다.

---

50 ④   **51** ③   **52** ①   **53** ①   **54** ③   **55** ③   **56** ③

57 행정처분 위반 행위와 차수에 따른 행정처분 기준은 최근 몇 년간 같은 행위로 행정처분을 받은 경우 이를 적용하는가?

① 1년 　　　　② 2년
③ 5년 　　　　④ 10년

> 행정처분 기준은 최근 1년간 같은 행위로 행정처분을 받은 경우 적용한다.

58 영업소 외의 장소에서 이·미용 업무를 행할 수 있는 경우로 보건복지부령이 정하는 특별한 사유에 해당하지 않는 것은?

① 기관에서 특별히 요구하여 단체로 이·미용을 하는 경우
② 질병으로 인하여 영업소에 나올 수 없는 자에 대하여 이·미용을 하는 경우
③ 혼례에 참여하는 자에 대하여 그 의식 직전에 이·미용을 하는 경우
④ 시장·군수·구청장이 특별한 사정이 있다고 인정한 경우

> 기관에서 특별히 단체로 요구하는 경우는 해당하지 않는다.

59 다음 중 이용사 또는 미용사의 면허를 받을 수 있는 자는?

① 약물 중독자
② 암환자
③ 정신질환자
④ 피성년후견인

> **미용사 면허를 받을 수 없는 자**
> • 피성년후견인
> • 정신질환자(전문의가 이·미용사로서 적합하다고 인정하는 사람은 제외)
> • 공중의 위생에 영향을 미칠 수 있는 감염병 환자로서 보건복지부령이 정하는 자
> • 마약 기타 대통령령으로 정하는 약물 중독자
> • 면허가 취소된 후 1년이 경과되지 아니한 자

★
60 공중위생의 관리를 위한 지도, 계몽 등을 행하게 하기 위해 둘 수 있는 것은?

① 명예공중위생감시원
② 공중위생조사원
③ 공중위생평가단체
④ 공중위생전문교육원

> 시·도지사는 공중위생의 관리를 위한 지도·계몽 등을 행하게 하기 위하여 명예공중위생감시원을 둘 수 있다.

01 먼셀의 색상환표에서 가장 먼 거리를 두고 서로 마주보는 관계의 색채를 의미하는 것은?

① 한색
② 난색
③ 보색
④ 잔여색

> 먼셀의 색상환표에서 가장 먼 거리를 두고 서로 마주보는 관계의 색채는 반대색 즉, 보색이라고 한다.

02 모발에 도포한 약액의 침투를 도와 시술 시간을 단축하고자 할 때 필요하지 않은 것은?

① 스팀타월
② 헤어 스티머
③ 신징
④ 히팅캡

> 신징은 불필요한 모발을 불로 태워 제거하는 방법이다.

03 ★ 다음 중 절족 동물 매개 감염병이 아닌 것은?

① 페스트
② 유행성 출혈열
③ 말라리아
④ 탄저

> 페스트(벼룩, 쥐), 유행성 출혈열 · 말라리아(모기), 탄저 (소 · 말 · 양)
> ※ 절족 동물은 곤충과 거미, 갑각류를 말하므로 모기와 벼룩이 이에 해당한다.

04 다음 전자파 중 소독에 일반적으로 사용되는 것은?

① 음극선
② 엑스선
③ 자외선
④ 중성자

> 소독에는 자외선이 일반적으로 사용된다.

05 웨이브의 형성을 위해 펌 제1제를 주로 적용하는 부위는?

① 모수질
② 모근
③ 모피질
④ 모표피

> 모발은 모피질이 80~90% 정도 차지하며, 모피질 속의 간충 물질을 통해 제1제의 웨이브 형성이 적용된다.

06 ★ 우리나라 여성의 머리 모양 중 비녀를 꽂은 것은?

① 얹은머리
② 쪽진머리
③ 종종머리
④ 귀밑머리

> 쪽진머리는 네이프 부분에 쪽을 틀어 비녀를 꽂은 머리 모양이다.

07 한국 현대 미용사에 대한 설명으로 옳은 것은?

① 경술국치 이후 일본인들에 의해 미용이 발달했다.
② 1933년 일본인이 우리나라에 처음으로 미용원을 개원했다.
③ 해방 전 우리나라 최초의 미용교육기관은 정화고등기술학교이다.
④ 오엽주가 1933년 화신백화점 내에 미용원을 열었다.

> 오엽주가 일본 동경야마노미용학습소를 마치고 한국으로 돌아와 1933년 화신백화점 내에서 화신미용원을 개업했다.

08 컬이 오래 지속되며 움직임이 가장 적은 것은?

① 논 스템(Non Stem)
② 하프 스템(Half Stem)
③ 풀 스템(Full Stem)
④ 컬 스템(Curl Stem)

> • 논 스템(Non Stem) : 루프가 베이스에 들어가 있는 상태로, 컬이 오래 지속되며 움직임이 가장 적다.
> • 하프 스템(Half Stem) : 루프가 베이스에 반쯤 걸쳐진 상태로, 어느 정도의 움직임을 갖고 있다.
> • 풀 스템(Full Stem) : 루프가 베이스에서 벗어난 상태로, 컬의 방향을 제시하며 움직임이 가장 크다.
> • 컬 스템(Curl Stem) : 베이스에서 피벗 포인트까지로 루프 외에 말리지 않은 부분이다.

01 ③　02 ③　03 ④　04 ③　05 ③　06 ②　07 ④　08 ①

09 다음 중 두발에 볼륨을 주지 않기 위한 컬 기법은?

① 스탠드업 컬(Stand Up Curl)

② 플랫 컬(Flat Curl)

③ 리프트 컬(Lift Curl)

④ 논스템 롤러 컬(Non Stem Roller Curl)

- 플랫 컬(Flat Curl) : 루프가 두피에 납작하게 누워 있는 컬로 볼륨이 없는 컬 기법이다.
- 스탠드업 컬(Stand Up Curl) : 두피에 90°로 세워진 컬로 볼륨을 주고자 할 때 사용한다.
- 리프트 컬(Lift Curl) : 두피에서 45°로 비스듬히 서 있는 컬로 스탠드업 컬과 플랫 컬을 연결하고자 할 때 사용한다.
- 논스템 롤러 컬(Non Stem Roller Curl) : 크라운 부분에 가장 볼륨감이 있는 컬이다.

10 네이프선까지 가지런히 정돈하여 묶어 청순한 이미지를 부각시킨 스타일로 1940년대에 유행했으며, 아르헨티나의 대통령 부인이었던 에바 페론의 헤어스타일로 유명한 업스타일은?

① 링고 스타일

② 시뇽 스타일

③ 킨키 스타일

④ 퐁파두르 스타일

시뇽 스타일(Chigoon Style)은 뒤로 틀어 올린 헤어스타일을 말한다.

11 스캘프 트리트먼트의 목적이 아닌 것은?

① 원형 탈모증 치료

② 두피 및 모발을 건강하고 아름답게 유지

③ 혈액순환 촉진

④ 비듬 방지

스캘프 트리트먼트는 건강한 모발을 위한 예방 차원의 관리 방법으로 치료는 해당되지 않는다.

12 염색한 두발에 가장 적합한 샴푸는?

① 댄드러프 샴푸

② 논스트리핑 샴푸

③ 프로테인 샴푸

④ 약용 샴푸

- 논스트리핑 샴푸 : 저자극 샴푸로 염색모에 적합하다.
- 댄드러프(Dandruff ; 비듬) 샴푸, 약용 샴푸 : 비듬성 모발용으로 적합하다.
- 프로테인 샴푸 : 다공성 모발에 적합하다.

13 플러프 뱅(Fluff Bang)에 관한 설명으로 옳은 것은?

① 포워드 롤을 뱅에 적용시킨 것이다.

② 컬이 부드럽고, 아무런 꾸밈도 없는 듯이 보이도록 볼륨을 주는 것이다.

③ 가르마 가까이에 작게 낸 뱅이다.

④ 뱅으로 하는 부분의 두발을 업콤하여 두발 끝을 플러프해서 내린 것이다.

- 플러프 뱅 : 부드럽게 꾸밈 없이 볼륨을 준 앞머리
- 포워드롤 뱅 : 포워드 방향으로 롤을 이용하여 만든 뱅
- 프린지 뱅 : 가르마 가까이에 작게 낸 뱅
- 프렌치 뱅 : 프랑스식의 뱅

14 미백 화장품의 기능으로 틀린 것은?

① 각질세포의 탈락을 유도하여 멜라닌 색소 제거

② 티로시나아제를 활성화해 도파(DOPA) 산화 억제

③ 자외선 차단 성분이 자외선 흡수 방지

④ 멜라닌 합성과 확산을 억제

미백 화장품은 멜라닌 색소 생성에 관련된 효소인 티로시나아제가 활성화되는 것을 막는다.

15 ★ 저항성 두발 염색 전 행하는 기술로 옳지 않은 것은?

① 염모제 침투를 돕기 위해 사전에 두발을 연화시킨다.

② 과산화수소 30mL, 암모니아수 0.5mL 정도를 혼합한 연화제를 사용한다.

③ 사전 연화기술을 프레-소프트닝(Pre-Softening)이라고 한다.

④ 50~60분 방치 후 드라이로 건조시킨다.

> 염색 자연 방치 소요 시간
> • 발수성 모발(저항성모) : 35~40분
> • 정상 모발 : 20~30분
> • 손상 모발(다공성모) : 15~25분

16 ★ 비사볼롤(Bisabolol)은 어디에서 얻을 수 있는가?

① 프로폴리스(Propolis)

② 캐모마일(Chamomile)

③ 알로에베라(Aloe Vera)

④ 알개(Algae)

> 비사볼롤 : 캐모마일에서 추출하며, 피부 자극을 완화하고 진정시키는 작용이 있다.

17 ★ 자연독에 의한 식중독 원인 물질과 서로 관계없는 것으로 연결된 것은?

① 테트로도톡신(Tetrodotoxin) – 복어

② 솔라닌(Solanin) – 감자

③ 무스카린(Muscarin) – 버섯

④ 에르고톡신(Ergotoxin) – 조개

> • 맥각 : 에르고톡신
> • 조개 : 베네루핀

18 다음 중 지구 온난화 현상(Global Warming)의 주원인이 되는 가스는?

① CO_2

② C

③ Ne

④ NO

> 지구 온난화는 이산화탄소가 주원인이며, 이산화탄소에 의해 온실 효과가 발생하고 해수면이 상승한다.

19 다음 중 감염병 관리에 가장 어려움이 있는 사람은?

① 회복기 보균자

② 잠복기 보균자

③ 건강 보균자

④ 병후 보균자

> 건강 보균자는 불현성 감염 상태로 증상이 없으면서 균을 보유하고 있는 환자를 뜻하며, 보건 관리가 가장 어렵다.

20 다음 중 가족 계획과 뜻이 가장 가까운 것은?

① 불임시술

② 임신 중절

③ 수태 제한

④ 계획 출산

> 가족 계획(모자보건법) : 가족의 건강과 경제의 향상을 위해 수태 조절에 관한 전문적인 의료 서비스와 계몽 또는 교육을 하는 사업이다.

21 진동이 심한 작업장 근무자에게 다발하는 질환으로 청색증과 동통, 저림 증세를 보이는 질병은?

① 레이노드씨병

② 진폐증

③ 열경련

④ 잠함병

> • 레이노드씨병 : 진동에 의한 국소 장애이며, 손가락 모세혈관의 경련성 증후군이다(진공기구, 착암기 등의 취급자).
> • 진폐증 : 유리규산 등이 폐에 흡착되어 발생한다(채석공).
> • 열경련 : 체내 수분 및 염분 손실로 오는 경련이다.
> • 잠함병 : 고압의 작업 후 급속히 감압이 이루어질 때 체내에 녹아 있던 질소 가스가 체액 및 혈중으로 배출되어 생기는 질환이다(잠수부).

22 컬의 목적으로 가장 옳은 것은?

① 텐션, 루프, 스템을 만들기 위해

② 웨이브, 볼륨, 플러프를 만들기 위해

③ 슬라이싱, 스퀘어, 베이스를 만들기 위해

④ 세팅, 뱅을 만들기 위해

> 컬의 목적 : 웨이브, 볼륨, 플러프

15 ④ 16 ② 17 ④ 18 ① 19 ③ 20 ④ 21 ① 22 ②

23 두정부의 가마로부터 방사상으로 나눈 파트는?

① 카우릭 파트

② 이어 투 이어 파트

③ 센터 파트

④ 스퀘어 파트

> • 이어 투 이어 파트 : 한쪽 귀 상부에서 두정부를 지나 다른 쪽 귀 상부를 수직으로 나눈 파트이다.
> • 센터 파트(앞가르마) : 전두부의 헤어 라인 중앙으로부터 두정부를 향해서 직선으로 나눈 파트로 역삼각형 얼굴에 적합하다.
> • 스퀘어 파트 : 이마의 양각에서 사이드 파트하여 두정부에서 이마의 헤어 라인과 수평으로 나눈 파트이다.

24 다음 중 바르게 짝지어진 것은?

① 아이론 웨이브 – 1830년 프랑스의 무슈 끄로와뜨

② 콜드 웨이브 – 1936년 영국의 스피크먼

③ 스파이럴 퍼머넌트 웨이브 – 1925년 영국의 조셉 메이어

④ 크로키놀식 웨이브 – 1875년 프랑스의 마셀 그라또우

> • 아이론 웨이브(마셀 웨이브) : 1875년 프랑스 마셀 그라또우
> • 스파이럴 웨이브 : 1905년 영국의 찰스 네슬러
> • 크로키놀식 웨이브 : 1925년 독일의 조셉 메이어

25 땋거나 스타일링하기에 쉽도록 3가닥 혹은 1가닥으로 만들어진 헤어피스는?

① 웨프트

② 스위치

③ 폴

④ 위글렛

> 스위치(Switch) : 두발의 양은 적으나 두발의 길이가 대략 20cm 이상이고, 1~3가닥으로 되어 있으며, 땋거나 포니테일 형태로 늘어뜨려 연출할 때 적합하다.

26 비누에 대한 설명으로 틀린 것은?

① 비누의 세정 작용은 오염과 피부 사이에 비누 수용액이 침투해 부착을 약화시켜서 오염이 떨어지기 쉽게 하는 것이다.

② 거품이 풍성하고 잘 헹구어져야 한다.

③ pH가 중성인 비누는 세정 작용뿐만 아니라 살균·소독 효과가 뛰어나다.

④ 메디케이티드(Medicated) 비누는 소염제를 배합한 제품으로 여드름, 면도 상처 및 피부 거칠음 방지 효과가 있다.

> 중성인 비누는 세균 작용, 살균·소독 효과가 뛰어나다고 말하기는 어렵다.

27 염모제로서 헤나를 처음으로 사용했던 나라는?

① 그리스

② 이집트

③ 로마

④ 중국

> 기원전 1500년경 이집트시대에는 염색을 위해 헤나(Henna) 염모제를 사용했다는 기록이 있으며, 샤프란이라는 꽃을 찰흙에 섞어 입술연지로 사용하기도 했다.

28 미용의 특수성에 해당하지 않는 것은?

① 자유롭게 소재를 선택한다.

② 시간적 제한을 받는다.

③ 손님의 의사를 존중한다.

④ 여러 가지 조건에 제한을 받는다.

> 미용의 소재는 고객의 신체 일부로 소재 선택이 제한적이다.

29 세포의 분열 증식으로 모발이 만들어지는 곳은?

① 모모(毛母)세포

② 모유두

③ 모구

④ 모소피

23 ① 　24 ② 　25 ② 　26 ③ 　27 ② 　28 ① 　29 ①

- 모모세포(Germinative Cell) : 모유두와 연결되어 세포의 분열 및 증식이 왕성하며, 모발의 성장을 담당한다.
- 모유두(Hair Papilla) : 모모세포가 밀집되어 있으며, 혈관과 신경이 존재하여 모발에 영양과 산소를 공급하는 곳이다.
- 모구(Hair Bulb) : 모낭의 아랫부분으로 공처럼 동그랗게 팽윤되어 있다.
- 모표피(Hair Cuticle) : 모발의 가장 바깥층에 존재하는 비닐 모양의 편평하고 핵이 없는 판상의 세포로 구성되어 있다.

30 세안용 화장품의 구비 조건으로 부적당한 것은?

① 안정성 – 물이 묻거나 건조해지면 형과 질이 잘 변해야 한다.

② 용해성 – 냉수나 온수에 잘 풀려야 한다.

③ 기포성 – 거품이 잘 나고 세정력이 있어야 한다.

④ 자극성 – 피부를 자극시키지 않고 쾌적한 방향이 있어야 한다.

안정성 : 보관에 따른 변질, 변색, 변취, 미생물의 오염이 없어야 한다.

★
31 다음 중 콜드 퍼머넌트 웨이브 시술 시 두발에 부착된 제1제를 씻어내는 데 가장 적합한 린스는?

① 에그 린스(Egg Rinse)

② 산성 린스(Acid Rinse)

③ 레몬 린스(Lemon Rinse)

④ 플레인 린스(Plain Rinse)

플레인 린스(Plain Rinse) : 30~40℃의 미지근한 물로만 헹구어 내는 방법으로 주로 펌 제1제를 씻어내기 위한 중간 린스로 사용되는 방법이다.

32 피부 색소 침착에서 과색소 침착 증상이 아닌 것은?

① 기미 ② 백반증

③ 주근깨 ④ 검버섯

백반증은 멜라닌 색소가 감소하여 나타나는 저색소 침착 증상에 해당되는 피부 질환이다.

★
33 피부 발진 중 일시적인 증상으로 가려움증을 동반하여 불규칙적인 모양을 한 피부 현상은?

① 농포 ② 팽진

③ 구진 ④ 결절

- 농포(Pustule ; 여드름) : 피부 표면에서 부풀어 있으며, 그 안에 고름이 들어 있어 황백색으로 처음에는 투명하다가 혼탁해져서 농포가 된다.
- 팽진(Wheal ; 심마진, 두드러기) : 일시적인 증상으로 가려움증을 동반하며, 불규칙적인 모양의 발진이다.
- 구진(Papule) : 1cm² 미만의 크기로 솟아오른 피부 병면으로 습진, 피부염 등이 있다.
- 결절(Nodule) : 피부 병변 중 구진과 같은 형태이나 그 직경이 약 5~10mm 정도로 더 크거나 깊이 존재한다. 일반적으로 사라지지 않고 지속되는 경향이 있는 피부 병변을 말한다.

34 혈색을 좋게 만드는 철분을 많이 함유한 식품과 거리가 가장 먼 것은?

① 감자 ② 시금치

③ 조개류 ④ 어류

철분(Fe)
- 혈액(헤모글로빈)의 구성 성분으로 산소를 운반하는 역할을 한다.
- 체내 저장이 불가능해 간, 난황, 육류, 녹황색 채소 등의 음식물을 통해 보충해야 한다(흡수율 10~20%).
- 부족 시 빈혈의 원인이 되며, 피로증 및 건망증, 어린이의 경우 주의력 산만, 인지 능력 저하 등이 발생한다.

★
35 피부 표피층 중에서 가장 두꺼운 층으로 세포 표면에는 가시 모양의 돌기를 가지고 있는 것은?

① 유극층 ② 과립층

③ 각질층 ④ 기저층

유극층(Spinous Layer ; 말피기층, 가시층) : 표피의 대부분을 차지하며, 약 70%의 수분을 함유하는 표피 중 가장 두꺼운 층으로 노화될수록 얇아진다.

30 ① **31** ④ **32** ② **33** ② **34** ① **35** ①

36 폐경기의 여성이 골다공증에 걸리기 쉬운 이유와 관련이 있는 것은?

① 에스트로겐의 결핍
② 안드로겐의 결핍
③ 테스토스테론의 결핍
④ 티록신의 결핍

여성 호르몬인 에스트로겐의 결핍에 의해서 골다공증에 걸리기 쉽다.

37 다음 중 이·미용실에서 사용하는 수건을 철저하게 소독하지 않았을 때 주로 발생할 수 있는 감염병은?

① 장티푸스
② 트라코마
③ 페스트
④ 일본뇌염

트라코마(눈 결막 질환) : 감염된 환자로부터 직접 전파 또는 의복, 수건, 세면도구 등 개달물을 통한 간접 전파가 원인이다.

38 소독약을 사용하여 균 자체에 화학 반응을 일으킴으로써 세균의 생활력을 빼앗아 살균하는 것은?

① 물리적 멸균법
② 건열 멸균법
③ 여과 멸균법
④ 화학적 살균법

소독약을 사용하는 방법은 화학적 살균법에 해당된다.

39 균체의 단백질 응고 작용과 관계가 가장 적은 소독약은?

① 석탄산
② 크레졸액
③ 알코올
④ 과산화수소수

과산화수소는 산화 작용과 관련되어 있다.

40 금속성 식기, 면 종류의 의류, 도자기의 소독에 적합한 소독 방법은?

① 화염 멸균법
② 건열 멸균법
③ 소각 소독법
④ 자비 소독법

자비소독법 : 100℃의 물에 소독 물품을 담가 20분 이상 끓이는 방법으로 식기, 주사기, 의류, 도자기 등의 소독에 적합하다.

41 법정 감염병 중 제3급 감염병에 속하지 않는 것은?

① A형 간염
② 공수병
③ 렙토스피라증
④ 쯔쯔가무시증

A형 간염은 제2급 감염병에 속한다.

42 한 나라의 보건 수준을 측정하는 지표로서 가장 적절한 것은?

① 의과대학 설치 수
② 국민 소득
③ 감염병 발생률
④ 영아 사망률

한 국가 또는 지역사회의 보건 수준 비교 3대 지표는 영아 사망률, 평균 수명, 비례사망지수이다.

43 수인성(水因性) 감염병이 아닌 것은?

① 일본뇌염
② 이질
③ 콜레라
④ 장티푸스

수인성 감염병 : 오염된 음료수에 의해 감염되는 질환으로 콜레라, 장티푸스, 파라티푸스, 세균성 이질, 소아마비, 유행성 간염이나 기생충 감염 등이 있다.

44 여드름 관리에 효과적인 화장품 성분은?

① 유황(Sulfur)
② 하이드로퀴논(Hydroquinone)
③ 코직산(Kojic acid)
④ 알부틴(Arbutin)

하이드로퀴논, 코직산, 알부틴은 미백에 효과적인 화장품 성분이다. 유황 성분은 피부 염증에 효과적이다.

45 웨트 커팅의 설명으로 적합한 것은?

① 손상모를 손쉽게 추려낼 수 있다.
② 웨이브나 컬이 심한 모발에 적합한 방법이다.
③ 길이 변화를 많이 주지 않을 때 이용한다.
④ 두발의 손상을 최소화할 수 있다.

36 ①　37 ②　38 ④　39 ④　40 ④　41 ①　42 ④　43 ①　44 ①　45 ④

46 탈모의 원인으로 볼 수 없는 것은?

① 과도한 스트레스로 인한 경우
② 다이어트와 불규칙한 식사로 인한 영양 부족인 경우
③ 여성 호르몬의 분비가 많은 경우
④ 땀, 피지 등의 노폐물이 모공을 막고 있는 경우

> **탈모의 원인**
> • 내적 요인 : 호르몬 분비 이상, 식생활, 소화기관 이상, 스트레스
> • 외적 요인 : 잘못된 샴푸 습관, 과도한 브러싱

★47 알카리성 비누로 샴푸한 모발에 가장 적당한 린스는?

① 레몬 린스   ② 플레인 린스
③ 컬러 린스   ④ 알칼리성 린스

> 알칼리성 비누를 중화시키기 위해서는 레몬 린스를 사용하여 pH를 조절한다.

48 정상적인 두발 상태의 온도 조건에서 콜드 웨이빙 시술 시 프로세싱의 가장 적당한 방치 시간은?

① 5분   ② 10~15분
③ 30~35분   ④ 20~30분

> 프로세싱 타임은 캡을 씌운 뒤 10~15분 정도가 적당하다.

49 식중독에 대한 설명으로 옳은 것은?

① 음식 섭취 후 장시간 뒤에 증상이 나타난다.
② 근육통 호소가 가장 빈번하다.
③ 병원성 미생물에 오염된 식품 섭취 후 발병한다.
④ 독성을 나타내는 화학 물질과는 무관하다.

★50 콜레라 예방 접종은 어떤 면역 방법인가?

① 인공 수동 면역   ② 인공 능동 면역
③ 자연 수동 면역   ④ 자연 능동 면역

> 인공 능동 면역 : 예방 접종 후 생성된 면역을 말한다.

51 이·미용사의 면허증을 대여한 때의 1차 위반 행정처분 기준은?

① 면허 정지 3월   ② 면허 정지 6월
③ 영업 정지 3월   ④ 영업 정지 6월

> 면허증을 다른 사람에게 대여한 때 행정처분 기준은 1차 면허 정지 3월, 2차 면허 정지 6월, 3차 면허 취소이다.

52 다음 중 이·미용사의 면허를 발급하는 기관이 아닌 것은?

① 서울시 마포구청장
② 제주도 서귀포시장
③ 인천시 부평구청장
④ 경기도지사

> 이·미용사의 면허를 발급하는 기관은 시장·군수·구청장이다.

★53 공중위생업소가 의료법을 위반하여 폐쇄 명령을 받았다면, 최소한 어느 정도의 기간이 경과되어야 동일 장소에서 동일 영업이 가능한가?

① 3개월   ② 6개월
③ 9개월   ④ 12개월

> 「성매매알선 등 행위의 처벌에 관한 법률」 등 외의 법률 위반으로 폐쇄 명령이 있은 후 6개월이 경과하지 아니한 때에는 누구든지 그 폐쇄 명령이 이루어진 영업장소에서 같은 종류의 영업을 할 수 없다.

46 ③   47 ①   48 ②   49 ③   50 ②   51 ①   52 ④   53 ②

54 공중 위생 서비스 평가를 위탁받을 수 있는 기관은?

① 관련 전문 기관 및 단체
② 소비자단체
③ 동사무소
④ 시청

> 시장 · 군수 · 구청장은 관련 전문 기관 및 단체로 위생 서비스 평가를 실시하게 할 수 있다.

55 공중위생영업을 하고자 하는 자는 위생 교육을 언제 받아야 하는가?(단, 예외 조항은 제외)

① 영업소 개설을 통보한 후에 위생 교육을 받는다.
② 영업소를 운영하면서 자유로운 시간에 위생 교육을 받는다.
③ 영업신고 전에 미리 위생 교육을 받는다.
④ 영업소 개설 후 3개월 이내에 위생 교육을 받는다.

> 공중위생영업의 신고를 하고자 하는 자는 미리 위생 교육을 받아야 한다.

56 1차 위반 시의 행정처분 기준이 경고 또는 개선 명령이 아닌 것은?

① 위생 교육을 받지 아니한 때
② 영업자의 지위를 승계한 후 1개월 이내에 신고하지 아니한 때
③ 영업신고증, 요금표를 게시하지 아니하거나 업소 내 조명도를 준수하지 아니한 때
④ 영업 정지 처분을 받고도 그 영업 정지 기간 중 영업을 한 때

> 영업 정지 처분을 받고도 그 영업 정지 기간 중 영업을 한 때는 1차 위반 시 영업장 폐쇄 명령이다.

57 시 · 도지사 또는 시장 · 군수 · 구청장은 공중위생관리상 필요하다고 인정하는 때에 공중위생영업자 등에 대하여 필요한 조치를 취할 수 있다. 이 조치에 해당하는 것은?

① 보고　　　　② 청문
③ 감독　　　　④ 협의

> 특별시장 · 광역시장 · 도지사(시 · 도지사) 또는 시장 · 군수 · 구청장은 공중위생관리상 필요하다고 인정하는 때에는 공중위생영업자 및 공중이용시설의 소유자 등에 대하여 필요한 보고를 하게 하거나 소속 공무원으로 하여금 영업소 · 사무소 · 공중이용시설 등에 출입하여 공중위생영업자의 위생 관리 의무 이행 및 공중이용시설의 위생 관리 실태 등에 대하여 검사하게 하거나 필요에 따라 공중위생영업 장부나 서류를 열람하게 할 수 있다.

58 점 빼기, 귓불 뚫기, 쌍커풀 수술, 문신, 박피 수술 그밖에 이와 유사한 의료 행위를 한 때 2차 위반 시 행정처분 기준은?

① 영업 정지 1개월
② 영업 정지 2개월
③ 영업 정지 3개월
④ 영업장 폐쇄 명령

> 점 빼기, 귓불 뚫기, 쌍커풀 수술, 문신, 박피 수술 그밖에 이와 유사한 의료 행위를 한 때 행정처분 기준은 1차 위반 시 영업 정지 2개월, 2차 위반 시 영업 정지 3개월, 3차 위반 시 영업장 폐쇄 명령이다.

59 공중위생감시원의 자격에 해당되지 않는 자는?

① 위생사 자격증이 있는 자
② 대학에서 미용학을 전공하고 졸업한 자
③ 외국에서 환경기사의 면허를 받은 자
④ 1년 이상 공중위생 행정에 종사한 경력이 있는 자

> **공중위생감시원의 자격**
> • 위생사 또는 환경기사 2급 이상의 자격증이 있는 자
> • 「고등교육법」에 의한 대학에서 화학 · 화공학 · 환경공학 또는 위생학 분야를 전공하고 졸업한 자 또는 이와 같은 수준 이상의 자격이 있는 자
> • 외국에서 위생사 또는 환경기사의 면허를 받은 자
> • 1년 이상 공중위생 행정에 종사한 경력이 있는 자

54 ①　**55** ③　**56** ④　**57** ①　**58** ③　**59** ②

60 보건복지부장관은 공중위생관리법에 의한 권한의 일부를 무엇이 정하는 바에 의해 시 · 도지사에게 위임할 수 있는가?

① 대통령령
② 시장 · 군수 · 구청장
③ 안전행정부령
④ 보건복지부령

공중위생관리법에 의한 권한의 일부는 대통령령이 정하는 바에 의해 시 · 도지사에게 위임할 수 있다.

60 ①

01 장염비브리오 식중독의 설명으로 가장 거리가 먼 것은?

① 원인균은 보균자의 분변이 주원인이다.

② 복통, 설사, 구토 등이 생기면 발열이 있고, 2~3일이면 회복된다.

③ 저온 저장, 조리기구 · 손 등의 살균을 통해서 예방할 수 있다.

④ 여름철에 집중적으로 발생한다.

> **장염비브리오 식중독** : 해수에서 생존하는 호염균으로 수온이 17℃ 이상으로 상승하면서 오염된 어패류에서 많이 발견되며, 생육 최적 온도는 30~37℃이고 10℃ 이하 수온에서는 발견되지 않는다. 증상으로는 심한 복통, 설사, 37~38℃의 발열, 구토 등이고 6~10월 사이에 볼 수 있고 9월에 가장 많이 발생한다.

02 식후 12~16시간이 경과되어 정신적, 육체적으로 아무것도 하지 않고 가장 안락한 자세로 조용히 누워 있을 때 생명을 유지하는 데 소요되는 최소한의 열량을 의미하는 것은?

① 순환대사량　② 기초대사량

③ 활동대사량　④ 상대대사량

> 기초대사량은 식사 후 12~16시간이 경과된 상태에서 측정한다.

03 헤어 커팅 시 두발의 양이 적을 때나 두발 끝을 테이퍼해서 표면을 정돈할 때 스트랜드의 1/3 이내의 두발 끝을 테이퍼하는 것은?

① 노멀 테이퍼(Normal Taper)

② 엔드 테이퍼(End Taper)

③ 딥 테이퍼(Deep Taper)

④ 미디움 테이퍼(Medium Taper)

> 스트랜드의 1/3 이내에 테이퍼링하는 것은 엔드 테이퍼이다.

04 헤어 세팅에 있어 오리지널 세트의 중요 요소에 해당하지 않는 것은?

① 헤어 웨이빙　② 헤어 컬링

③ 콤 아웃　④ 헤어 파팅

> **헤어 세팅(오리지널세트 리세트)**
> • 오리지널세트 : 헤어 파팅, 헤어 셰이핑, 헤어 컬링, 롤러 컬링, 헤어 웨이빙, 컬 피닝
> • 리세트 : 브러싱, 코밍, 백코밍 등을 통한 끝맺음
> ※ 콤 아웃은 빗으로 마무리하는 것으로 리세트에 해당한다.

05 염모제에 대한 설명 중 틀린 것은?

① 제1제의 알칼리제로는 휘발성이라는 특성을 가진 암모니아가 사용된다.

② 염모제 제1제는 제2제 산화제(과산화수소)를 분해하여 발생기 수소를 발생시킨다.

③ 과산화수소는 모발의 색소를 분해하여 탈색한다.

④ 과산화수소는 산화 염료를 산화해서 발색시킨다.

> **영구적 염모제(알칼리 염모제)**
> • 알칼리 염모제는 가장 일반적인 유기 합성 염모제로 제1제와 제2제를 혼합하여 사용하며 각기의 성분과 역할을 한다.
> • 제1제 알칼리제(암모니아), 제2제 산화제(과한화수소)가 사용된다.
> • 모피질로 침투한 제1제 알칼리제와 제2제 과산화수소가 서로 반응을 하여 산소를 발생시키고, 이때 발생된 산소가 멜라닌 색소를 파괴시켜 탈색 작용이 일어난다.

---

01 ①　**02** ②　**03** ②　**04** ③　**05** ②

06 가용화(Solubilization) 기술을 적용하여 만들어진 것은?

① 마스카라
② 향수
③ 립스틱
④ 크림

> **가용화 기술** : 물에 녹지 않는 적은 양의 오일 성분이 계면활성제에 의해서 물에 용해되어 투명해지는 현상을 말한다. 가용화 기술로 만들어진 화장품은 화장수류, 향수류, 에센스 등이다.
> ※ 마스카라와 립스틱은 분산이며, 크림은 유화이다.

07 피부 클렌저(Cleanser)로 사용하기에 적합하지 않은 것은?

① 강알칼리성 비누
② 약산성 비누
③ 탈지를 방지하는 클렌징 제품
④ 보습 효과를 주는 클렌징 제품

> 강알카리성 비누는 세척력은 높으나 피부 건조와 함께 탈지 현상을 일으켜 거친 피부로 만든다.

08 피부 세포가 기저층에서 생성되어 각질층이 되어 떨어져나가기까지의 기간을 피부의 1주기(각화 주기)라 한다. 성인에 있어서 건강한 피부인 경우 1주기는 보통 며칠인가?

① 45일
② 28일
③ 15일
④ 7일

> 피부의 각화 주기는 28일이다.

09 헤모글로빈을 구성하는 매우 중요한 물질로 피부의 혈색과도 밀접한 관계에 있으며, 결핍되면 빈혈이 일어나는 영양소는?

① 철분(Fe)
② 칼슘(Ca)
③ 요오드(I)
④ 마그네슘(Mg)

> **철분(Fe)**
> • 혈액(헤모글로빈)의 구성 성분으로, 산소 운반 역할을 한다.
> • 부족 시 빈혈의 원인이 되며, 피로증 및 건망증의 증상을 보인다.

10 모성보건의 3대 사업이 아닌 것은?

① 산전 보호 관리
② 의료 관리
③ 산욕 보호 관리
④ 분만 보호 관리

> **모성보건의 3대 사업** : 산전 보호 관리, 산욕 보호 관리, 분만 보호 관리

11 실험기기, 의료용기, 오물 등의 소독에 사용되는 석탄산수의 적절한 농도는?

① 석탄산 0.1% 수용액
② 석탄산 1% 수용액
③ 석탄산 3% 수용액
④ 석탄산 50% 수용액

> **석탄산(페놀)** : 화학적 소독제 살균력의 표준지표로 사용된다. 일반 소독 농도는 3% 수용액, 손 소독은 2% 수용액을 사용한다.

12 다음 중 세균의 포자를 사멸시킬 수 있는 것은?

① 포르말린
② 알코올
③ 음이온 계면활성제
④ 차아염소산소다

> **포르말린** : 37% 이상의 포름알데히드가 포함된 수용액으로 세균 단백질을 응고시켜 강한 살균력을 지닌다.

13 소독약의 구비 조건으로 잘못된 것은?

① 용해성이 높을 것
② 표백성이 있을 것
③ 사용이 간편할 것
④ 가격이 저렴할 것

> **소독약의 구비 조건**
> • 살균력이 강할 것
> • 표백성이 없을 것
> • 용해성이 높을 것
> • 물리적 · 화학적으로 안전할 것
> • 인체에 해가 없을 것
> • 가격이 저렴하고 사용 방법이 간단할 것

06 ②　07 ①　08 ②　09 ①　10 ②　11 ③　12 ①　13 ②

14 예방 접종에 있어 생균 백신을 사용하는 것은?

① 파상풍　　　　　② 결핵

③ 디프테리아　　　④ 백일해

> • 생균백신 : 홍역, 결핵, 황열, 폴리오, 탄저, 두창, 광견 병 등
> • 사균백신 : 콜레라, 백일해, 장티푸스, 파라티푸스, 일 본뇌염 등

15 미용사의 업무 범위에 속하지 않는 것은?

① 머리카락 모양내기

② 머리 감기

③ 머리카락 자르기

④ 조발, 세발

> 조발, 세발은 이용사의 업무 범위에 속한다.

16 미용의 연출 제작 과정으로 옳은 것은?

① 소재 – 구상 – 제작 – 보정

② 소재 – 제작 – 구상 – 보정

③ 구상 – 소재 – 제작 – 보정

④ 구상 – 제작 – 소재 – 보정

> 미용의 연출 과정 : 소재 – 구상 – 제작 – 보정

17 우리나라 여성들이 분을 바르기 시작한 시기는?

① 고구려시대　　　② 신라시대

③ 삼국시대　　　　④ 조선시대

> 조선시대 중엽부터 신부화장에 분을 사용하기 시작했다.

18 미용 시술의 기초 단계라고 할 수 있는 것은?

① 셰이핑　　　　　② 샴푸

③ 브러싱　　　　　④ 탈색

> 미용 시술의 기본은 브러싱이다.

19 빗 소독 방법으로 옳지 않은 것은?

① 자비 소독　　　　② 역성비누액

③ 크레졸수　　　　④ 자외선

> 빗 소독 방법 : 크레졸수, 석탄산수, 자외선, 역성비누액, 포르말린수 등을 이용한다.

20 뱅은 주로 어느 부위에 사용되는가?

① 전두부　　　　　② 측두부

③ 후두부　　　　　④ 두정부

> 뱅은 앞머리를 뜻하는 것으로 전두부에 장식한다.

21 크레스트가 뚜렷하지 못해 가장 자연스러운 웨이브는?

① 내로 웨이브　　　② 와이드 웨이브

③ 섀도 웨이브　　　④ 호리존탈 웨이브

> 섀도 웨이브는 크레스가 뚜렷하지 못해 가장 자연스러운 웨이브이다.

22 핑거 웨이브의 3대 요소에 해당하지 않는 것은?

① 크레스트　　　　② 리지

③ 트로프　　　　　④ 베이스

> 핑거 웨이브의 3대 요소 : 크레스트, 리지, 트로프

23 컬의 줄기 부분을 무엇이라고 하는가?

① 베이스　　　　　② 롤링

③ 뱅　　　　　　　④ 스템

> 베이스에서 피벗 포인트까지를 스템이라고 한다.

24 라운드 브러시 사용 용도로 틀린 것은?

① 모발의 볼륨

② 방향성 있는 웨이브

③ 약한 컬

④ 유연함

> 라운드 브러시 : 모발의 볼륨, 방향성 있는 웨이브, 강한 컬, 유연함을 목적으로 사용한다.

---

14 ②　**15** ④　**16** ①　**17** ④　**18** ③　**19** ①　**20** ①　**21** ③　**22** ④　**23** ④　**24** ③

25 바람이 나오는 드라이어 입구의 명칭은?

① 바디   ② 스몰 팬

③ 핸들   ④ 노즐

> 바디는 드라이의 몸통 부분을 말하고, 스몰 팬은 작은 프로펠라이며, 핸들은 드라이어의 손잡이 부분이다.

★26 퍼머넌트 웨이브가 잘 나오지 않은 경우로 틀린 것은?

① 와인딩 시 텐션을 주어 말았을 경우

② 사전 샴푸 시 비누와 경수로 샴푸하여 두발에 금속염이 형성된 경우

③ 두발이 저항성 모발이거나 발수성 모발로 경모인 경우

④ 오버 프로세싱으로 시스틴이 지나치게 파괴된 경우

> 텐션(Tension ; 긴장력) : 컬을 말 때 들어가는 힘의 정도로, 적당한 긴장력을 가하면 컬을 오래 유지할 수 있다.

27 대기 오염에 영향을 미치는 기상 조건으로 가장 관계가 큰 것은?

① 강우, 강설   ② 고온, 고습

③ 기온 역전   ④ 저기압

> 기온 역전 : 상층부의 온도가 높고, 하층부의 온도가 낮을 때 발생하는 것으로 대기 오염의 주요 요인이다.

★28 다음 중 환자의 격리가 가장 중요한 관리 방법이 되는 것은?

① 파상풍, 백일해

② 일본뇌염, 성홍열

③ 결핵, 한센병

④ 폴리오, 풍진

> 법정 감염병 제2급에 해당하는 결핵과 한센병은 환자의 격리가 가장 중요한 관리 방법이다.

29 음용수의 일반적인 오염 지표로 사용되는 것은?

① 탁도   ② 일반 세균 수

③ 대장균 수   ④ 경도

> 대장균 자체는 인체에 유해하지 않으나 오염원과 공존하므로 상수 오염의 지표로 사용된다.

30 물리적 살균법에 해당되지 않는 것은?

① 열을 가한다.

② 건조시킨다.

③ 물을 끓인다.

④ 포름알데히드를 사용한다.

> 포름알데히드는 화학적 소독법에 해당한다.

31 비교적 가격이 저렴하고 살균력이 있으며 쉽게 증발되어 잔여량이 없는 살균제는?

① 알코올   ② 요오드

③ 크레졸   ④ 페놀

> 알코올(메탈알코올, 에탄올)
> • 70%의 농도로 사용한다.
> • 가격이 저렴하고, 잔여량이 남지 않으며, 인체에 무해하여 손 및 피부 소독, 미용 소독에 적합하고 유리 제품, 날이 있는 기구 소독에 적합하다.

32 질병 발생의 역학적 삼각형 모형에 속하는 요인이 아닌 것은?

① 병인적 요인   ② 숙주적 요인

③ 감염적 요인   ④ 환경적 요인

> 질병 발생에 관한 삼각형 모형의 3대 요인 : 병인적 인자(직업병), 숙주적 인자(성인병), 환경적 인자(감염병)

★33 다음 미생물 중 크기가 가장 작은 것은?

① 세균   ② 곰팡이

③ 리케차   ④ 바이러스

> 미생물의 크기 : 곰팡이 > 효모 > 스피로헤타 > 세균 > 리케차 > 바이러스

25 ④   26 ①   27 ③   28 ③   29 ③   30 ④   31 ①   32 ③   33 ④

34 일광 소독법은 햇빛의 어떤 영역에 의해 소독이 가능한가?

① 적외선　　　　② 자외선

③ 가시광선　　　④ 우주선

> 일광 소독법은 적은 비용으로 이용이 가능하며, 의류, 침구류 소독에 사용한다. 자외선의 200~400nm를 이용하는 것으로, 260nm 부근의 파장의 살균력이 가장 강하다.

★
35 자외선 B의 홍반 발생 능력은 자외선 A의 몇 배 정도인가?

① 10배　　　　　② 100배

③ 1000배　　　　④ 10000배

> **UV-B(중파장)**
> • 파장 290~320nm
> • 홍반 유발(UV-A보다 약 1,000배 강함)

36 신체 부위 중 피부 두께가 가장 얇은 곳은?

① 손등 피부　　　② 볼 부위

③ 눈꺼풀 피부　　④ 둔부

> 신체 부위 중 가장 얇은 곳은 눈꺼풀 피부이다.

37 다음 사마귀 종류 중 얼굴, 턱, 입 주위와 손등에 잘 발생하는 것은?

① 심상성 사마귀　② 족저 사마귀

③ 첨규 사마귀　　④ 편평 사마귀

> • 심상성 사마귀 : 손가락, 손톱 주변, 손등 및 발등에 발생
> • 족저 사마귀 : 손·발바닥에 발생
> • 첨규 사마귀 : 성기, 항문 주위에 발생

38 다음 중 모발 구조 안이 벌집 모양으로 생긴 곳은 어느 부분인가?

① 모수질　　　　② 모피질

③ 모표피　　　　④ 모근

> 모수질의 형태는 벌집 모양을 띠고 있으며 내부에 기포가 있다.

★
39 모발이 세로로 갈라지며 영양이 좋지 않을 때 일어나는 증상은?

① 비강성 탈모증　② 결절성 열모증

③ 증후성 탈모증　④ 결발성 탈모증

> • 비강성 탈모증 : 비듬이 많은 사람에게 발생하기 쉬운 탈모 증상
> • 증후성 탈모증 : 감염병이나 폐렴 등을 앓고 난 후 나타나는 탈모 증상
> • 결발성 탈모증 : 기계적인 자극에 의하여 나타나는 탈모

40 영구 염모제에 대한 설명 중 틀린 것은?

① 염모제는 제1제와 제2제로 구성되어 있다.

② 제1제는 산화제, 제2제는 염료로 구성되어 있다.

③ 산화제는 인공 색소를 탈색시키는 역할을 한다.

④ 대표적인 유기 색소는 파라페닐렌디아민이다.

> **염모제의 구성** : 제1제 염료, 제2제 산화제

41 다음 중 블리치 조제 비율 중 암모니아 농도는?

① 3%　　　　　　② 6%

③ 9%　　　　　　④ 28%

> 암모니아수의 농도는 28%를 사용한다.

42 염모제 헤나에 대한 설명으로 틀린 것은?

① 일시적 염모제이다.

② 부작용이 거의 없다.

③ 지속성 염모제이다.

④ 식물성 염모제이다.

> 일시적 염모제는 컬러 테스트가 따로 필요 없으며, 샴푸 후에는 컬러가 없어지는 것을 말한다.

---

34 ②　**35** ③　**36** ③　**37** ④　**38** ①　**39** ②　**40** ②　**41** ④　**42** ①

43 임신 초기에 이환되면 태아에게 치명적인 영향을 주어 선천성 기형아를 낳을 수 있는 질환은 무엇인가?

① 성홍열　　　　② 풍진
③ 홍역　　　　　④ 디프테리아

- 성홍열 : 용혈성 구균 질환의 일종으로 편도선염, 경부 림프선 통증이 오며, 온대 지방에 유행한다.
- 풍진 : 홍역보다 가벼우나 감염역이 강하며 예방 접종을 실시하나 임산부는 예방 접종을 금한다.

44 일반적으로 공기 중 이산화탄소(CO_2)는 약 몇 퍼센트를 차지하고 있는가?

① 0.03%　　　　② 0.3%
③ 3%　　　　　④ 13%

이산화탄소, 탄소 또는 그 화합물이 완전 연소하거나 생물이 호흡 또는 발효할 때 생기는 기체로 대기의 약 0.03%를 차지한다.

★45 다음 중 소독 실시에 있어 수증기를 동시에 혼합하여 사용할 수 있는 것은?

① 승홍수 소독　　② 포르말린 소독
③ 석회수 소독　　④ 석탄산수 소독

포르말린수는 포름알데히드가 37% 이상 포함된 수용액으로 수증기를 동시에 혼합하여 사용할 수 있다.

46 세안 시 사용할 물로서 경수를 연수로 만들 때 사용하는 약품은?

① 붕사(Borax)　　② 에탄올(Ethanol)
③ 석탄산(Phenol)　④ 크레졸(Cresol)

경수를 연수로 만들 때 붕사를 사용한다.

47 자외선의 설명 중 틀린 것은?

① 가장 확실한 소독법으로 재생이 불가능하다.
② 비타민 D를 생성하며 피부암을 유발한다.
③ 수술실, 무균실, 제약 공장에서 이용한다.
④ 하루 중 소독 효과가 가장 좋은 때는 오전 10시~오후 2시이다.

가장 확실한 소독 방법은 소각법이다.

48 웨이브의 리지선이 비스듬하게 된 웨이브는?

① 다이애거널 웨이브(Diagonal Wave)
② 버티컬 웨이브(Vertical Wave)
③ 와이드 웨이브(Wide Wave)
④ 호리존탈 웨이브(Horizontal Wave)

- 수직 : 버티컬 웨이브
- 수평 : 호리존탈 웨이브
- 사선 : 다이애거널 웨이브

49 기원전 1세기경에 부인들의 머리 형태를 혁신적으로 유행시킨 나라는?

① 그리스　　　　② 영국
③ 프랑스　　　　④ 로마

기원전 1세기경 부인들의 머리 형태를 혁신적으로 유행시킨 나라는 그리스이다. 두발에 고전적인 스타일이 많았으며, 결발술도 유행했는데 링렛트와 키프로 풍의 두발형이 동시에 행해졌다.

★50 식중독 발생 원인인 테트로도톡신은 무엇에 의한 식중독인가?

① 감자　　　　　② 복어
③ 청매　　　　　④ 버섯

감자 : 솔라닌, 복어 : 테트로도톡신, 청매 : 아미그달린

---

43 ②　44 ①　45 ②　46 ①　47 ①　48 ①　49 ①　50 ②

51 공중위생영업자가 풍속 관련 법령 등에 위반하여 관계 행정 기관장의 요청이 있을 때 당국이 취할 수 있는 조치사항은?

① 개선 명령

② 국가기술자격 취소

③ 일정 기간 동안의 업무 정지

④ 6개월 이내 기간의 영업 정지

> 풍속 관련 법령 등에 위반하면 6개월 이내 기간의 영업 정지에 처한다.

52 공중위생영업자가 공중위생관리법상 필요한 보고를 당국에 하지 않았을 때의 법적 조치는?

① 100만 원 이하의 과태료

② 300만 원 이하의 과태료

③ 200만 원 이하의 과태료

④ 100만 원 이하의 벌금

> 공중위생관리법상 필요한 보고를 당국에 하지 않았을 때 300만 원 이하의 과태료에 처한다.

53 위생 서비스 평가의 결과에 따른 위생 관리 등급은 누구에게 통보하고 이를 공표해야 하는가?

① 해당 공중위생영업자

② 시장 · 군수 · 구청장

③ 시 · 도지사

④ 보건소장

> 위생 서비스 평가에 따른 결과는 해당 공중위생영업자에게 공표한다.

54 영업소 폐쇄 명령을 받은 이 · 미용업소가 계속하여 영업을 하는 때의 당국의 조치 내용 중 옳은 것은?

① 당해 영업소의 간판 기타 영업표지물 제거

② 당해 영업소의 강제 폐쇄 집행

③ 당해 영업소의 출입자 통제

④ 당해 영업소의 금지구역 설정

> 폐쇄 명령을 받고도 계속하여 영업했을 때 당국의 조치
> • 영업소의 간판 기타 영업표지물의 제거
> • 영업소가 위법한 영업소임을 알리는 게시물 등의 부착
> • 영업을 위하여 필수불가결한 기구 또는 시설물을 사용할 수 없게 하는 봉인

55 다음 중 청문을 실시해야 할 경우에 해당되는 것은?

① 영업소의 필수불가결한 기구의 봉인을 해제하려 할 때

② 폐쇄 명령을 받은 후 폐쇄 명령을 받은 영업과 같은 종류의 영업을 하려 할 때

③ 벌금을 부과 처분하려 할 때

④ 영업소 폐쇄 명령을 처분하고자 할 때

> 청문을 실시해야 하는 경우 : 미용사의 면허 취소, 면허 정지, 공중위생영업의 정지, 일부 시설의 사용 중지 및 영업소 폐쇄 명령 등의 처분을 하고자 할 때

56 공중위생영업자의 현황을 매월 파악하고 관리해야 하는 자는?

① 시장 · 군수 · 구청장

② 경찰서장

③ 세무서장

④ 시 · 도지사

> 영업자의 현황을 매월 파악, 관리해야 하는 자는 시장 · 군수 · 구청장이다.

57 위생 서비스 평가의 전문성을 높이기 위하여 필요하다고 인정하는 경우에 관련 전문 기관 및 단체로 하여금 위생 서비스 평가를 실시하게 할 수 있는 자는?

① 시장 · 군수 · 구청장

② 대통령

③ 보건복지부장관

④ 시 · 도지사

> 위생 서비스 평가를 실시하게 할 수 있는 자는 시장 · 군수 · 구청장이다.

51 ④   52 ②   53 ①   54 ①   55 ④   56 ①   57 ①

58 다음 중 공중위생감시원을 둘 수 없는 곳은?

① 도

② 시, 군, 구

③ 특별시, 광역시

④ 읍, 면, 동

공중위생감시원은 자치구에 한하여 둔다.

59 공중위생영업자의 영업 정지 또는 일부 시설의 사용 중지 등의 처분을 하고자 하는 때에는 무엇을 실시해야 하는가?

① 열람

② 공중위생감사

③ 청문

④ 위생 서비스 수준의 평가

공중위생영업자의 영업 정지 또는 일부 시설의 사용 중지 등의 처분을 하고자 하는 때에는 청문을 실시해야 한다.

60 공중위생영업소의 위생 서비스 수준의 평가는 몇 년마다 실시하는가?

① 4년   ② 2년

③ 6년   ④ 5년

위생 서비스 수준의 평가는 2년마다 실시한다.

01 B-림프구의 생성 장소는?

① 흉관   ② 췌장

③ 골수   ④ 비장

> B-림프구는 골수의 간세포에서 생성되어 면역글로불
> 린이라는 항체를 분비한다.

02 아이론을 쥔 상태에서 아이론을 여닫을 때 사용하는 손가락은?

① 엄지와 약지   ② 소지와 약지

③ 중지와 약지   ④ 검지와 약지

> 아이론을 여닫을 때 사용하는 손가락은 소지와 약지이다.

03 피지 조절, 항 우울과 함께 분만 촉진에 효과적인 아로마 오일은?

① 라벤더   ② 로즈마리

③ 자스민   ④ 오렌지

> **자스민** : 우울증, 불안 및 스트레스 해소, 생리통 완화에
> 효과적이다.

04 퍼머넌트 웨이브 시술 결과 컬이 강하게 형성된 원인과 거리가 먼 것은?

① 모발의 길이에 비해 너무 가는 로드를 사용한 경우

② 강한 약액을 선정한 경우

③ 프로세싱 시간이 긴 경우

④ 고무 밴드가 강하게 걸린 경우

> **퍼머넌트 웨이브 후 컬이 강하게 형성되거나 모발 끝이
> 자지러지게 되는 이유**
> • 사전 커트 시 모발 끝을 심하게 테이퍼링한 경우
> • 굵기가 너무 가는 로드를 사용한 경우
> • 와인딩 시 텐션을 주지 않고 느슨하게 만 경우
> • 오버 프로세싱한 경우(제제 처리 후 너무 오래 방치
> 시간을 둔 경우)
> • 너무 강한 용액을 사용한 경우

05 개체변발의 설명으로 틀린 것은?

① 고려시대에 한동안 일부 계층에서 유행했던 남성의 머리 모양이다.

② 남성의 머리카락을 끌어올려 정수리에서 틀어 감아 맨 모양이다.

③ 머리 변두리의 머리카락을 삭발하고 정수리 부분만 남겨 땋아 늘어뜨린 형태이다.

④ 몽고의 풍습에서 전래되었다.

> 정수리에 틀어 감아 맨 모양은 상투를 튼 형태를 말한다.

06 얼굴과 두발, 손톱, 피부 등의 상태를 개선, 미화시키는 기술을 무엇이라 하는가?

① 미용술   ② 미화술

③ 미조술   ④ 미안술

> **아름다울 미(美,) 용모 용(容), 재주 술(術)** : 인간의 용모
> 를 아름답게 꾸미는 것이 미용술이다.

07 두상의 명칭을 다섯 부분으로 나눌 때 속하지 않는 부분은?

① 전두부   ② 두정부

③ 백포인트   ④ 측두부

> 전두부(톱), 측두부(사이드), 두정부(크라운), 후두부(네
> 이프)

08 고분벽화에 나타난 여인의 두발 형태가 아닌 것은?

① 푼(풍)기명머리

② 쪽머리

③ 새앙머리

④ 얹은머리

> 새앙머리는 조선시대의 두발 형태이다.

---

01 ③   **02** ②   **03** ③   **04** ④   **05** ②   **06** ①   **07** ③   **08** ③

09 한국인 최초로 서울 종로 화신백화점 내에 화신미용원을 오픈한 사람은?

① 권정희　　　　② 오엽주
③ 이숙종　　　　④ 김활란

> • 김활란 : 1920년대 단발머리를 유행시켰다.
> • 이숙종 : 1920년대 들어서 높은머리(다까머리)를 유행시켰다.
> • 권정희 : 우리나라 최초로 정희미용고등기술학교를 설립했다.
> • 오엽주 : 1933년에 일본에서 미용 공부를 하고 돌아와서 화신백화점 내에 화신미용원을 개설했다.

10 고려시대 여염집 여인들의 화장법은?

① 분대화장　　　② 기생화장
③ 짙은 화장　　　④ 비분대화장

> • 여염집 : 비분대화장
> • 기생 중심 : 분대화장(짙은 화장)

11 빗의 작용이 바르게 연결되지 않은 것은?

① 빗 목 : 균형 잡는 역할을 하며, 일직선으로 단단해야 한다.
② 빗살 끝 : 빗살 끝이 너무 둔탁한 것은 빗질의 효과가 떨어진다.
③ 빗살뿌리 : 빗살뿌리가 균등하며 끝은 뾰족한 것이 좋다.
④ 빗살 : 빗살 전체가 가늘고 균등하게 형성되어 있어야 한다.

> 빗살뿌리는 모발을 정돈하는 역할을 하며, 빗살뿌리가 균등하게 동그스름한 것이 좋다.

12 미용용구 중 미용도구에 대한 설명으로 옳은 것은?

① 최신 시설의 용구
② 기계 등을 이용한 용구
③ 미용사의 손과 손가락 움직임을 돕는 기능
④ 정리 정돈이 필요한 용구

> 미용 도구는 미용사의 손으로 하는 작업을 실제적으로 돕는 기능을 갖고 있다.

13 웨트 샴푸에 속하지 않는 것은?

① 에그 파우더 드라이 샴푸
② 플레인 샴푸
③ 스페셜 샴푸
④ 에그 샴푸

> 에그 파우더 드라이 샴푸는 주로 가발 세정에 사용한다.

14 두발의 자연색을 원하는 색보다 밝게 탈색시키는 것은?

① 프레 레프트닝
② 프레그로인
③ 프로시스틴
④ 프레 라이트닝

> 자연색보다 밝게 탈색시키는 것을 프레 라이트닝이라고 한다.

15 건성 두피 마사지를 할 때 헤어 스티머 사용 시간으로 적당한 것은?

① 5분　　　　② 10분
③ 15분　　　④ 20분

> 헤어 스티머 이용 시간은 두피 상태에 따라 달라지는데, 건성 두피의 경우 10분 정도가 적당하다.

★
16 연수, 경수에도 사용할 수 있는 세발법은?

① 플레인 샴푸　　② 에그 샴푸
③ 토닉 샴푸　　　④ 핫 오일 샴푸

> 핫 오일 샴푸는 온유성 세발로 연수, 경수 어느 물에도 가능하다.

---

09 ②　10 ④　11 ③　12 ③　13 ①　14 ④　15 ②　16 ④

17 샴푸 시술 시 주의점으로 틀린 것은?

① 시술자는 손톱을 짧게 자른다.

② 화학 시술 전에는 두피를 너무 자극하지 않는다.

③ 샴푸 시 물의 온도는 17~25℃가 적당하다.

④ 반지, 악세서리는 하지 않는다.

> 샴푸 시 물의 온도는 35~45℃가 적당하다.

★
18 헤어 샴푸 시 일반적인 순서로 바르게 나열된 것은?

① 전두부 – 측두부 – 두정부 – 후두부

② 후두부 – 두정부 – 측두부 – 전두부

③ 두정부 – 후두부 – 전두부 – 측두부

④ 두정부 – 전두부 – 측두부 – 후두부

> 헤어 샴푸 시에는 앞쪽에서부터 양 사이드, 두정부, 후두부 순서로 시술한다.

★
19 동일선상에서 커트 시술할 때 앞 내림 커트를 무엇이라 하는가?

① 이사도라   ② 레이어

③ 그라데이션   ④ 스파니엘

> 스파니엘 커트는 앞쪽이 내려오며, 이사도라는 반대로 앞쪽이 올라간다.

20 손상 모발의 불필요한 모발 끝을 제거하기 위해 사용되는 커트 방법은?

① 슬리더링   ② 트리밍

③ 싱글링   ④ 클립핑

> 트리밍은 이미 형태가 이루어진 모발선을 최종적으로 정돈하기 위하여 가볍게 커트하는 방법을 말한다. 또한 손상 모발 등의 불필요한 두발 끝을 제거하기 위한 커트 방법으로도 사용된다.

21 퍼머넌트 시술 전 샴푸로 옳은 것은?

① 알칼리성 샴푸

② 산성 샴푸

③ 중성 샴푸

④ 토닉 샴푸

> 퍼머넌트 시술 전에는 두피를 자극하지 말고 중성 샴푸로 모발의 이물질을 깨끗하게 제거한다.

★
22 다음 중 항산화제의 역할을 하지 않는 것은?

① 수퍼옥사이드 디스뮤타제(SOD)

② 베타–카로틴

③ 비타민 F

④ 비타민 E

> 비타민 F는 필수 지방산으로 항산화 기능을 하지 않는다.

23 다음 중 모유두에서 하는 역할은?

① 피지 공급   ② 세포 파괴

③ 단백질 공급   ④ 영양 공급

> 모유두는 유두 모양을 하고 있으며 모발에 영양을 공급하는 역할을 한다.

24 속눈썹의 일반적 수명은?

① 1~2개월   ② 2~3개월

③ 1~2년   ④ 2~3년

> 속눈썹은 하루에 약 0.18mm, 한 달에 5.4mm 정도 자라며, 수명은 2~3개월이다.

25 다음 중 탈색 시술 도구로 적당하지 않은 것은?

① 밝은 컬러 수건   ② 굵은 빗

③ 꼬리 빗   ④ 고무장갑

> 염색, 탈색을 할 때는 짙은 색 수건을 사용하는 것이 좋다.

17 ③   18 ①   19 ④   20 ②   21 ③   22 ③   23 ④   24 ②   25 ①

26 클렌징 크림의 주된 역할은?

① 모공 안의 노폐물 제거

② 수분 공급

③ 유분 공급

④ 피부 유연

> **화장품과 용도**
> • 화장수 : 피부 정돈, 수분 공급
> • 로션 : 수분 공급, 유분 공급
> • 크림 : 유분 공급, 피부 보호
> • 클렌징 크림 : 세정

27 세균 증식 시 높은 염도를 필요로 하는 호염성 (Halophilic)균에 속하는 것은?

① 콜레라

② 장티푸스

③ 장염비브리오

④ 이질

> 장염비브리오는 염도가 높은 곳에서 번식하는 호염성 세균에 속하며, 여름철 해안가의 오염된 어패류에서 주로 발견된다.

28 유연 화장수의 작용으로 가장 거리가 먼 것은?

① 피부에 보습을 주고 윤택하게 해 준다.

② 피부에 남아 있는 비누의 알칼리 성분을 중화시킨다.

③ 각질층에 수분을 공급해 준다.

④ 피부의 모공을 넓혀 준다.

> ①, ②, ③은 유연 화장수의 주요 작용이다.

29 다음 중 손톱의 주성분으로 옳은 것은?

① 시스틴

② 인

③ 칼슘

④ 케라틴

> 손톱, 발톱, 모발의 주성분은 케라틴으로 구성되어 있다.

30 쇼트 헤어에서 롱 헤어로 변화시킬 때 사용되는 가발의 이름은?

① 피스

② 폴

③ 위그

④ 스위치

폴 : 짧은 머리의 헤어스타일에 부착시켜 일시적으로 길어 보이도록 하기 위해 사용한다. 길이는 여러 가지로 다양하다.

31 미용 업무를 관장하는 부서 중 위생국과 관계없는 곳은?

① 공중위생과

② 위생제도과

③ 사회복지과

④ 위생감시과

> 사회복지과는 사회복지 전문 인력을 양성하는 데 목표를 두고 있다.

32 인구 정의의 양적 문제 중 3M에 해당하지 않는 것은?

① 기아

② 공해

③ 질병

④ 사망

> 인구 정의의 양적 문제 3M : 기아, 사망, 질병

33 제1급 감염병이 아닌 것은?

① 두창

② 페스트

③ 일본뇌염

④ 신종인플루엔자

> 제1급 감염병 : 에볼라바이러스병, 마버그열, 라싸열, 크리미안콩고출혈열, 남아메리카출혈열, 리프트밸리열, 두창, 페스트, 탄저, 보툴리눔독소증, 야토병, 신종감염병증후군, 중증급성호흡기증후군(SARS), 중동호흡기증후군(MERS), 동물인플루엔자 인체감염증, 신종인플루엔자, 디프테리아
> ※ 일본뇌염은 제3급 감염병이다.

34 일산화탄소와 가장 관계가 없는 것은?

① 색깔이 있다.

② 냄새가 없다.

③ 공기보다 가볍다.

④ 불완전연소체이다.

> 일산화탄소는 무색, 무취하며 자극성이 없는 불완전연소체이다.

---

26 ① 27 ③ 28 ④ 29 ④ 30 ② 31 ③ 32 ② 33 ③ 34 ①

35 보건학적으로 가장 쾌적한 온도는?

① 15~17℃ ② 18~20℃

③ 20~23℃ ④ 37~40℃

쾌적 온도는 18~20℃ 정도이다.

36 곤충이 매개하는 질병으로 잘못 연결된 것은?

① 파리 – 콜레라, 이질, 장티푸스

② 벼룩 – 황열, 댕기열

③ 모기 – 말라리아, 일본뇌염, 사상충증

④ 바퀴벌레 – 콜레라, 이질, 장티푸스

황열과 댕기열은 모기에 의한 질병이다.

37 밀봉식품으로 중독될 수 있는 균은?

① 포도상구균

② 장염비브리오균

③ 보툴리누스균

④ 살모넬라균

보툴리누스균은 식중독 중 치명률이 가장 높으며, 통조림, 소시지, 과일 등의 밀봉 식품이 문제가 된다.

38 식중독의 원인인 버섯의 독성은?

① 무스카린 ② 솔라닌

③ 에르고타민 ④ 아코니틴

독버섯의 독성은 무스카린이며, 아름답고 선명하면서 악취가 나고 신맛이 나는 것이 특성이다.

39 전염성 질환의 발병 전 병원체를 배출하는 보균자는?

① 잠복기 보균자 ② 일시 보균자

③ 병후 보균자 ④ 건강 보균자

잠복기 보균자(발병 전 보균자) : 전염성 질환의 잠복 기간 중에 병원체를 배출하는 보균자이다.

40 다음 중 3대 영양소가 아닌 것은?

① 탄수화물 ② 지방

③ 단백질 ④ 무기질

무기질은 4대 영양소에 속한다.

※ 5대 영양소 : 탄수화물, 단백질, 지방, 무기질, 비타민

41 다음 유성 성분 중 식물성 오일은 무엇인가?

① 실리콘 오일 ② 밍크 오일

③ 피마자유 ④ 바세린

밍크 오일은 밍크의 피하에서 추출한 동물성 오일, 바세린은 석유에서 추출한 광물성 오일, 실리콘 오일은 합성 오일이다.

42 다음 중 사용 목적과 제품의 연결이 바르지 않은 것은?

① 세안 – 클렌징 크림

② 포인트 메이크업 – 파운데이션

③ 향취 부여 – 오데 코롱

④ 신체 보호 – 바디 오일

파운데이션은 베이스 메이크업 시 사용되며, 포인트 메이크업으로는 립스틱, 아이섀도, 네일 에나멜 등이 사용된다.

43 물 또는 오일 성분에 미세한 고체 입자가 계면 활성제에 의해 균일하게 혼합된 상태의 제품을 무엇이라 하는가?

① 분산 제품 ② 가용화 제품

③ O/W 에멀젼 ④ W/O 에멀젼

분산 제품으로는 마스카라와 파운데이션이 있다.

44 모발이 지나치게 건조하거나 염색 시술에 실패했을 때 적합한 샴푸는?

① 핫 오일 샴푸 ② 드라이 샴푸

③ 에그 샴푸 ④ 플레인 샴푸

에그 샴푸 : 흰자는 세정 작용, 노른자는 영양 공급을 한다.

---

35 ② 36 ② 37 ③ 38 ① 39 ① 40 ④ 41 ③ 42 ② 43 ① 44 ③

45 영구 염모제의 성분 중 산화제로 사용되는 과산화수소는 보통 몇 %인가?

① 2% ② 6%

③ 10% ④ 15%

> 6%의 과산화수소수를 사용한다.

46 다음 중 아로마 오일의 보관 방법으로 알맞지 않은 것은?

① 사용 1~2일 전에 만들어 사용하면 좋다.

② 블랜딩한 아로마 오일은 갈색 병에 담아 보관한다.

③ 캐리어 오일은 맥아 오일 등을 10% 정도의 비율로 혼합하는 것이 좋다.

④ 블랜딩한 오일은 반드시 한꺼번에 다 사용해야 한다.

> 블랜딩한 오일은 6개월 정도 사용할 수 있다.

47 향수는 시간의 흐름에 따라 향이 달라지는데, 여러 시간이 지난 후 자신의 체취와 섞여서 나는 향취를 무엇이라 하는가?

① 노트 ② 탑 노트

③ 베이스 노트 ④ 미들 노트

> 향수에서 나오는 후각적인 느낌을 노트라고 하고, 탑 노트는 향수를 뿌린 후 처음 느껴지는 향수의 첫 느낌이며, 미들 노트는 알코올이 날아간 다음 나타나는 향취로 탑 노트와 베이스 노트를 연결하는 역할을 한다.

48 헤어 코트 제품의 특징이 아닌 것은?

① 코팅 효과 ② 세정성

③ 내수성 ④ 윤활성

> 헤어 코트 제품은 갈라진 모발의 회복과 모발 갈라짐의 예방을 목적으로 한 제품으로, 주성분인 고분자 실리콘에 의한 코팅 효과, 밀착성, 내수성이 특징이다.

49 다음 중 자외선 차단제의 설명으로 옳은 것은?

① 홍반을 일으키는 자외선의 양을 나타낸 것이다.

② SPF는 자외선 A에 대한 방어 효과를 나타내는 지수이다.

③ 자외선 흡수제로 이산화티탄이 사용된다.

④ SPF 수치가 클수록 자극이 있으며, 민감한 피부에 적합하지 않다.

> SPF는 자외선 B에 대한 방어 효과를 나타내며, 수치가 클수록 자극이 있으며, 차단 시간이 길어진다. 또한 자외선 흡수제는 옥틸디메칠 파바, 옥틸메톡시 신나메이트가 있으며, 자외선 산란제로 이산화티탄, 산화아연이 있다.

50 다음 중 에센스의 주요 효과가 아닌 것은?

① 피부 정돈 ② 피부 보호

③ 보습 ④ 영양 공급

> 피부 정돈은 화장수의 기본 목적에 속한다.

51 다음 중 미용사가 될 수 있는 자는?

① 당뇨병 환자 ② 피성년후견인

③ 감염병 환자 ④ 약물 중독자

> 당뇨병은 감염병이 아니므로 미용사가 될 수 있다.

52 이 · 미용사 면허를 받고자 할 때 누가 정하는 바에 따라 수수료를 납부해야 하는가?

① 대통령 ② 광역시장

③ 구청장 ④ 시장

> 수수료 및 과태료를 대통령령이 정한 바에 의하여 시장 · 군수 · 구청장이 부과 · 징수한다.

45 ② 46 ④ 47 ③ 48 ② 49 ④ 50 ① 51 ① 52 ①

53 이·미용업소에 반드시 게시해야 하는 것은?

① 신분증

② 면허증 원본

③ 신고필증

④ 임대계약서 원본

> 미용업자의 위생 관리 의무 : 미용사 면허증을 영업소 안에 게시할 것

54 ★ 위생 서비스 평가의 결과에 따른 위생 관리 등급은 누구에게 통보하는가?

① 시장

② 군수

③ 해당 공중위생영업자

④ 보건소장

> 시장·군수·구청장은 보건복지부령이 정하는 바에 의하여 위생 서비스 평가의 결과에 따른 위생 관리 등급을 해당 공중위생영업자에게 통보하고 이를 공표해야 한다.

55 소독한 기구와 소독을 하지 아니한 기구를 각각 다른 용기에 보관하지 않았을 때 1차 행정처분은?

① 경고

② 폐쇄 명령

③ 영업 정지 1개월

④ 영업 정지 2개월

> 행정처분 기준 : 1차 경고, 2차 영업 정지 5일, 3차 영업 정지 10일, 4차 폐쇄 명령이다.

56 미용사 면허를 신규로 신청할 때 신청 시 지불하는 수수료는 얼마인가?

① 2,000원   ② 5,000원

③ 5,500원   ④ 7,500원

> • 미용사 면허 신규 수수료 : 5,500원
> • 미용사 면허 재발급 수수료 : 3,000원

57 위생 관리 등급의 최우수 업소는 무엇인가?

① 백색 등급   ② 황색 등급

③ 적색 등급   ④ 녹색 등급

> 위생 관리 등급 : 백색 등급 – 일반 관리 대상 업소, 황색 등급 – 우수 업소, 녹색 등급 – 최우수 업소

58 이용사의 업무 범위가 아닌 것은?

① 이발

② 머리 피부 손질

③ 면도

④ 손·발톱의 손질 및 화장

> ④는 미용업(손톱, 발톱)의 업무 범위이다.

59 위생 교육을 받아야 하는 자의 범위, 교육의 방법, 절차, 기타 필요한 사항은 누구의 령으로 정하는가?

① 보건복지부령

② 시·도지사령

③ 대통령령

④ 시장·군수·구청장령

> 공중위생영업자의 보건복지부령이 정하는 바에 따라 시장·군수·구청장에게 신고해야 한다.

60 ★ 위생 관리 기준을 지키지 아니한 자로서 개선 명령에 따르지 아니한 자에 대한 벌금은?

① 300만 원 이하의 과태료

② 400만 원 이하의 과태료

③ 500만 원 이하의 과태료

④ 600만 원 이하의 과태료

> **300만 원 이하의 과태료**
> • 규정을 보고하지 아니하거나 관계 공무원의 출입, 검사 거부, 방해, 또는 기피한 자
> • 개선 명령에 따르지 아니한 자, 위반한 자
> • 시, 군, 구에 이용업의 신고를 하지 아니하고 이용업소 표시등을 설치한 자

---

53 ②   54 ③   55 ①   56 ③   57 ④   58 ④   59 ①   60 ①

PART
8

최종 모의고사

01 아이래시 컬러(Eyelash Curler)의 사용 목적은?
① 눈썹을 심어 주기 위한 목적으로 쓰인다.
② 눈썹을 고르게 수정해 주기 위해 쓰인다.
③ 속눈썹을 길고 짙게 보이게 하기 위해 쓰인다.
④ 속눈썹을 올려 주기 위해 쓰인다.

02 노화의 특성이 아닌 것은?
① 역학성   ② 내인성
③ 보편성   ④ 쇠퇴성

03 두발 염색 시 과산화수소의 작용에 해당되지 않는 것은?
① 산화 염료를 발색시킨다.
② 암모니아를 분해한다.
③ 두발에 침투 작용을 한다.
④ 멜라닌 색소를 파괴한다.

04 정상적인 두발 상태와 온도 조건에서 콜드 웨이빙 시술 시 프로세싱(Processing)의 가장 적당한 방치 시간은?
① 5분 정도
② 10~15분 정도
③ 0~30분 정도
④ 30~40분 정도

05 용액이 가장 빠르게 침투하는 모발은?
① 굵은 모발
② 강모
③ 다공성 모발
④ 발수성 모발

06 정사각형의 의미와 직각의 의미로 커트하는 기법은?
① 블런트 커트(Blunt Cut)
② 스퀘어 커트(Square Cut)
③ 롱 스트로크 커트(Long Stoke Cut)
④ 체크 커트(Check Cut)

07 콜레라 예방 접종은 어떤 면역 방법인가?
① 인공 수동 면역
② 인공 능동 면역
③ 자연 수동 면역
④ 자연 능동 면역

08 다음 중 상호 관계가 없는 것으로 연결된 것은?
① 상수 오염의 생물학적 지표 – 대장균
② 대기 오염의 지표 – SO_2
③ 실내 오염의 지표 – CO_2
④ 하수 오염의 지표 – 탁도

09 제1급 감염병에 대해 잘못 설명된 것은?
① 에볼라바이러스병, 마버그열, 라싸열이 속한다.
② 치명률이 높거나 집단 발생의 우려가 커서 발생 또는 유행 즉시 신고한다.
③ 환자의 수를 매월 1회 이상 관할 보건소장을 거쳐 보고한다.
④ 음압격리와 같은 높은 수준의 격리가 필요하다.

10 이·미용실 바닥 소독용으로 가장 알맞은 소독 약품은?

① 알코올　　　　② 크레졸

③ 생석회　　　　④ 승홍수

11 소독제로서 석탄산에 관한 설명이 틀린 것은?

① 유기물에도 소독력은 약화되지 않는다.

② 세균단백질에 대한 살균 작용이 있다.

③ 금속 부식성이 없다.

④ 고온일수록 소독력이 커진다.

12 코발트나 세슘 등을 이용한 방사선 멸균법의 단점이라 할 수 있는 것은?

① 시설 설비에 소요되는 비용이 비싸다.

② 소독에 소요되는 시간이 길다.

③ 투과력이 약해 포장된 물품에 소독 효과가 없다.

④ 고온 하에서 적용되기 때문에 열에 약한 기구소독이 어렵다.

13 소독제의 구비 조건이라고 할 수 없는 것은?

① 부식성이 없을 것

② 살균력이 강할 것

③ 표백성이 있을 것

④ 융해성이 높을 것

14 다음 중 소독 방법과 소독 대상이 바르게 연결된 것은?

① 화염 멸균법 – 의류나 타월

② 고압증기 멸균법 – 예리한 칼날

③ 자비 소독법 – 아마인유

④ 건열 멸균법 – 바셀린(Vaseline) 및 파우더

15 심좌성 좌창이라고도 하는 것으로 주로 사춘기 때 잘 발생하는 피부 질환은?

① 여드름

② 건선

③ 아토피 피부염

④ 신경성 피부염

16 소독에 대한 설명으로 가장 적합한 것은?

① 병원 미생물의 성장을 억제하거나 파괴하여 감염의 위험성을 없애는 것이다.

② 소독은 병원미생물의 발육과 그 작용을 제지 및 정지시키며 특히 부패 및 발효를 방지시키는 것이다.

③ 소독은 무균 상태를 말한다.

④ 소독은 포자를 가진 것 전부를 사멸하는 것을 말한다.

17 비타민에 대한 설명 중 틀린 것은?

① 레티노이드는 비타민 A를 통칭하는 용어이다.

② 비타민 A는 많은 양이 피부에서 합성된다.

③ 비타민 A가 결핍되면 피부가 건조해지고 거칠어진다.

④ 비타민 C는 교원질 형성에 중요한 역할을 한다.

18 미용의 역사에 있어서 약 5,000년 이전부터 가발을 즐겨 사용했던 고대국가는?

① 이집트　　　　② 로마

③ 잉카제국　　　　④ 그리스

19 다음 중 햇빛에 노출되었을 때 색소 침착의 우려가 있어 사용 시 유의해야 하는 에센셜 오일은?

① 티트리 오일
② 라벤더 오일
③ 레몬 오일
④ 제라늄 오일

20 다음 중 생활 습관과 관계 있는 질병의 연결이 틀린 것은?

① 여름철 야숙 – 일본뇌염
② 담수어 생식 – 간디스토마
③ 경조사 등 행사 음식 – 식중독
④ 가재 생식 – 무구조충

21 구내염, 입안 세척 및 상처 소독에 발포 작용으로 소독이 가능한 것은?

① 알코올
② 과산화수소
③ 크레졸 비누액
④ 승홍수

22 스컬프처 컬(Sculpture Curl)에 관한 설명으로 옳은 것은?

① 두발 끝이 컬의 좌측이 된다.
② 두발 끝이 컬의 우측이 된다.
③ 두발 끝이 컬 루프의 중심이 된다.
④ 두발 끝이 컬의 바깥쪽이 된다.

23 라벤더 에센셜 오일의 효능에 대한 설명으로 가장 거리가 먼 것은?

① 이완 작용
② 화상 치유 작용
③ 재생 작용
④ 모유 생성 작용

24 공중보건학의 목적과 거리가 가장 먼 것은?

① 질병 치료
② 질병 예방
③ 수명 연장
④ 신체적, 정신적 건강 증진

25 피부에서 멜라노사이트가 많이 존재하고 있는 곳은?

① 진피의 유두층
② 표피의 기저층
③ 표피의 각질층
④ 진피의 망상층

26 손을 대상으로 하는 제품 중 알코올을 주된 베이스로 하며, 청결 및 소독을 주된 목적으로 하는 제품은?

① 새니타이저(Sanitizer)
② 비누(Soap)
③ 핸드 워시(Hand Wash)
④ 핸드 크림(Hand Cream)

27 미생물을 대상으로 한 작용이 강한 것부터 순서대로 올바르게 배열된 것은?

① 멸균 〉 소독 〉 살균 〉 청결 〉 방부
② 멸균 〉 살균 〉 소독 〉 방부 〉 청결
③ 살균 〉 멸균 〉 소독 〉 방부 〉 청결
④ 소독 〉 살균 〉 멸균 〉 청결 〉 방부

28 일산화탄소가 인체에 미치는 영향이 아닌 것은?

① 세포 내에서 산소와 Hb의 결합을 방해한다.
② 신경 기능 장애를 일으킨다.
③ 혈액 속에 기포를 형성한다.
④ 세포 및 각 조직에서 O_2 부족 현상을 일으킨다.

29 피지에 대한 설명 중 잘못된 것은?

① 피지가 외부로 분출되지 않으면 여드름 요소인 면포로 발전한다.

② 일반적으로 남자는 여자보다 피지의 분비가 많다.

③ 피지는 피부나 털을 보호하는 작용을 한다.

④ 피지는 아포크린한선(Apocrine Sweat Gland)에서 분비된다.

30 자연 노화(생리적 노화)에 의한 피부 증상이 아닌 것은?

① 멜라닌세포의 수가 감소한다.

② 피하지방세포가 감소한다.

③ 각질층의 두께가 감소한다.

④ 망상층이 얇아진다.

31 한 나라의 건강 수준을 다른 국가와 비교할 수 있는 지표로 세계보건기구가 제시한 내용은?

① 인구증가율, 평균 수명, 비례사망지수

② 비례사망지수, 조사망률, 평균 수명

③ 의료 시설, 평균 수명, 주거 상태

④ 평균 수명, 조사망률, 국민 소득

32 눈의 보호를 위해서 가장 좋은 조명 방법은?

① 간접 조명

② 반직접 조명

③ 반간접 조명

④ 직접 조명

33 모발의 굵기에 따른 와인딩 방법으로 옳은 것은?

① 굵은 모발의 경우 베이스 섹션을 크게, 로드의 직경도 큰 것을 사용한다.

② 굵은 모발의 경우 베이스 섹션은 작게, 로드의 직경은 큰 것을 사용한다.

③ 가는 모발의 경우 베이스 섹션을 크게, 로드의 직경도 큰 것을 사용한다.

④ 가는 모발의 경우 베이스 섹션은 작게, 로드의 직경은 큰 것을 사용한다.

34 표피의 기저층에 존재하는 세포가 아닌 것은?

① 각질형성세포

② 멜라닌세포

③ 머켈세포

④ 랑게르한스세포

35 가발 손질법 중 틀린 것은?

① 스프레이가 없으면 얼레빗을 사용하여 컨디셔너를 골고루 바른다.

② 두발이 빠지지 않도록 차분하게 모근 쪽에서 두발 끝 쪽으로 서서히 빗질을 해 나간다.

③ 두발에만 컨디셔너를 바르고 파운데이션에는 바르지 않는다.

④ 열을 가하면 두발의 결이 변형되거나 윤기가 없어지기 쉽다.

36 모발의 색은 흑색, 적색, 갈색, 금발색, 백색 등 여러 가지 색이 있다. 다음 중 주로 검은 모발의 색을 나타나게 하는 멜라닌은?

① 티로신(Tyrosine)

② 멜라노사이트(Melanocyte)

③ 유멜라닌(Eu-Melanin)

④ 페오멜라닌(Pheo-melanin)

37 식품으로 인한 위해 방지를 위한 사전 예방적 식품 안전 관리 체계를 무엇이라고 하는가?

① IHR
② GMO
③ GAPP
④ HACCP

38 표피로부터 가볍게 흩어지고 지속적이며 무의식으로 생기는 죽은 각질세포는?

① 비듬
② 종양
③ 농포
④ 두드러기

39 역성비누액에 대한 설명으로 틀린 것은?

① 수지, 기구, 식기 소독에 적당하다.
② 소독력과 함께 세정력이 강하다.
③ 냄새가 거의 없고 자극이 적다.
④ 물에 잘 녹고 흔들면 거품이 난다.

40 핑거 웨이브의 3대 요소가 아닌 것은?

① 스템(Stem)
② 크레스트(Crest)
③ 리지(Ridge)
④ 트로프(Trough)

41 국가 또는 지방자치단체의 책임 하에 생활 유지 능력이 없거나 생활이 어려운 국민의 최저 생활을 보장하고, 자립을 지원하는 제도는 무엇인가?

① 사회보장
② 의료보장
③ 공공부조
④ 사회보험

42 고형의 유성 성분으로 고급 지방산에 고급 알코올이 결합된 에스테르를 말하며, 화장품의 굳기를 증가시켜 주는 것은?

① 왁스
② 밍크 오일
③ 바세린
④ 피마자 오일

43 알칼리성 비누로 샴푸한 모발에 가장 적당한 린스 방법은?

① 레몬 린스(Lemon Rinse)
② 컬러 린스(Color Rinse)
③ 플레인 린스(Plain Rinse)
④ 알칼리성 린스(Alkali Rinse)

44 세균의 형태가 S자형 혹은 가늘고 길게 만곡되어 있는 것은?

① 구균
② 구간균
③ 간균
④ 나선균

45 다음 중 활성 산소를 제거하여 노화를 예방하는 항산화제가 아닌 것은?

① 녹차추출물
② 카로틴
③ 비타민 E
④ 코직산

46 다음 기생충 중 집단 생활을 하는 사람에게 가장 잘 감염되는 기생충은?

① 요충
② 회충
③ 십이지장충
④ 편충

47 대기 오염의 주원인 물질 중 하나로 석탄이나 석유 속에 포함되어 있어 연소할 때 산화되어 발생하며, 만성 기관지염과 산성비 등을 유발시키는 것은?

① 부유분진
② 일산화탄소
③ 황산화물
④ 질소산화물

48 알코올에 대한 설명으로 틀린 것은?

① 항바이러스제로 사용된다.
② 알코올이 함유된 화장수는 오랫동안 사용하면 피부를 건성화시킬 수 있다.
③ 화장품에서 용매, 운반체, 수렴제로 쓰인다.
④ 인체 소독용으로는 메탄올(Methanol)을 주로 사용한다.

49 모발의 구성 중 피부 밖으로 나와 있는 부분은?

① 피지선　　　　　② 모표피

③ 모유두　　　　　④ 모구

50 비타민 E에 대한 설명 중 옳은 것은?

① 부족하면 야맹증이 된다.

② 자외선을 받으면 피부 표면에서 만들어져 흡수된다.

③ 부족하면 피부나 점막에서 출혈이 발생한다.

④ 호르몬 생성, 임신 등 생식 기능과 관계가 깊다.

51 공중위생관리법에 규정된 사항으로 옳은 것은?(단, 예외사항은 제외한다)

① 이·미용사의 업무 범위에 관하여 필요한 사항은 보건복지부령으로 정한다.

② 이·미용사의 면허를 가진 자가 아니어도 이·미용업을 개원할 수 있다.

③ 미용사(일반)의 업무 범위는 파마, 아이론, 면도, 머리 피부 손질, 피부미용 등이 포함된다.

④ 일정한 수련 과정을 거친 자는 면허가 없어도 이용 또는 미용 업무에 종사할 수 있다.

52 공중위생관리법의 목적과 관계없는 것은?

① 국민 건강 증진　　② 위생 수준 향상

③ 영리 추구　　　　④ 국민 보건

53 다음 중 건전한 영업 질서를 위하여 영업자가 준수해야 할 사항을 준수하지 않은 자의 벌칙은?

① 6개월 이하의 징역이나 300만 원 이하의 벌금

② 6개월 이하의 징역이나 500만 원 이하의 벌금

③ 3개월 이하의 징역이나 300만 원 이하의 벌금

④ 3개월 이하의 징역이나 200만 원 이하의 벌금

54 영업소 외의 장소에서 이용 및 미용의 업무를 행할 수 없는 것은?

① 의식에 참여하는 자에 대하여 그 의식 직전에 행하는 경우

② 질병으로 영업소에 나올 수 없는 자에 대하여 행하는 경우

③ 손님이 간곡히 요청하는 경우

④ 특별한 사정이 있다고 시장·군수·구청장이 인정하는 경우

55 위생 교육을 실시한 전문 기관 또는 단체가 교육에 관한 기록을 보관·관리해야 하는 기간은 얼마 이상인가?

① 3월　　　　　　② 6월

③ 1년　　　　　　④ 2년

56 영업자의 지위를 승계한 후 누구에게 신고해야 하는가?

① 보건복지부장관

② 세무서장

③ 시장·군수·구청장

④ 시·도지사

57 이·미용업 영업자가 지켜야 하는 사항으로 옳은 것은?

① 부작용이 없는 의약품을 사용하여 순수한 피부미용을 한다.

② 이·미용기구는 소독을 하지 않은 기구와 소독한 기구를 함께 보관한다.

③ 1회용 면도날은 정해진 소독 기준과 방법에 따라 소독하여 재사용한다.

④ 이·미용업 개설자의 면허증 원본을 영업소 안에 게시해야 한다.

58 면허의 정지 명령을 받은 자가 반납한 면허증은 정지 기간 동안 누가 보관하는가?

① 보건복지부장관

② 시장·군수·구청장

③ 시·도지사

④ 관할경찰서장

59 위생영업단체의 설립 목적으로 가장 적합한 것은?

① 국민보건의 향상을 기하고 공중위생영업자의 정치·경제적 목적을 향상시키기 위하여

② 영업의 건전한 발전을 도모하고 공중위생영업의 종류별 단체의 이익을 옹호하기 위하여

③ 공중위생과 국민보건 향상을 기하고 영업 종류별 조직을 확대하기 위하여

④ 공중위생과 국민보건 향상을 기하고 영업의 건전한 안전을 도모하기 위하여

60 이·미용업소에서 음란 행위를 알선 또는 제공 시 영업소에 대한 1차 행정처분 기준은?

① 경고

② 영업 정지 1월

③ 영업 정지 3월

④ 영업장 폐쇄 명령

최종 모의고사 정답 및 해설

1	2	3	4	5	6	7	8	9	10
④	①	②	②	③	②	②	④	③	②

11	12	13	14	15	16	17	18	19	20
③	①	③	④	①	①	②	②	③	④

21	22	23	24	25	26	27	28	29	30
②	③	④	①	②	①	②	④	②	③

31	32	33	34	35	36	37	38	39	40
②	②	③	④	②	③	①	②	③	①

41	42	43	44	45	46	47	48	49	50
③	①	①	④	③	①	③	④	②	④

51	52	53	54	55	56	57	58	59	60
①	③	②	③	④	③	④	②	④	③

※ 색이 다른 번호의 문제는 출제 빈도와 중요도가 높습니다.

01 아이래시 컬러는 속눈썹을 올려 주기 위해 사용한다.

02 노화의 특성 : 쇠퇴성, 보편성, 내인성, 외인성 등이다.

03 과산화수소의 작용 : 산화 염료 발색, 침투 작용, 멜라닌 색소 파괴

04 프로세싱 타임은 10~15분 정도가 적당하다.

05 다공성 모발은 구멍이 많으므로 용액의 침투력이 빠르다.

06 스퀘어 커트(Square Cut) : 모발의 외곽선을 커버하기 위하여 미리 정해 놓은 정방향으로 커트하는 방법으로, 자연스럽게 모발의 길이가 연결되도록 할 때 이용한다.

07 콜레라 예방 접종은 인공 능동 면역에 해당한다.

08 하수 오염 측정 지표는 BOD, DO, COD, SS 등이다.

09 제1급 감염병(17종) : 생물테러감염병 또는 치명률이 높거나 집단 발생의 우려가 커서 발생 또는 유행 즉시 신고해야 하고, 음압격리와 같은 높은 수준의 격리가 필요하다. 에볼라바이러스병, 마버그열, 라싸열, 크리미안콩고출혈열, 남아메리카출혈열, 리프트밸리열, 두창, 페스트, 탄저, 보툴리눔독소증, 야토병, 신종감염병증후군, 중증급성호흡기증후군(SARS), 중동호흡기증후군(MERS), 동물인플루엔자 인체감염증, 신종인플루엔자, 디프테리아 등이 있다.

10 크레졸 : 일반 소독 시 3% 수용액, 수지 · 피부 소독 시 1~2% 수용액을 사용하며, 손, 오물, 객담 등의 소독 및 이 · 미용실 바닥 소독에 적합하다.

11 석탄산(페놀)
- 안정된 살균력으로 화학적 소독제 살균력의 표준 지표로 사용
- 일반 소독 시 3% 수용액, 손 소독 시 2% 수용액
- 오염된 환자의 의류, 분비물, 용기, 오물, 변기 등의 소독에 적합하나 피부 점막에 대한 강한 자극성, 금속 부식성, 냄새와 강한 독성 등의 단점이 있음

12 방사선 멸균법을 위한 시설 설비 소요 비용은 저렴하다.

13 소독약의 구비 조건
- 강한 살균력과 침투력
- 경제적, 사용의 간편성

14 - 화염 멸균법 : 주사침, 유리 제품, 금속 제품
- 자비 소독법 : 식기, 주사기, 의류, 도자기 등
- 고압 증기 멸균법 : 기구, 의류, 고무 제품, 거즈, 약액 등

15 심상성 여드름(Acne Vulgaris)
- 심상성은 '보통'이라는 뜻으로, 흔히 보는 일반적인 형태의 여드름을 뜻한다.
- 주로 10대 후반에서 20대 사이의 사춘기 시절에 발생하는 여드름의 대부분이며, 발생 연령대를 감안하여 청년기 여드름(Adolescent Acne)으로도 불린다.

16 소독은 감염병의 전파를 방지할 목적으로 병원균의 감염력을 없애는 것을 말한다. ②는 방부, ④는 멸균에 해당되며, 소독만으로는 무균 상태를 만들 수 없다.

17 피부에서 합성되는 비타민은 비타민 D이다.

18 기원전 약 5,000년 전 고대 문명의 발상지인 이집트에서는 두발을 짧게 하거나 가발을 이용했다.

19 레몬 오일은 열매에서 추출하는 시트러스(감귤류) 계열의 오일로 감광 작용을 하는 오일 중 하나이다. 직접 바르고 햇빛에 노출될 경우 색소 침착은 물론 화상을 입을 우려가 있어 주의해야 한다.

20 - 가재 및 참게 생식 : 폐디스토마(폐흡충증)
- 소고기 : 무구조충증
- 돼지고기 : 유구조충증

21 과산화수소(옥시풀) : 3%의 수용액으로 자극성이 적어 구내염, 인두염, 입안 세척, 상처 소독 등에 효과적이다.

22 스컬프처 컬(Sculpture Curl)은 모발 끝에서 시작하여 모근 쪽으로 말아가는 경우이다.

23 모유 생성 작용은 라벤더 에센셜 오일의 효능과 거리가 멀다.

24 공중보건학의 목적 : 질병 예방, 수명 연장, 건강 증진

25 색소형성세포(Melanocyte ; 멜라노사이트) : 피부 등의 색을 결정짓는 멜라닌 색소를 만들어 내는 수지상의 세포로 주로 기저층에 분포하고 자외선으로부터 피부를 보호한다.

26 새니타이저는 안티셉틱이라고도 하며, 시술 전·후 손 소독을 하는 피부 소독제에 해당한다.

27 미생물을 대상으로 한 소독력의 크기 : 멸균 〉 살균 〉 소독 〉 방부 〉 청결

28 일산화탄소(CO)
 • 무색, 무취, 무자극성, 맹독성 가스로 물체가 타기 시작할 때와 꺼질 때, 불완전 연소 시 발생
 • 서한량 : 0.01%(100ppm, 8시간 기준)
 • 헤모글로빈과 산소(O_2)의 결합 방해로 저산소증을 초래(비중 0.976 : 산소와 비슷해서 잘 결합)
 • 신경 중독(뇌, 연수, 척수), 만성 중독(가려움, 심계향진, 기억력 감퇴, 두통)
 • 치료법 : 고압산소요법

29 • 피지선 : 피지 분비 기관으로, 일일 평균 1~2g의 피지를 분비하고 피지막을 형성해 피부를 보호
 • 한선 : 땀을 분비하는 기관은 에크린선(소한선), 아포크린선(대한선)

30 자연 노화(생리적 노화) : 각화 주기가 지연되면서 각질층의 두께가 증가하여 피부가 거칠어진다.

31 • WTO 보건지표 : 비례사망지수, 조사망률(보통 사망률), 평균 수명
 • 한 국가 또는 지역사회의 보건 수준 비교 3대 지표 : 영아 사망률, 평균 수명, 비례사망지수

32 인공 조명
 • 직접 조명 : 광원이 직접 비치는 것으로 조명 효과가 크고 경제적이나 강한 음영으로 눈에 자극적(전구, 형광등)
 • 간접 조명 : 눈 보호를 위한 가장 좋은 방법
 • 반간접 조명 : 직접 조명과 간접 조명의 절충식

33 • 굵은 모발의 경우 : 베이스 섹션을 작게 하고 로드의 직경도 작은 것을 사용
 • 가는 모발의 경우 : 베이스 섹션을 크게 하고 로드의 직경도 큰 것을 사용

34 랑게르한스세포는 유극층에 존재한다.

35 가발은 두발이 빠지지 않도록 차분하게 두발 끝 쪽에서 모근 쪽으로 서서히 빗질을 해 나간다.

36 • 티로신 : 멜라닌 생성을 위한 필수 아미노산
 • 멜라노사이트 : 멜라닌형성세포
 • 유멜라닌 : 동양인, 모발 색은 흑색 – 적갈색, 입자형 색소, 분해가 쉬움
 • 페오멜라닌 : 서양인, 모발 색은 적색 – 노란색, 분사형 색소, 분해가 어려움

37 식품으로 인한 위해 방지를 위한 사전 예방적 식품 안전 관리 체계는 HACCP이다.

38 비듬은 표피로부터 가볍게 흩어지고 무의식으로 생기는 죽은 각질 세포이다.

39 역성비누액 : 강한 살균력과 침투력이 있지만, 약한 세정력이 단점이다.

40 핑거 웨이브의 3요소 : 크레스트(Crest ; 정상), 리지(Ridge ; 융기), 트로프(Trough ; 골)

41 공공부조 : 생활 능력이 없고 자립이 힘든 국민을 보호하기 위한 제도로 경제적 부담은 국가 또는 지방 공공단체가 부담하며(본인 부담 없음), 필요한 시기에 필요한 혜택을 제공한다(생활 보호 제도, 의료 급여 제도 등).

42 왁스(Wax) : 기초 화장품이나 메이크업 화장품에 사용되는 고형의 유성 성분으로 고급 지방산에 고급 알코올이 결합된 에스테르이며 화장품의 굳기를 증가시킨다.

43 알칼리성 비누로 샴푸한 후 모발에 잔류하고 있는 알칼리성 성분을 중화시키기 위해서는 레몬 린스 같은 산성 린스가 적합하다.

44 세균의 종류
 • 나선균 : 세포벽이 없고, 탄력성이 있는 가늘고 길게 만곡되어 있는 나선형이나 코일 모양의 세균
 • 구균 : 공 모양 형태의 세균
 • 간균 : 길고 가느다란 막대 모양의 세균
 • 구간균 : 짧은 막대 모양의 세균

45 코직산은 멜라닌 생성 저해제이다.

46 요충은 어린이들에게 주로 발생하여 집단 감염을 일으킨다.

47 황산화물 : 주로 석탄, 석유 등이 연소할 때 산소와 반응하여 만들어지는 황과 산소의 화합물을 총칭하는 것으로, 대기 오염의 주원인 물질이며 산성비의 원인이 된다. 해당 물질로는 이산화황, 황산, 황산염 등이 있다.

48 알코올은 항바이러스제로 사용되며 알코올이 함유된 화장수는 오랫동안 사용하면 피부를 건성화시킬 수 있다.

49 모발은 피부 안쪽에 위치한 모근부와 피부 바깥쪽에 위치한 모간부로 나눠지며, 모간부의 구성은 외측부터 모표피, 모피질, 모수질로 이루어져 있다.

50 ① 비타민 A, ② 비타민 D, ③ 비타민 K에 대한 설명이다.

51 • 이·미용사 면허를 받은 자가 아니면 미용업을 개설하거나 종사할 수 없다. 다만, 미용사의 감독을 받아 미용 업무의 보조를 행하는 경우에는 그러하지 아니하다.
• 일정한 수련 과정과 면허가 없는 자는 업무에 종사할 수 없다.
• 미용사의 업무 범위 : 파마, 머리카락 자르기, 머리카락 모양내기, 머리 피부 손질, 머리카락 염색, 머리 감기, 의료기기나 의약품을 사용하지 아니하는 눈썹 손질

52 공중위생관리법은 공중이 이용하는 영업과 시설의 위생 관리 등에 관한 사항을 규정함으로써 위생 수준을 향상시켜 국민의 건강 증진에 기여함을 목적으로 한다.

53 건전한 영업 질서를 위하여 영업자가 준수해야 할 사항을 준수하지 아니한 자는 6개월 이하의 징역 또는 500만 원 이하의 벌금에 처한다.

54 영업소 외의 장소에서 이·미용의 업무를 행할 수 있는 경우
• 질병이나 그 밖의 사유로 영업소에 나올 수 없는 자인 경우
• 혼례나 그 밖의 의식에 참여하는 자에 대하여 그 의식 직전인 경우
• 사회복지시설에서 봉사활동으로 이용 또는 미용을 하는 경우
• 방송 등의 촬영에 참여하는 사람에 대하여 그 촬영 직전인 경우
• 이외에 특별한 사정이 있다고 시장·군수·구청장이 인정하는 경우

55 위생 교육 실시 단체의 장은 위생 교육을 수료한 자에게 수료증을 교부하고, 교육 실시 결과를 교육 후 1개월 이내에 시장·군수·구청장에게 통보해야 하며, 수료증 교부대장 등 교육에 관한 기록을 2년 이상 보관·관리해야 한다.

56 공중위생영업자의 지위를 승계한 자는 1월 이내에 보건복지부령이 정하는 바에 따라 시장·군수 또는 구청장에게 신고해야 한다.

57 영업자가 지켜야 하는 사항
• 의약품을 사용하지 않는 순수한 화장과 피부미용을 할 것
• 소독한 기구와 소독하지 않은 기구를 분리하여 보관할 것
• 1회용 면도날은 손님 1인에 한하여 사용할 것

58 면허의 정지 명령을 받은 자가 반납한 면허증은 그 면허 정지 기간 동안 관할 시장·군수·구청장이 보관해야 한다.

59 보건복지부장관이 허가한 공중위생영업자 단체는 공중위생과 국민 보건의 향상을 기하고, 그 영업의 건전한 발전을 도모하기 위하여 설립되었다.

60 손님에게 성매매 알선 등 행위 또는 음란 행위를 하게 하거나 이를 알선 또는 제공한 때의 행정처분 기준
• 영업소 : 1차 영업 정지 3월, 2차 영업장 폐쇄명령
• 미용사(업주) : 1차 면허 정지 3월, 2차 면허 취소

핵심요약집

2주완성

미용사 일반
필기시험문제

01 공중위생관리법에 따른 미용업의 정의 : 파마, 머리카락 자르기 · 모양내기 · 염색, 머리 피부 손질, 머리 감기, 의료기기나 의약품을 사용하지 아니하는 눈썹 손질

02 미용의 과정 : 소재(고객) – 구상(계획) – 제작(디자인) – 보정(수정)

03 미용의 특수성 : 의사 표현의 제한, 소재 선정의 제한, 시간적 제한, 부용예술로서의 제한

04 올바른 자세 : 다리는 어깨너비로 벌리고 작업 대상의 높이는 심장 높이, 거리는 25~30cm

05 한국미용
- 삼한시대 : 수장급은 관모, 노예는 머리를 깎아 신분을 구별
- 고구려 : 신분의 구별 없이 풍기명머리, 중발머리, 남자는 상투를 틀었으며 여자는 건귁
- 백제 : 신분에 따라, 혼인 여부에 따라, 성별에 따라 치장
- 신라 : 백분과 연지 사용, 남자들도 화랑들의 화장 성행
- 통일신라시대 : 화려한 화장술, 슬슬전대모빗, 서민층은 나무로 만든 빗 사용
- 고려시대 : 비분대화장(여염집 여성), 분대화장(기생 중심)
- 조선시대 : 영조 때 가체 금지령, 참기름으로 밀화장, 비녀 사용, 예장 때 화관 머리 장식, 대수머리, 첩지머리, 어여머리, 얹은머리, 큰머리, 쪽진머리, 조짐머리, 땋은머리, 새앙머리

06 외국미용
- 이집트 : 고대 미용의 발상지, 가발, 염색, 메이크업의 발상지
- 중국 : 현종의 십미도(열 가지 눈썹 모양을 그린 그림), 액황과 백분 사용 후 연지
- 그리스 : 전문적인 남자 결발사(샴페인) 등장
- 로마 : 금발로 탈색과 염색 성행, 공중목욕탕 발달

07 근대미용
- 1875년 마셀 그라또우(마셀 웨이브 고안) – 1905년 영국의 찰스 네슬러(스파이럴식 퍼머넌트) – 1925년 독일의 조셉 메이어(크로키놀식 히트 퍼머넌트) – 1936년 영국의 스피크먼(콜드 웨이빙)
- 오엽주(1933년 화신미용실), 이숙종(높은머리), 김활란(1920년 단발머리), 김상진(현대미용학원), 권정희(정화미용고등기술학교)

08 가위
- 전강 가위 : 전체가 특수강 재질
- 착강 가위 : 협신부(연강), 날(특수강) 재질
- 틴닝 가위 : 모발의 숱을 감소시키는 용도로 사용
- 가위 손질법 : 크레졸수, 석탄산수, 에탄올, 자외선 등

09 레이저
- 오디너리 레이저 : 숙련자에 적합
- 셰이핑 레이저 : 초보자에 적합
- 레이저 손질법 : 석탄산수, 크레졸수, 에탄올 등

10 아이론 : 120~140℃, 회전 각도 45°, 프롱(위쪽 방향으로 누르는 작용), 그루브(아래쪽 방향으로 고정 작용), 약지, 소지 사용

11 자외선 등
- 비타민 D 생성에 도움
- 작업 시 : 고객(아이패드), 미용사(보호안경)

12 헤어 샴푸
- 웨트 샴푸(플레인 샴푸, 중성 세제나 비누 등 사용), 스페셜 샴푸(핫 오일 샴푸, 에그 샴푸)
- 드라이 샴푸(파우더 드라이 샴푸, 에그 파우더 샴푸, 리퀴드 드라이 샴푸)
- 항 비듬성 샴푸, 약용 샴푸(비듬 제거용)
- 논스트리핑 샴푸(약산성 샴푸, 염색 모)
- 프레 샴푸(펌이나 염색 전), 애프터 샴푸(펌이나 염색 후)

13 산성 린스 : 레몬 린스, 구연산 린스, 비니거 린스

14 헤어 커트
- 웨트 커트(물에 젖은 모발), 클리퍼 커트(바리캉), 드라이 커트(마른 상태), 프레 커트(펌 시술 전), 애프터 커트(펌 시술 후)
- 커트 형태에 따라 블런트 커트(클럽 커트, 직선으로 커트), 스퀘어 커트(정방형으로 커트), 원랭스 커트(동일선상으로 가지런히 자르는 커트), 패러렐 보브(전체적으로 수평인 커트), 스파니엘 커트(앞쪽을 길게), 이사도라 커트(앞쪽을 짧게), 머쉬룸 커트, 그라데이션 커트(톱 부분으로 올라갈수록 모발이 길어지는 45° 각도의 커트, 입체적), 레이어드 커트(네이프에서 톱 부분으로 올라갈수록 길이가 점점 짧아지는 커트, 두피로부터 90° 이상의 커트)
- 커트 방법에 따라 쇼트 스트로크(각도 15~20°), 미디움 스트로크(각도 45° 전후), 롱 스트로크(각도 45~90°)
- 테이퍼링 : 레이저로 모발 끝을 가늘게 커트하는 방법
  – 엔드 테이퍼링(모발 끝의 1/3), 노멀 테이퍼링(모발 끝의 1/2), 딥 테이퍼링(모발 끝의 2/3)
- 틴닝 : 모발의 숱만 감소
- 슬리더링 : 가위를 이용해 숱만 감소
- 트리밍 : 최종 단계 제거
- 클리핑 : 가위나 클리퍼로 손상된 모발 제거
- 싱글링 : 빗을 대고 위쪽으로 올라가면서 자르는 기법
- 크로스 체크 : 가이드 라인과 교차되도록 들어서 체크

15 오리지널 세트 : 헤어 파팅 · 셰이핑 · 컬링 · 롤링 · 웨이빙

16 퍼머넌트 웨이브
- 제1제의 작용과 주성분 : 환원 작용, 티오글리콜산(6%)
- 제2제의 작용과 주성분 : 산화 작용(고정 작용), 뉴트럴라이저, 산화제로 취소산나트륨(3~5%)
- 굵은 모발(섹션 작게, 로드의 직경도 작은 것 사용), 가는 모발(섹션 크게, 로드의 직경도 큰 것 사용), 경모 · 장모 · 모발 숱이 많은 경우(섹션 작게, 로드의 직경은 큰 것 사용)
- 스템의 방향 : 포워드(안 말음, 귓바퀴 방향), 리버스(겉 말음, 귓바퀴 반대 방향)

- 테스트 컬 : 제1제의 작용을 확인하는 방법, 프로세싱 타임 10~15분 후 실시
- 중간 린스 : 제1제를 씻어내는 과정, 제2액제의 작용을 활발하게 하기 위해서 실시

17 헤어 컬링

- 컬의 목적 : 웨이브, 볼륨, 플러프
- 컬의 3요소 : 베이스, 스템, 루프
- 명칭 : 루프(원통으로 말린 부분), 베이스(컬 스트랜드의 기원), 엔드 오프 컬(모발 끝), 피벗 포인트(컬이 말리기 시작한 지점), 컬 스템(베이스에서 피벗 포인트까지)
- 컬의 종류 : 스컬프처 컬(모발 끝에서 시작하여 모근 쪽으로 말아가는 방법), 스탠드업 컬(두피에 90°로 세워진 컬), 리프트 컬 : 두피에 45°로 비스듬히 서 있는 컬
- 스템의 방향 : 풀 스템(컬의 움직임이 가장 큼), 하프 스템(어느 정도의 움직임 유지), 논 스템(움직임이 작음)
- 롤러 컬링 : 논 스템 후방에서 135°(또는 전방에서 45°), 하프 스템(90°), 롱 스템(45°)

18 헤어 웨이빙

- 위치에 따른 종류 : 버티컬 웨이브(수직), 호리존탈 웨이브(수평), 다이애거널 웨이브(사선)
- 모양에 따른 종류 : 와이드 웨이브(가장 뚜렷), 섀도 웨이브(자연스러움), 내로 웨이브(극단적으로 곱슬곱슬함)
- 핑거 웨이브
  − 핑거 웨이브의 3대 요소 : 크레스트, 리지, 트로프
  − 모양에 따른 종류 : 올 웨이브(전체 웨이브), 덜 웨이브(느슨한), 로우 웨이브(낮은), 하이 웨이브(높은), 스윙 웨이브(큰 움직임을 보는 듯한), 스월 웨이브(물결이 소용돌이 치는 듯한)
- 스킵 웨이브 : 핑거 웨이브와 핀컬이 교대로 조합된 컬

19 뱅 : 플러프 뱅(일정한 모양을 갖추지 않고 볼륨을 준), 웨이브 뱅(풀 웨이브와 하프 웨이브로 형성된), 프렌치 뱅(프랑스식), 프린지 뱅(가르마 가까이 작게 낸)

20 두피 관리(스캘프 트리트먼트)

- 정상 두피(플레인), 지성 두피(오일리), 건성 두피(드라이), 비듬 두피(댄드러프)
- 스캘프 머니플레이션 순서 : 경찰법 − 강찰법 − 유연법 − 고타법 − 진동법 − 경찰법

21 염색

- 색의 속성 : 색상, 명도, 채도
- 버진 헤어 : 화학적 시술은 한 번도 하지 않은 자연 상태의 모발
- 다이터치업 : 리터치, 염색 후 새로 자라난 모발에 염색 시술
- 탈염 : 염색한 모발의 색을 제거하는 기법
- 염색 후 자연 방치 시간 : 발수성 모발(저항성 모발) 35~40분, 정상 모발 20~30분, 손상 모발 15~25분
- 패치 테스트 : 염색 전 알레르기 반응 조사 방법
- 스트랜드 테스트 : 모발에 색상이 나오는 정확한 시간 조사 방법
- 다이케이프 : 염색 시 어깨에 씌우는 어깨 보
- 일시적 염모 : 컬러 린스, 컬러 크림, 컬러 파우더, 컬러 크레용
- 반영구적 염모 : 산성 염모제, 산성 컬러, 컬러 린스, 프로그레시브 샴푸

- 영구적 염모 : 금속성, 광물성, 유기 합성 염모제
- 염색 시술 순서 : 패치 테스트 – 스트랜드 테스트 – 블로킹 – 약제 혼합 – 약제 도포 – 테스트 컬러 – 유화 작업 – 세척 – 타월 드라이 및 마무리 손질
- 산화 염료 : 파라페닐렌디아민(검정색), 파라트릴렌디아민(다갈색이나 흑갈색), 올소아미노페놀(황갈색), 모노니트로페닐렌디아민(적색)으로 발색

22 탈색

- 제1제(암모니아 28%, 모노에탄올아민) : 알칼리제, 모표피 연화 팽창
- 제2제(과산화수소 6%) : 산화제, 멜라닌 색소 분해
  – 3% 10볼륨(착색만), 6% 20볼륨(1~2레벨 밝게), 9% 30볼륨(2~3레벨 밝게), 12% 40볼륨(4레벨까지 밝게, 모발 손상이 큼)

23 가발

- 위그 : 전체 가발
- 피스 : 부분 가발
- 폴(짧은 머리를 일시적으로 길게), 위글렛(특정 부분에 볼륨), 웨프트(실습용), 스위치(땋거나 포니테일 형태로 늘어뜨려 연출), 케스케이드(전체 가발 2/3 길이) 정도, 치그논(길게 한 가닥으로 땋은 스타일)
- 머리 길이 : 이마의 헤어 라인에서 정중선을 따라 네이프의 움푹 들어간 지점까지의 길이
- 머리 둘레 : 이마의 헤어 라인 센터 포인트로부터 한쪽 귀 위의 약 1cm 지점을 지나 네이프 포인트를 거쳐 다시 반대쪽 귀 위의 1cm 지점을 지나서 다시 이마의 헤어 라인 센터 포인트에 이르는 길이
- 머리 높이 : 왼쪽 귀 위의 1cm 지점에서 크라운을 가로질러 반대쪽인 오른쪽 귀 위의 약 1cm 지점에 이르는 길이
- 이마 폭 : 양측의 이마에서 헤어라인을 따라 연결한 길이
- 네이프 폭 : 네이프 포인트를 기준으로 약 0.6cm 내려진 지점을 네이프의 가장 밑으로 잡아 측정

24 표피의 구조 및 기능

- 피부 표면의 pH : 4.5~6.5의 약산성(정상 피부 : 자연 재연 시간 약 2시간 경과 후)
- 피부의 기능 : 보호, 체온 조절, 비타민 D 합성, 분비 · 배설, 호흡, 감각 · 지각 기능
- 각질층 : 표피를 구성하는 세포층 중 가장 바깥층, 28일을 주기로 각화 작용
- 투명층 : 손바닥과 발바닥에만 존재
- 과립층 : 피부의 수분 증발을 방지하는 층(레인방어막)
- 유극층 : 표피 중 가장 두꺼운 층, 랑게르한스세포(면역 기능) 존재
- 기저층 : 표피의 가장 아래층, 멜라닌형성세포, 머켈세포 존재, 새로운 세포 생성

25 진피의 구조와 기능

- 유두층 : 표피와의 경계층, 영양 공급 및 분비, 감각 기능
- 망상층 : 진피의 80%, 교원 섬유(콜라겐), 탄력 섬유(엘라스틴), 섬유아세포 존재
- 피하조직의 기능 : 체형 결정, 영양분 저장, 지방 합성, 열의 차단, 충격 흡수
- 입모근 : 추위를 감지하면 근육을 수축시켜 털을 세움
- 에크린선(소한선) : 체온 유지 및 노폐물 배출, 손 · 발바닥, 겨드랑이 등 입술과 생식기를 제외한 전신에 분포
- 아포크린선(대한선) : 모낭에 연결되어 피지선에 땀을 분비, 산성막 생성에 관여, 겨드랑이, 눈꺼풀, 유두, 배꼽 주변 등에 분포
- 피지선 : 진피 망상층에 위치, 하루에 약 1~2g 분비
- 독립피지선 : 입, 입술, 구강 점막, 눈과 눈꺼풀, 유두 등에 분포

26 피부 감각 단계 : 통각 〉 촉각 〉 냉각 〉 압각 〉 온각

27 모발 : 생장주기(생장기 – 퇴행기 – 휴지기), pH 4.5~5.5, 하루에 0.35mm 성장

28 영양

- 탄수화물
  - 신체의 중요한 에너지원, 글리코겐의 형태로 간이나 근육에 저장
  - 종류 : 단당류(포도당, 과당, 갈락토오스), 이당류(자당, 맥아당, 유당), 다당류(전분, 글리코겐, 섬유소)
- 단백질 : 모발 · 손톱 · 발톱 · 근육 · 뼈 등의 성장을 돕고, 효소 · 호르몬 및 항체 형성, 포도당 생성 및 에너지 공급, 체내의 대사 과정 조절, 수분의 균형 조절, 산–염기의 균형
- 아미노산 : 단백질의 기본 구성 단위이며, 최종 가수분해 물질
- 필수아미노산 : 트립토반, 페닐알라닌, 이소루이신, 루이신, 메치오닌, 발린, 트레오닌, 리신, 히스티딘, 아르기닌
- 비타민
  - 지용성 비타민 : 비타민 A(결핍 시 야맹증), D, E, F, K
  - 수용성 비타민 : 비타민 C, H, B_1, B_2, B_6, B_{12}

- 비타민 C : 모세혈관 강화, 피부 손상 억제, 멜라닌 색소 생성 억제, 미백 작용, 기미 · 주근깨 등의 치료에 사용, 혈색을 좋게 하고 피부에 광택 부여, 진피의 결체 조직 강화(결핍 시 기미, 괴혈병 유발, 잇몸 출혈, 빈혈)
    - 비타민 D : 자외선에 의해 피부에서 만들어져 흡수, 칼슘 및 인의 흡수 촉진, 혈중 칼슘 농도 및 세포의 증식과 분화 조절, 골다공증 예방(결핍 시 구루병)
- 철(Fe) : 인체에서 가장 많이 함유하고 있는 무기질, 혈액 속 헤모글로빈의 주성분, 산소 운반 작용, 면역 기능, 혈색을 좋게 하는 기능(결핍 시 빈혈, 적혈구 수 감소)
- 칼슘 : 뼈 · 치아 형성 및 혈액 응고, 근육의 이완과 수축 작용(결핍 시 구루병, 골다공증, 충치, 신경과민증 등)

29 피부 질환
- 원발진 및 속발진
    - 원발진 : 반점, 반, 팽진, 구진, 결절, 수포, 농포, 낭종, 판, 면포, 종양
    - 속발진 : 인설, 가피, 표피박리, 미란, 균열, 궤양, 농양, 변지, 반흔, 위축, 태선화
- 바이러스성 피부 질환 : 단순포진, 대상포진, 사마귀, 수두, 홍역, 풍진
- 색소 이상 증상 : 과색소 침착(기미, 주근깨, 검버섯, 갈색 반점, 오타모반, 릴흑피증, 벌룩 피부염), 저색소 침착(백반증, 백피증)

30 화상 : 제1도 화상(열감과 동통), 제2도 화상(수포 발생), 제3도 화상(피부 전층 및 신경 손상), 제4도 화상(피부 전층, 근육, 신경 및 뼈 조직 손상)

31 자외선의 영향
- 호영향 : 신진대사 촉진, 살균 · 소독 기능, 노폐물 제거, 비타민 D 합성
- 악영향 : 일광 화상, 홍반 반응 및 색소 침착, 광노화, 피부암

32 피부 노화 현상
- 자연 노화(내인성 노화) : 땀 · 피지 분비 · 랑게르한스세포 수의 감소, 각질층 두께 증가
- 광 노화(외인성 노화) : 과색소 침착증, 점다당질 · 표피 두께 증가, 섬유아세포 수 감소

33 공중보건학의 정의(윈슬로우) : 조직화된 지역사회의 노력으로 질병을 예방하고 수명을 연장하며 신체적 · 정신적 효율을 증진시키는 기술이며 과학이다.

34 WHO(세계보건기구) : 1948년 스위스 제네바에 본부, 우리나라는 1948년 8월 17일 서태평양 지역에 가입

35 건강의 정의(세계보건기구) : 육체적 · 정신적 · 사회적으로 안녕한 상태

36 공중보건의 3대 요소 : 수명 연장, 감염병 예방, 신체적 · 정신적 건강 및 효율의 증진

37 우리나라 의료보험 : 1989년 전 국민에게 적용

38 보건소 : 우리나라 지방보건행정의 최일선 조직으로 보건행정의 말단 행정 기관

39 인구의 구성 형태 : 피라미드형(후진국형), 종형(이상형), 항아리형(선진국형), 별형(도시형), 호로형(농촌형)

40 인구 정의 양적 문제 : 3P(인구 · 빈곤 · 공해), 3M(기아 · 사망 · 질병)

41 보건 수준 3대 지표 : 영아 사망률, 비례사망지수, 평균 수명

42 건강 수준 비교 지표(세계보건기구) : 비례사망지수, 조사망률, 평균 수명

43 영아 사망률(건강 수준 지표) : 1,000명당 생후 1년 안에 사망한 영아의 사망지수

44 비례사망지수 : 50세 이상 사망자 수를 백분율로 표시한 지수

45 질병 관리
- 질병 발생의 3가지 요인 : 숙주, 병인, 환경
- 세균 증식이 가장 잘되는 pH 범위 : 6.5~7.5(중성)
- 세균 종류 : 구균(구형 · 타원형), 간균(원통형 · 막대기형), 나선균(나선형 · 코일형)

46 호흡기계 질병
- 세균 : 결핵, 디프테리아, 백일해, 나병, 폐렴, 성홍열, 수막구균성 수막염
- 바이러스 : 홍역, 유행성 이하선염, 인플루엔자, 두창

47 소화기계 질병
- 세균 : 콜레라, 장티푸스, 파상열, 파라티푸스, 세균성 이질
- 바이러스 : 폴리오, 유행성 간염, 소아마비, 브루셀라증

48 피부점막계 질병
- 세균 : 파상풍, 페스트, 매독, 임질
- 바이러스 : AIDS, 일본뇌염, 공수병, 트라코마, 황열

49 리케차 : 발진티푸스, 발진열, 쯔쯔가무시병, 록키산 홍반열

50 수인성(물) 감염병 : 콜레라, 장티푸스, 파라티푸스, 이질, 소아마비, A형 간염 등

51 진균 : 백선, 칸디다증 등

52 클라미디아 : 앵무새병, 트라코마 등

53 곰팡이 : 캔디디아시스, 스포로티코시스 등

54 병원소 : 인간 병원소(환자, 보균자 등), 동물 병원소(개, 소, 말, 돼지 등), 토양 병원소(파상풍, 오염된 토양 등)

55 자연 능동 면역 : 감염병에 감염된 후 형성된 면역(두창, 홍역, 수두, 콜레라, 백일해, 성홍열)

56 인공 능동 면역 : 예방 접종을 통해 형성되는 면역
- 생균 백신 : 결핵, 홍역, 폴리오, 두창, 광견병
- 사균 백신 : 장티푸스, 콜레라, 백일해, 폴리오, 일본뇌염, 파라티푸스
- 순화 독소 : 파상풍, 디프테리아

57 자연 수동 면역 : 모체로부터 태반이나 수유를 통해 형성되는 면역

58 인공 능동 면역 : 항독소 등 인공제제를 접종하여 형성되는 면역

59 감염병
- 특성 : 제1급(발생 또는 유행 즉시 신고. 높은 수준의 격리), 제2급(발생 또는 유행 시 24시간 이내 신고. 격리 필요), 제3급(발생을 계속 감시할 필요가 있어 발생 또는 유행 시 24시간 이내 신고), 제4급(제1급~제3급 감염병 외에 유행 여부를 조사하기 위해 표본 감시 활동 필요. 7일 이내에 신고), 기생충 감염병(기생충에 감염되어 발생하는 감염병 중 보건복지부장관이 고시)
- 제1급 : 에볼라바이러스병, 마버그열, 라싸열, 크리미안콩고출혈열, 남아메리카출혈열, 리프트밸리열, 두창, 페스트, 탄저, 보툴리눔독소증, 야토병, 신종감염병증후군, 중증급성호흡기증후군(SARS), 중동호흡기증후군(MERS), 동물인플루엔자 인체감염증, 신종인플루엔자, 디프테리아
- 제2급 : 결핵, 수두, 홍역, 콜레라, 장티푸스, 파라티푸스, 세균성이질, 장출혈성대장균감염증, A형간염, 백일해, 유행성이하선염, 풍진, 폴리오, 수막구균 감염증, b형헤모필루스인플루엔자, 폐렴구균 감염증, 한센병, 성홍열, 반코마이신내성황색포도알균(VRSA) 감염증, 카바페넴내성장내세균속균종(CRE) 감염증, E형간염
- 제3급 : 파상풍, B형간염, 일본뇌염, C형간염, 말라리아, 레지오넬라증, 비브리오패혈증, 발진티푸스, 발진열, 쯔쯔가무시증, 렙토스피라증, 브루셀라증, 공수병, 신증후군출혈열, 후천성면역결핍증(AIDS), 크로이츠펠트-야콥병(CJD) 및 변종크로이츠펠트-야콥병(vCJD), 황열, 뎅기열, 큐열(Q熱), 웨스트나일열, 라임병, 진드기매개뇌염, 유비저, 치쿤구니야열, 중증열성혈소판감소증후군(SFTS), 지카바이러스감염증, 매독
- 제4급 : 인플루엔자, 회충증, 편충증, 요충증, 간흡충증, 폐흡충증, 장흡충증, 수족구병, 임질, 클라미디아감염증, 연성하감, 성기단순포진, 첨규콘딜롬, 반코마이신내성장알균(VRE) 감염증, 메티실린내성황색포도알균(MRSA) 감염증, 다제내성녹농균(MRPA) 감염증, 다제내성아시네토박터바우마니균(MRAB) 감염증, 장관감염증, 급성호흡기감염증, 해외유입기생충감염증, 엔테로바이러스감염증, 사람유두종바이러스 감염증

60 매개체별 감염병의 종류
- 곤충 : 모기(말라리아, 뇌염, 사상충, 황열, 뎅기열), 파리(콜레라, 장티푸스, 이질, 파라티푸스), 바퀴벌레(콜레라, 장티푸스, 이질), 진드기(신증후군출혈열, 쯔쯔가무시병), 벼룩(페스트, 발진열, 재귀열), 이

(발진티푸스, 재귀열, 참호열)

- 동물 : 쥐(페스트, 살모넬라증, 발진열, 재귀열, 서교증, 와일씨병, 유행성 출혈열), 소(결핵, 탄저, 파상열, 살모넬라증), 돼지(일본뇌염, 탄저, 렙토스피라증, 살모넬라증), 양(큐열, 탄저), 말(탄저, 살모넬라증), 개(공수병, 톡소프라스마증), 고양이(살모넬라증, 톡소프라스마증), 토끼(야토병)

61 인수 공통 감염병 : 소(결핵), 개(공수병, 광견병), 쥐(페스트), 양·소·말·돼지(탄저), 고양이·돼지·쥐(살모넬라), 돼지(돈단독, 선모충, 일본뇌염, 유구조충), 산토끼(야토병), 돼지·양·개(파상열), 원숭이(황열)

62 숙주와 기생충 : 소(무구조충), 돼지(유구조충, 선모충), 물벼룩 → 연어, 송어, 농어(긴촌충·광절열두조충), 왜우렁이 → 참붕어, 잉어(간흡충), 다슬기 → 은어(요코가와흡충), 다슬기 → 가재, 게(폐흡충)

63 우리나라 암 사망률 순서 : 위암 〉폐암 〉간암 〉대장암

64 기후의 3대 요소 : 기온, 기습, 기류

65 4대 온열 인자 : 기온, 기습, 기류, 복사열

66 인간이 활동하기 좋은 온도와 습도 : 온도 $18 \pm 2°C$, 습도 40~70%

67 대기오염지표(아황산가스(SO_2)) : 연간 기준 0.05ppm

68 기온 역전 : 고도가 높은 곳의 기온이 하층부보다 높은 경우

69 군집독 : 다수인이 밀집해 있을 때 두통, 현기증 등의 생리적 이상 현상 발생

70 열섬 현상 : 도심 속의 온도가 대기 오염 또는 인공열 등으로 인해 주변 지역보다 높게 나타나는 현상

71 온실 효과 : 복사열이 지구로부터 빠져나가지 못하게 막아 지구가 더워지는 현상

72 산성비(대기 오염이 원인) : 아황산가스, 질소산화물, 염화수소 등이 원인, pH 5.6 이하의 비

73 실내 공기 오염 지표(이산화탄소(CO_2)) : 최대 허용량 8시간 기준 700~1,000ppm

74 수질 오염 지표
- 용존 산소(DO) : 물속에 녹아 있는 유리산소량
- 생물학적 산소 요구량(BOD) : 하수 중의 유기물이 호기성 세균에 의해 산화·분해될 때 소비되는 산소량
- 화학적 산소 요구량(COD) : 물속의 유기물을 화학적으로 산화시킬 때 화학적으로 소모되는 산소의 양을 측정하는 방법

75 음용수의 일반적인 오염 지표 : 대장균 수가 100mL에서 검출되지 않아야 함

76 금속 중독 : 수은(미나마타병), 카드뮴(이따이이따이병)

77 식품위생(식중독의 분류)
- 감염형 식중독 : 살모넬라증, 장염비브리오, 병원성 대장균
- 독소형 식중독 : 포도상구균, 보툴리누스균, 부패산물형
- 식물성 식중독 : 독버섯(무스카린), 감자(솔라닌), 매실(아미그달린), 맥각(에르고톡신), 목화씨(고시폴)
- 동물성 식중독 : 복어(테트로도톡신), 섭조개, 대합(삭시톡신), 모시조개, 굴, 바지락(베네루핀)

Part 04 소독학

78 소독(죽이거나 제거), 멸균(미생물 또는 포자까지 사멸 · 제거), 살균(물리 · 화학적 작용으로 죽이는 것), 방부(발육 · 작용 제거 또는 정지)
- 멸균 > 살균 > 소독 > 방부

79 자외선 파장(200~400nm), 가시광선(400~700nm), 적외선(780nm)

80 소독제의 구비 조건 : 강한 살균력, 높은 용해성, 안정성, 경제적, 간편한 사용 방법, 표백성 · 부식성이 없을 것

81 소독약 살균기전 : 산화, 균단백 응고, 균체의 효소 불활성화, 가수분해, 탈수, 중금속의 형성

82 멸균법
- 건열 멸균법 : 화염 · 건열 멸균법, 소각법
  - 화염 멸균법 : 불꽃에서 20초 이상 태우는 방법(금속류, 유리봉, 도자기류, 오물)
  - 건열 멸균법 : 건열 멸균기에 170℃로 1~2시간 처리(주사침, 유리기구, 금속 제품)
  - 소각법 : 오염물을 불에 태워 멸균시키는 가장 안전한 방법
- 습열 멸균법 : 자비 · 저온 · 유통 증기 소독법, 증기 · 간헐 · 고온 증기 멸균법
- 자비 소독 : 100℃로 15~20분 처리(식기류, 도자기류, 주사기, 의류)
- 고압 증기 멸균법 : 아포까지 사멸(10LBs(파운드) – 115℃에서 30분, 15LBs(파운드) – 121℃에서 20분, 20LBs(파운드) – 126℃에서 15분)
- 무가열 멸균법 : 자외선 · 방사선 조사, 초음파 멸균법, 세균 여과법

83 소독
- 석탄산(소독약의 지표) : 3% 사용, 금속 부식, 냄새 · 독성이 강하여 피부 점막에 자극
- 크레졸 : 3% 사용, 손 · 오물 · 객담에 사용, 석탄산의 2배 소독력, 유기 물질 · 세균 소독에 이용
- 승홍 : 0.1% 사용, 맹독성, 금속 부식, 단백질과 결합 시 침전, 가온에서 사용
- 생석회 : 화장실 · 분변 · 하수 · 오물 · 토사물에 적합, 장시간 노출 시 살균력 저하
- 과산화수소 : 3% 사용, 구내염 · 인두염 · 입안 세척 · 상처 소독
- 알코올 : 70~75% 사용, 손 · 피부 · 기구 소독, 고무나 플라스틱 부적합
- 역성비누 : 0.01~0.1% 사용, 무미 · 무해 · 무독, 손 소독 · 식품 소독

94 영업 신고 : 시설 및 설비를 갖추고 시장·군수·구청장에게 신고
- 첨부 서류 : 영업시설 및 설비개요서, 교육필증(미리 교육 시)

95 변경 신고 사항 : 영업소의 명칭, 상호, 소재지의 변경, 대표자의 성명 또는 생년월일 변경(법인의 경우), 영업장 1/3 증가, 업종 간 변경
- 변경 신고 시 서류 : 영업신고증, 변경사항을 증명하는 서류

96 폐업 시 : 폐업한 날부터 20일 이내에 시장·군수·구청장에게 신고

97 영업의 승계 시 : 1월 이내에 시장·군수·구청장에게 신고

98 면허 발급 대상자(시장·군수·구청장에게 신고)
- 전문대학 또는 이와 같은 수준 이상의 학력이 있다고 교육부장관이 인정하는 학교에서 미용에 관한 학과를 졸업한 자
- 대학 또는 전문대학을 졸업한 자와 같은 수준 이상의 학력이 있는 것으로 인정되어 미용에 관한 학위를 취득한 자
- 고등학교 또는 이와같은 수준의 학력이 있다고 교육부장관이 인정하는 학교에서 미용에 관한 학과를 졸업한 자
- 교육부장관이 인정하는 고등기술학교에서 1년 이상 미용에 관한 소정의 과정을 이수한 자
- 국가기술자격법에 의해 미용사의 자격을 취득한 자

99 면허를 받을 수 없는 자 : 피성년후견인, 정신질환자, 감염병 환자(결핵 등), 약물 중독자, 면허가 취소된 후 1년이 경과되지 아니한 자

100 면허증 재교부 신청 : 기재사항 변경, 분실, 헐어서 못쓰게 된 때

101 영업소 외의 장소에서 미용 업무를 할 수 있는 경우
- 질병이나 그 밖의 사유로 영업소에 나올 수 없는 자에 대하여 미용을 하는 경우
- 혼례나 그 밖의 의식에 참여하는 자에 대하여 그 의식 직전에 미용을 하는 경우
- 사회복지시설에서 봉사활동으로 미용을 하는 경우
- 방송 등의 촬영에 참여하는 사람에 대하여 그 촬영 직전에 미용을 하는 경우
- 기타 특별한 사정이 있다고 시장·군수·구청장이 인정하는 경우

102 위생 서비스 평가 계획 수립(시·도지사), 위생 서비스 수준 평가(시장·군수·구청장)

103 영업자 위생 교육 : 매년 3시간 위생 교육(영업 신고 전에 미리 교육)

104 위생 관리 등급의 구분(보건복지부령) : 최우수 업소(녹색), 우수 업소(황색), 일반 업소(백색)

105 공중위생감시원의 자격
- 위생사 또는 환경기사 2급 이상의 자격증이 있는 사람
- 대학에서 화학·화공학·환경공학 또는 위생학 분야를 전공하고 졸업한 사람 또는 이와 같은 수준 이상의 자격이 있는 사람

- 외국에서 위생사 또는 환경기사의 면허를 받은 사람
- 1년 이상 공중위생 행정에 종사한 경력이 있는 사람

106 공중위생영업소의 폐쇄 조치 : 당해 영업소의 간판 기타 영업표지물의 제거, 위반업소 게시물 부착, 기구나 시설물 봉인

107 영업 제한 : 시 · 도지사는 공익상 또는 선량한 풍속을 유지하기 위해 영업 시간 및 영업 행위에 관한 필요한 제한을 할 수 있음

108 1억 원 이하의 과징금 : 영업 정지가 이용자에게 심한 불편을 주거나 그밖에 공익을 해할 우려가 있는 경우

109 벌칙
- 1년 이하의 징역 또는 1천만 원 이하의 벌금 : 영업의 신고를 아니한 자, 정지 · 폐쇄 명령에도 영업을 계속한 자
- 6개월 이하의 징역 또는 5백만 원 이하의 벌금 : 변경 신고를 아니한 자, 승계 신고를 아니한 자, 준수사항을 지키지 아니한 자
- 3백만 원 이하의 벌금 : 면허 정지 · 취소 중 업무를 행한 자, 무면허로 업무를 행한 자, 다른 사람에게 면허증을 빌려주거나 빌리거나 이를 알선한 자

110 과태료 : 시장 · 군수 · 구청장이 부과 · 징수(대통령령)
- 3백만 원 이하의 과태료 : 규정에 따른 보고를 하지 아니한 자, 관계 공무원의 출입 · 검사 및 기타 조치를 방해하거나 기피한 자
- 2백만 원 이하의 과태료 : 위생 관리 의무를 지키지 아니한 자, 위생 교육을 받지 아니한 자, 영업소 외의 장소에서 업무를 행한 자

111 청문 실시해야 하는 처분 : 면허 취소 · 정지, 영업의 정지, 일부 시설 사용 중지, 폐쇄 명령

112 1차 위반 시 행정처분 기준
- 영업장 폐쇄 명령 : 영업 미신고, 정지 기간 중 영업, 6개월 이상 휴업, 폐업 신고 · 사업자등록 말소, 면허 정지 기간 중 업무
- 면허 취소 : 자격 취소, 이중 면허 취득
- 경고 또는 개선 명령 : 시설 · 설비 기준 위반, 지위승계 미신고, 명칭 · 상호 · 업종 · 면적 1/3 변경, 소독을 한 기구와 하지 않은 기구 비분리 보관과 1회용 면도날 2인에게 사용, 면허증 원본 게시나 조명도 비준수, 개선 명령 위반, 음란물 관람 · 열람 · 진열 · 보관
- 영업 정지 3개월 : 성매매 알선 · 행위를 제공한 영업소
- 영업 정지 2개월 : 의료기기 사용, 의료 행위
- 영업 정지 1개월 : 영업소 이외의 장소에서 업무, 무자격안마사 업무 행위, 도박 · 사행 행위, 소재지 변경 미신고
- 영업 정지 10일 : 거짓 보고, 관계 공무원의 출입 · 검사 방해, 서류 열람을 거부 · 방해
- 면허 정지 3개월 : 면허증 대여, 성매매 · 음란 행위 알선 또는 제공한 미용사(업주)

113 2차 위반 시 행정처분 기준
- 면허 취소 : 성매매 알선 · 행위를 제공한 미용사(업주)
- 면허 정지 6개월 : 면허증 대여

- 영업장 폐쇄 명령 : 성매매 알선 · 행위를 제공한 영업소
- 영업 정지 3개월 : 의료기기 사용, 의료 행위
- 영업 정지 2개월 : 영업소 외의 장소 업무, 도박 · 사행 행위, 무자격안마사 업무 행위, 소재지 변경 미신고
- 영업 정지 20일 : 거짓 보고, 관계 공무원의 출입 · 검사 방해, 서류 열람을 거부 · 방해
- 영업 정지 15일 : 시설 · 설비 기준 위반, 명칭 · 상호 · 1/3면적 변경, 음란물 관람 · 열람 · 진열 · 보관
- 영업 정지 10일 : 지위승계 미신고, 개선 명령 미이행
- 영업 정지 5일 : 소독을 한 기구와 하지 않은 기구 비분리 보관과 1회용 면도날 2인에게 사용, 면허증 원본 게시나 조명도 비준수

114 3차 위반 시 행정처분 기분
- 면허취소 : 면허증 대여
- 영업장 폐쇄 명령 : 의료기기 사용, 의료 행위, 영업소 외의 장소 업무, 도박 · 사행 행위, 무자격안마사 업무 행위, 소재지 변경 미신고
- 영업 정지 1월 : 시설 · 설비 기준 위반, 명칭 · 상호 · 1/3면적 변경, 지위승계 미신고, 거짓 보고, 관계 공무원의 출입 · 검사 방해, 서류 열람을 거부 · 방해, 개선 명령 미이행, 음란물 관람 · 열람 · 진열 · 보관
- 영업 정지 10일 : 소독을 한 기구와 하지 않은 기구 비분리 보관과 1회용 면도날 2인에게 사용, 면허증 원본 게시나 조명도 비준수

2주완성
미용사 일반 필기시험문제

발 행 일	2025년 2월 5일 개정8판 1쇄 인쇄
	2025년 2월 10일 개정8판 1쇄 발행
저　　자	김희주
발 행 처	크라운출판사
	http://www.crownbook.co.kr
발 행 인	李尙原
신고번호	제 300-2007-143호
주　　소	서울시 종로구 율곡로13길 21
공 급 처	(02) 765-4787, 1566-5937
전　　화	(02) 745-0311~3
팩　　스	(02) 743-2688, 02) 741-3231
홈페이지	www.crownbook.co.kr
I S B N	978-89-406-4838-4 / 13590

특별판매정가　16,000원